U0058409

Flag Publishing

http://www.flag.com.tw

Microsoft

2013

Access

使用手冊

The Simple,
efficient and effective
way to learn Microsoft Access

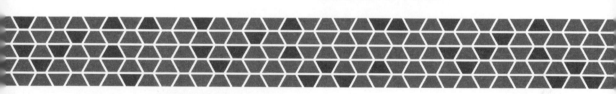

感謝您購買旗標書，
記得到旗標網站
www.flag.com.tw
更多的加值內容等著您…

<請下載 QR Code App 來掃描>

● FB 官方粉絲專頁：旗標知識講堂

● 旗標「線上購買」專區：您不用出門就可選購旗標書!

● 如您對本書內容有不明瞭或建議改進之處，請連上旗標網站，點選首頁的 聯絡我們 專區。

　若需線上即時詢問問題，可點選旗標官方粉絲專頁留言詢問，小編客服隨時待命，盡速回覆。

　若是寄信聯絡旗標客服emaill，我們收到您的訊息後，將由專業客服人員為您解答。

　我們所提供的售後服務範圍僅限於書籍本身或內容表達不清楚的地方，至於軟硬體的問題，請直接連絡廠商。

學生團體　訂購專線：(02)2396-3257 轉 362
　　　　　傳真專線：(02)2321-2545

經銷商　　服務專線：(02)2396-3257 轉 331
　　　　　將派專人拜訪
　　　　　傳真專線：(02)2321-2545

國家圖書館出版品預行編目資料

Microsoft Access 2013 使用手冊/ 施威銘研究室作.
-- 臺北市: 旗標, 西元2013.06 面；公分

ISBN 978-986-312-141-1 (平裝)

1. ACCESS 2013 (電腦程式)

312.49A42　　　　　　　　　　　102008825

作　　　者/施威銘研究室

發 行 所/旗標科技股份有限公司
　　　　　台北市杭州南路一段15-1號19樓

電　　　話/(02)2396-3257(代表號)

傳　　　真/(02)2321-2545

劃撥帳號/1332727-9

帳　　　戶/旗標科技股份有限公司

行銷企劃/陳威吉

監　　　督/楊中雄

執行企劃/張根誠

執行編輯/張清徽

美術編輯/張家騰‧陳慧如‧林美麗
　　　　　薛榮貴‧楊葉羲

封面設計/古鴻杰

校　　　對/張根誠‧張清徽

新台幣售價：490 元

西元 2019 年 3 月 初版 3 刷

行政院新聞局核准登記-局版台業字第 4512 號

ISBN 978-986-312-141-1

Office 2013 學習地圖

Microsoft Office 2013 非常 Easy

一次帶你學會 Word、Excel、PowerPoint、Access 這 4 套軟體功能, 讓你在職場上無往不利

Microsoft Word 2013 使用手册

透過實際範例解說, 教你製作圖文並茂的文件, 讓文字與圖片做最完美的整合

Microsoft Excel 2013 使用手册

引導你建立公式、使用函數, 完成各項試算功能, 並帶你學會應用**樞紐分析表**做互動式分析

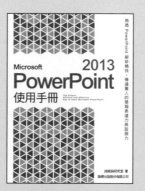

Microsoft PowerPoint 2013 使用手册

從無到有教你製作精美簡報的方法, 並彙整了上台簡報的精華, 告訴你如何做好專業的簡報

Microsoft Access 2013 使用手册

從最基本的資料庫觀念開始, 帶你一步步學習資料庫的建立與應用, 並教你讓 Access 與 Word、Excel 及 Outlook ...等軟體交換資料

序 PREFACE

　　電子媒體和網際網路高度發展, 爆發出驚人的資料量。每個人每天不論是有意無意, 都會接收到大量的資料。然而, 現在是講求效率的時代, 每個人手上握有多少資料, 已經不再重要。如何將這些資料化爲有用的資訊, 才是眞正的籌碼。掌握籌碼的關鍵, 在於如何有系統、有效率地整理、管理這些資料, 而資料庫正是最好的輔助工具。

　　Access 是一套簡單易學的資料庫軟體, 不僅能建立出關聯式資料庫, 將資料條理分明地歸類建檔, 還能利用現有資料作出詳盡的分析圖/表, 並快速的產生兼具美觀和實用性的報表。亦可結合 Word、Excel 等軟體, 將現有的文字、試算表匯整到資料庫中, 或是將資料庫的內容轉換成不同的文件。

　　本書秉持著易學易懂的原則, 利用清楚簡單的範例, 從最基礎的資料表開始, 帶領著您輕易完成複雜的查詢、製作出美觀的表單及清晰的報表。每做完一個範例, 您將對 Access 的功能有更深一層的認識；看完本書, 您便已在最有系統的學習狀況下, 學會了 Access。

施威銘研究室 2013/05

關於光碟 ABOUT CD

書附範例光碟說明

書附範例光碟包括書中所用的範例資料庫檔,各章的檔案分別存放在 \Chxx 資料夾中,資料庫檔名為 Chxx 範例資料.accdb;例如第6章的範例資料庫為 **Ch06 範例資料.accdb**。

我們也將大多數的範例操作成果附在光碟內,這些操作結果的檔案名稱的結尾會有(完成)的字樣可供識別,放置的位置則同樣是在 \Chxx 資料夾。例如第6章的範例操作結果資料庫為 **Ch06 範例資料 (完成).accdb**。部分範例操作結果的檔案名稱,則是在操作的時候指定,這類檔案的實際名稱,則請見書中的說明。

開啟範例檔

如果您要跟著本書的範例操作,建議將範例資料庫檔案複製到硬碟中,再利用開啟舊檔或4-1節介紹的匯入的方式開啟。以下說明如何以開啟舊檔方式開啟:

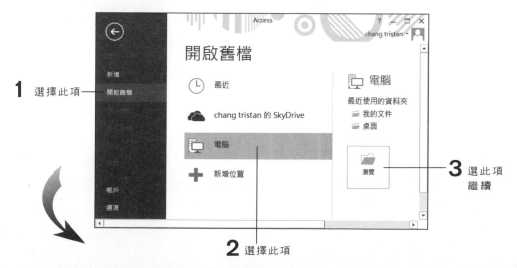

1 選擇此項

2 選擇此項

3 選此項繼續

此為範例檔案在硬碟中的位置

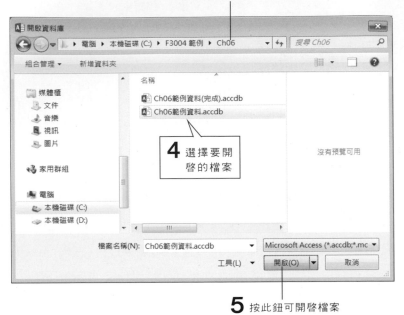

4 選擇要開啟的檔案

5 按此鈕可開啟檔案

這裏會出現安全性警告, 這是 Access 預設的警告機制, 並非範例檔有安全性疑慮, 請不必擔心。關於警告機制的處理方法, 將於 **2-5** 節詳細說明

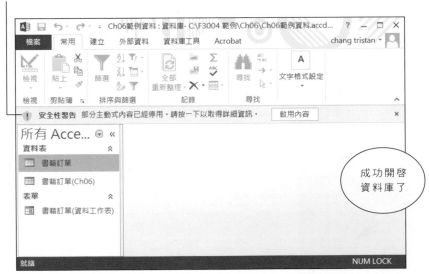

成功開啟資料庫了

更改資料來源

此外, 當您將第 16 章的完成檔案複製到硬碟後, 其中需要連接到外部資料的範例, 可能會因路徑不同而無法開啓, 此時請依右圖操作 (以第 16 章的**書籍庫存管理.accdb** 爲例) :

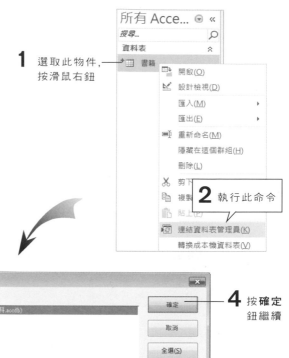

1 選取此物件, 按滑鼠右鈕

2 執行此命令

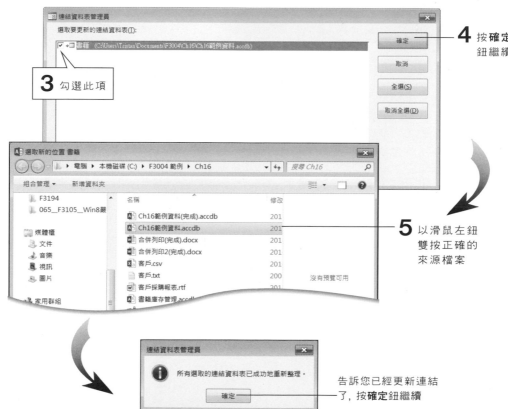

3 勾選此項

4 按**確定**鈕繼續

5 以滑鼠左鈕雙按正確的來源檔案

告訴您已經更新連結了, 按**確定**鈕繼續

接著會回到**連結資料表管理員**交談窗, 請按**關閉**鈕結束交談窗即可。

目錄 CONTENTS

第 3 章　建立資料表

目錄 CONTENTS

第 4 章　資料工作表的操作

第 5 章　尋找、取代、排序與篩選資料

目錄 CONTENTS

第 7 章　將資料列印出來

目錄 CONTENTS

Part 2 實務篇

第 8 章 建立關聯式資料庫

第 9 章 查詢與關聯

目錄 CONTENTS

第 10 章　進階的查詢應用

第 11 章　資料表的進階設計

目錄 CONTENTS

第 14 章 設計美觀實用的報表

目錄 CONTENTS

第 15 章 利用巨集簡化操作

第 16 章 Access 與其他軟體交換資料

第 17 章　Access 在 WWW 上的應用

1

Part 1 基礎篇

Access 資料庫管理系統

- 資料庫基本觀念
- 何謂關聯式資料庫
- Access 的用途
- 安裝 Access 的軟、硬體需求

初次接觸 Access 的人, 最常出現的疑問通常都是:『何謂資料庫？』、『資料庫管理系統又是什麼？』, 以及『Access 有哪些用途？』。

所以, 在開始的第 1 章, 我們就先來介紹 Access 以及資料庫的基本概念, 以解答這些疑問。以下就是這一章所要談論的主題:

● 資料庫基本觀念

● 何謂關聯式資料庫

● Access 的用途

● 安裝 Access 的軟、硬體需求

1-1　資料庫基本觀念

簡單來說, Access 是一套管理資料庫的應用軟體, 也就是一般常常聽到的**資料庫管理系統**(DataBase Management System；DBMS)。**資料庫**則是指一群有組織、有系統的資料集合。其實生活中到處都會使用到資料庫的觀念, 所以接著我們就以最自然的方式, 從日常生活中去認識資料庫吧！

生活中的資料庫

從小到大應該或多或少都去過圖書館借書、看書吧！其實, 整個圖書館的運作就是十分典型的資料庫管理系統。

圖書館會依照圖書的類別來編目 (即是將資料有組織地存放), 這就形成一個大的圖書資料庫。讀者只需透過館方提供的查詢系統, 便可迅速地從資料庫中找出想要的書籍資料。整個運作方式請看下圖:

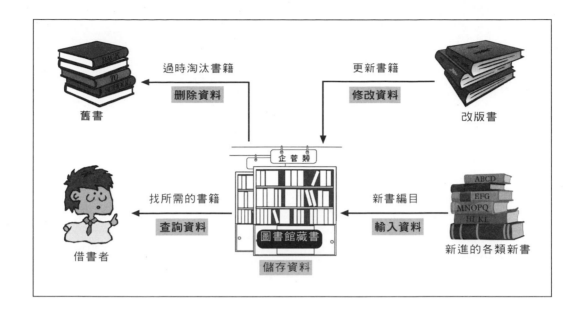

　　其中圖書館藏書的部份是所有書籍的集合,為儲存資料的地方,也就是所謂的資料庫。但是資料庫並非只是單純儲存在那裡,要讓資料庫發揮作用,還需要不時的維護才行,例如館方要隨時補充新的書籍資料(輸入、儲存的工作),還要幫讀者找書(查詢的功能)。此外隨著時間流逝,書籍還要汰舊換新,這就需要修改與刪除資料了。以上便是**資料庫管理系統**的工作(當然也包括建立資料庫)。

資料庫與資料庫管理系統的關係

　　嚴格來說,**資料庫**只是儲存與維護資料的地方,**資料庫管理系統**則是可操作及運用管理資料的軟體。資料庫就像是儲存資料的實體,使用者必須透過資料庫管理系統才能存取及更新資料庫。參考如下的示意圖:

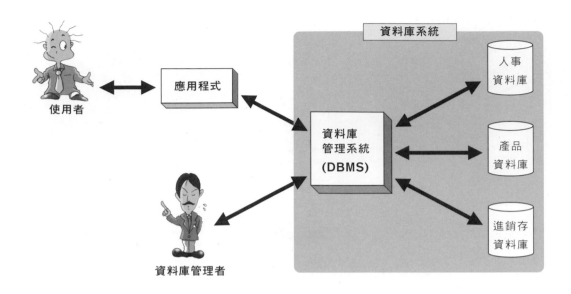

1-2 關聯式資料庫

就資料庫的資料儲存架構來看,資料庫又可分為多種類型,例如階層式、網狀式、關聯式以及物件導向式等等,其中最常見的就屬關聯式資料庫,而 Access 也屬於關聯式資料庫管理系統。

何謂關聯式資料庫

關聯式資料庫(Relational Database)是以 2 維的矩陣來儲存資料(可以說是將資料儲存在表格的行、列之中),而儲存在行、列裡的資料必會有所 "關聯",所以這種儲存資料的方式才會稱為關聯式資料庫,儲存資料的表格則稱為 "資料表"。舉例來說,通訊錄資料表的每一橫列可以劃分為『姓名』、『地址』、『電話』:

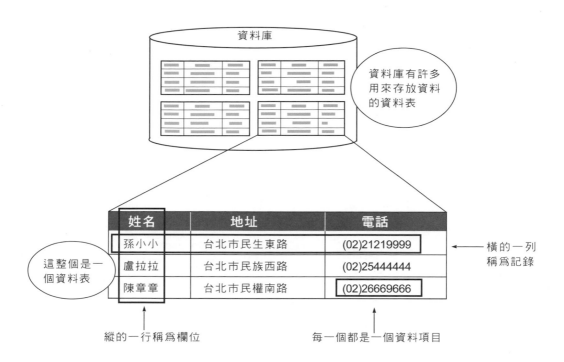

假如我們要從以上的資料表尋找 "盧拉拉" 的地址, 則是由橫向的『盧拉拉』與縱向的『地址』, 交相關聯而得來:

姓名	地址	電話
孫小小	台北市民生東路	(02)21219999
盧拉拉	台北市民族西路	(02)25444444
陳章章	台北市民權南路	(02)26669666

資料表之間的關聯

除了儲存在資料表行與列裡面的資料會有所關聯,關聯式資料庫裡面的資料表之間通常也會互有關聯。這種方式的優點是可以從一個資料表中的欄位,透過資料表的關聯,而找到在另一個資料表中的資料。

訂單序號	日期	客戶編號	是否付款
1	2013/7/1	6	1
2	2013/7/1	3	1
3	2013/7/3	2	0

訂單資料表

客戶編號	客戶名稱	聯絡人	性別	地址
1	十全書店	陳圓圓	女	台北市
2	大發書店	陳季暄	女	台北市
3	好看書店	趙飛燕	女	台中市

客戶資料表

經由**客戶編號**欄的關聯, 可知道
訂單序號 2 的客戶為**好看書店**

1-3 Access 的用途

也許有人會問:既然生活上早已遵循資料庫管理模式來處理日常事務,為何還需要 Access 這一類的資料庫管理軟體呢?理由很簡單,因為電腦化的資料庫管理系統,能夠幫助我們以更精確、更有效率的方式來處理資料。以下我們針對 Access 的用途做一個簡單的說明。

有組織的儲存資料

Access 是一個資料庫管理系統,所以可以將您本來複雜且瑣碎的資料,集合組織成為有用的資訊,然後將資料完整地儲存起來,並提供許許多多好用的功能,方便資料的規劃及重複使用。

在 Access 中, 這些整理好的資料將會依照資料的用途, 分別儲存在不同的資料表中。所以, 資料庫可以包含數個資料表及其他資料庫物件。以下就是典型的 Access 資料表, 我們將書籍的相關資料存放在**書籍**資料表, 以期能夠即時地找到書籍資料 (關於資料表的介紹請參考第 3 章):

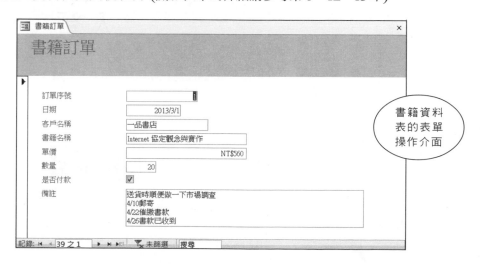

訂單序號 ▾	日期 ▾	客戶名稱 ▾	書籍名稱 ▾	單價 ▾	數量 ▾	是否付款 ▾
1	2013/3/1	一品書店	Internet 協定觀念與實作	NT$560	20	✔
2	2013/3/1	無印書店	PCDIY Norton Ghost 玩家實戰	NT$300	50	✔
3	2013/3/2	一品書店	LINUX 指令參考手冊	NT$550	25	
4	2013/3/5	福鎮書店	HTML網頁設計實務	NT$480	15	
5	2013/3/6	流行書店	Flash 中文版躍動的網頁	NT$620	30	✔
6	2013/3/6	八德書店	Flash 中文版躍動的網頁	NT$620	55	
7	2013/3/7	十全書店	Windows 使用手冊	NT$550	20	
8	2013/3/8	福鎮書店	PCDIY Norton Ghost 玩家實戰	NT$300	50	
9	2013/3/10	無印書店	LINUX 指令參考手冊	NT$550	25	
10	2013/3/10	一品書店	HTML網頁設計實務	NT$480	15	
11	2013/3/13	流行書店	Flash 中文版躍動的網頁	NT$620	30	
12	2013/3/15	福鎮書店	Active Server Pages 網頁製作教本	NT$580	55	
13	2013/3/17	十全書店	PCDIY 電腦選購.組裝.維護	NT$450	22	
14	2013/3/20	流行書店	PCDIY Norton Ghost 玩家實戰	NT$300	50	
15	2013/3/20	標竿書店	抓住你的 PhotoImpact 中文版	NT$490	44	✔
16	2013/3/22	身邊書店	PCDIY 電腦選購.組裝.維護	NT$450	5	✔
17	2013/3/26	十全書店	Access 使用手冊	NT$490	3	✔
18	2013/3/30	流行書店	Dreamweaver 中文版魔法書	NT$490	15	
19	2013/4/2	一品書店	Active Server Pages 網頁製作教本	NT$580	32	
20	2013/4/8	愚人書店	PCDIY Norton Ghost 玩家實戰	NT$300	60	
21	2013/3/8	愚人書店	Windows 使用手冊	NT$550	50	✔
22	2013/4/10	旗旗書店	Windows 使用手冊	NT$550	45	✔
23	2013/4/15	流行書店	SQL Server 設計實務	NT$650	5	✔

記錄: ◄ 39 之 1 ► ►► 🛇 未篩選 搜尋

存放書籍資料的**書籍**資料表

方便輸入資料的操作介面

將資料輸入資料庫,是建立資料庫的重要工作,如果沒有方便輸入資料的操作介面,建立資料庫的效率就會大大降低,所以 Access 提供了方便使用者能自行設計介面的表單功能,讓您可以設計出有效率、方便且美觀的操作介面。

以下是個 Access 表單,您可以發現,同樣是顯示、輸入書籍的資料,但表單的效果就是比資料表更具親和力 (關於表單的介紹請參考第6、12、13章):

書籍訂單 ✕

書籍訂單

訂單序號	1
日期	2013/3/1
客戶名稱	一品書店
書籍名稱	Internet 協定觀念與實作
單價	NT$560
數量	20
是否付款	✔
備註	送貨時順便做一下市場調查 4/10郵寄 4/22催繳書款 4/26書款已收到

書籍資料表的表單操作介面

記錄: ◄ 39 之 1 ► ►► 🛇 未篩選 搜尋

查詢想要的資訊

　　資料與資訊的不同就在於,資訊是將資料經過了排序、篩選和分析處理後所產生的。透過 Access 的查詢功能,您就能善用這些資訊。此外,若配合了設定巨集指令或撰寫 VBA (Visual Basic for Applications) 程式,您也可以自行設計一個快速查詢的命令,以方便找到您要的資料。

　　Access 提供了相當容易操作的查詢方式,只要以滑鼠選取、拉曳,便能從資料表篩選出資料:

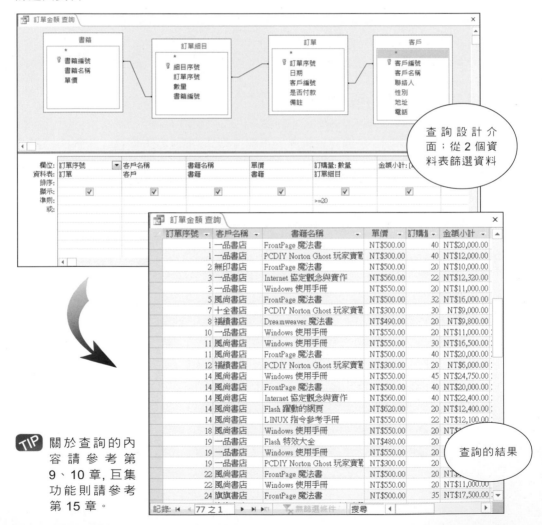

查詢設計介面;從 2 個資料表篩選資料

查詢的結果

TIP 關於查詢的內容請參考第 9、10 章,巨集功能則請參考第 15 章。

列印資料庫報表

除了可以直接在電腦上檢視資料庫的資料外, Access 也提供將資料製作成報表, 方便您將其列印出來 (如下圖)。此外, 也可以將分析好的統計圖表, 利用報表的形式列印出來。

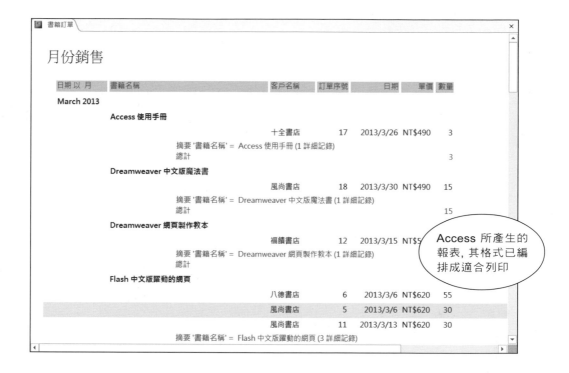

TIP 詳細的報表內容請參考第 7 、 14 章。

由上面介紹可知, 若是懂得將工作上或生活周遭的資料整理好, Access 都有辦法處理成有用的資訊。如此一來, 不但可節省大筆的開支, 也能讓每一筆支出發揮最大的經濟效益, 諸如：產品銷售分析、廣告效益分析和商業網站資料庫等, 只要您想得出來的, Access 都做得到！

1-4 Access 的軟硬體需求

　　大致了解 Access 的用途之後, 您一定迫不及待想馬上使用 Access 吧！不過, 我們先瞭解一下 Access 的系統需求為何, 以免興沖沖的想要安裝軟體, 才發現系統不適合。關於執行 Access 的系統需求, 微軟官方所列如下：

處理器	1 GHz (含) 以上之 x86 或 x64 相容處理器
記憶體	1 GB (含) 以上
硬碟空間	3 GB (含) 以上之剩餘空間 (安裝 Office 2013 約需 1 GB 空間)
作業系統	Windows 7/8、Windows Server 2012
其它	可以連線到網際網路

　　以上是官方所列能夠執行 Access 的最低需求。以目前電腦的主流規格來說 (CPU：雙核心 2GHz 以上, 記憶體：4G 以上), 都可以很順暢的執行 Office 2013。若您的電腦曾安裝過 Office 2007/2010, 並且可以很順暢的執行, 那麼執行 Office 2013 也不會有問題。

2

Access 操作
環境介紹

- Access 的環境簡介
- 資料庫的物件與群組
- 各種命令的基本操作
- 取得線上輔助說明
- 如何開啟舊的資料庫
- 使用線上資料庫範本

Access 提供了方便而且清楚的操作環境, 能讓使用者輕鬆的建立並管理資料庫。接下來, 我們將會一步步帶領您熟悉操作環境。

本章內容包括:

● Access 的環境簡介

● 資料庫的各種物件

● 各種命令的基本操作

● 如何取得線上輔助說明

● 如何開啓舊有的資料庫

2-1　啓動與認識 Access 的操作環境

安裝好 Access 之後, 您一定迫不及待想馬上使用 Access 吧! 別急, 我們先來熟悉 Access 的操作環境, 往後操作資料庫時才會得心應手。

啓動 Access -- 建立新資料庫檔案

請按**開始**鈕 , 執行『**所有程式/Microsoft Office/Access 2013**』命令啓動 Access:

1 按此鈕建立一個新的空白資料庫

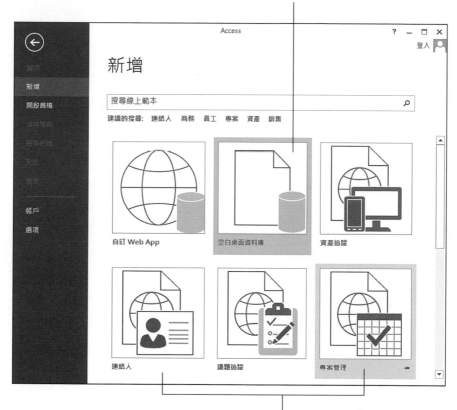

此處是 Access 提供
的各種資料庫範本

2 在此輸入資料庫的名稱, 若沒有輸
入, 則預設的檔名為 " 資料庫 + 流水
號", 例如 " 資料庫 **1**"、" 資料庫 **2**"

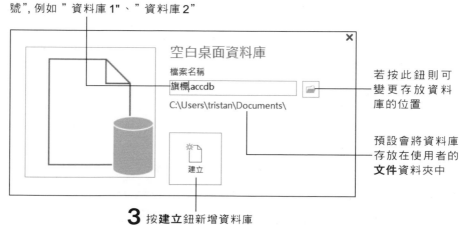

空白桌面資料庫

檔案名稱

旗標.accdb

C:\Users\tristan\Documents\

建立

若 按 此 鈕 則 可
變 更 存 放 資 料
庫 的 位 置

預 設 會 將 資 料 庫
存 放 在 使 用 者 的
文件資料夾中

3 按**建立**鈕新增資料庫

這就是剛才建立的資料庫檔案

4 新增的資料庫會自動建立一個
空的 "資料表1", 並開啓資料表。
但我們暫時還不會建立資料, 因
此筆者按此鈕關閉資料表

TIP 在上圖的標題列中, 檔案名稱後面顯示的是該資料庫使用何種版本的檔案格
式。由於 Access 2013 的檔案格式和 2007 、 2010 相同, 因此顯示爲 Access
2007~2013 檔案格式。

Access 的操作環境

接著, 我們來好好研究 Access 的操作環境吧。進入 Access 的操作環境後, 映入
眼簾的主要有**功能窗格**及**功能區**兩個部份：

這是快速存
取工作列,
可以自訂要
顯示的項目

這是標題列, 會顯示出
您目前操作的資料庫

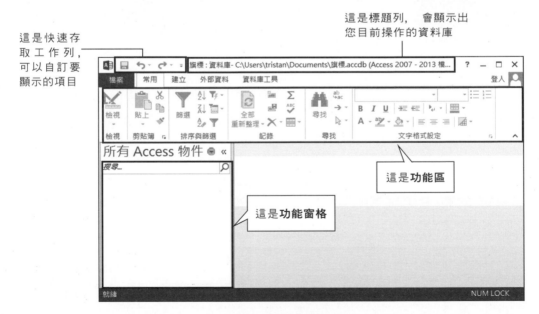

這是**功能區**

這是**功能窗格**

由於建立或開啓資料庫中的物件時(我們稍後會介紹什麼是資料庫的物件), 都會
先從功能窗格開始操作, 因此接著就先爲您介紹**功能窗格**。

功能窗格

　為了便於解說**功能窗格**的各項功能, 筆者事先建立了多個物件。關於這些物件的建立方法, 將在後面的章節陸續為您介紹。請看右圖:

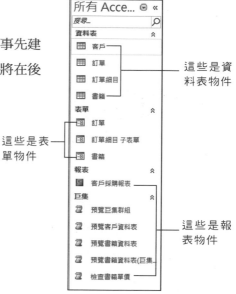

這些是資料表物件

這些是表單物件

這些是報表物件

　　功能窗格所列出的其實就是一個資料庫檔案。如上圖的**功能窗格**, 就包含了資料表, 及資料表相關的表單與報表物件。一個資料庫檔案其實包含各種資料庫物件: **資料表、查詢、表單、報表、巨集**和**模組**等。**功能窗格**預設會顯示資料表相關物件, 我們可以如下更改顯示的項目, 將所有的物件都列出:

1 按此鈕拉下列示窗

按鈕的名稱會隨著顯示的方式而不同

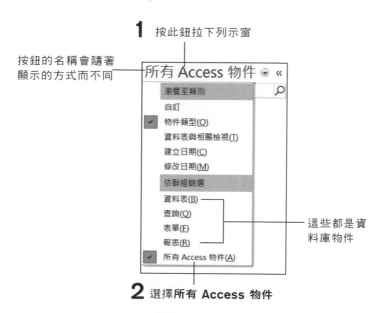

這些都是資料庫物件

2 選擇所有 Access 物件

爾後可能常常會遇到需要變更顯示項目的時候。例如要進行上圖的操作, 此時筆者將會提示『請將**功能窗格**切換至**所有 Access 物件**項目』。

為什麼稱為物件而非檔案?

功能窗格裡有數種不同類型的資料庫物件, 即:資料表、查詢、報表、...等等, 有別於其它資料庫軟體將每一個物件儲存成個別檔案, Access 的做法是將所有物件都存放在同一個資料庫檔中, 以 .accdb 為副檔名。因此我們稱之為『物件』而非『檔案』。

功能區

Access 2013 就是將所有操作命令全部集中在**功能區**中, 並以直覺化的方式將所有工具按鈕安排在**功能區**中:

1 這是**常用頁次**, 下方即是常用頁次的**功能區**

2 以滑鼠左鈕按此處可切換到**建立**頁次, 而每個頁次的功能區都不相同

按此鈕可以將功能區展開/收合

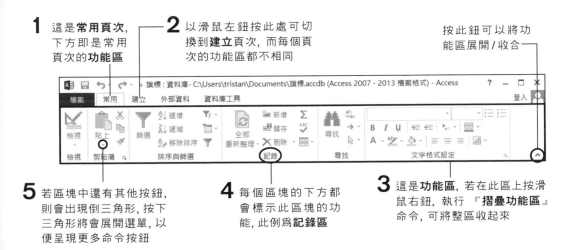

5 若區塊中還有其他按鈕, 則會出現倒三角形, 按下三角形將會展開選單, 以便呈現更多命令按鈕

4 每個區塊的下方都會標示此區塊的功能, 此例為**記錄區**

3 這是**功能區**, 若在此區上按滑鼠右鈕, 執行『**摺疊功能區**』命令, 可將整區收起來

螢幕尺寸、字型大小都會影響功能區的顯示方式

如果您使用的螢幕尺寸較小，或是將 Windows 顯示的系統字型設定為**小**或**中**，功能區有可能因為無法容納所有的按鈕及名稱，而將部份按鈕縮小，或改以省略按鈕名稱的方式顯示，以便放入所有的工具按鈕，因此您看到的畫面可能會與本書的示範畫面略有差異。

當螢幕尺寸可容納所有按鈕及名稱時，按鈕和名稱會同時顯示

若螢幕尺寸較小或字型較大時，只會顯示按鈕

如果想知道功能區上的按鈕作用為何，只要將指標移到按鈕上 (不要按下)，下方就會顯示操作提示，方便我們查詢按鈕的功能。指標移開按鈕，操作提示就會自動消失。

2-2 資料庫的物件與群組

剛剛大致瀏覽過整個 Access 的環境後, 接著我們來看看資料庫檔案的各種物件成員及群組扮演的角色。

資料庫物件

資料庫檔案中, 包含有資料表 (Table)、查詢 (Query)、表單 (Form)、報表 (Report)、巨集 (Macro)、模組 (Module) 等物件, 以下先簡單介紹, 至於各物件的使用方式, 則會在後續章節詳細說明。

資料表 (Table)

我們曾經提到過, 資料庫是一群有組織的資料集合, 而 Access 的資料庫檔案, 便是利用資料表物件來儲存這些資料！

那麼資料表是以何種方式來組織資料呢？以下我們就利用一個 "通訊錄資料表" 加以說明：

欄位 (Field)

姓　名	性別	地　　　　　　　　　　　　址	電　話	收入狀況
孫勵得	M	台北市敦化南路二段　81 號	4547893	特優
許小元	M	新竹市創新一路　1　號	2520530	優
林佳芠	F	中和區永亨路　2　號	1222219	優
陳玉智	M	基隆市愛三路　5　號	7037501	優

此即為一筆記錄 (Record)　　　　**通訊錄資料表的基本結構**

　　首先, 我們將所要儲存的資料, 依照其特性做分類, 即會設定出各個**欄位 (field)**。例如上面的通訊錄, 便將儲存的資料依照所需的特性, 分為 "姓名"、"性別"、"地址"、"電話"、"收入狀況" 等欄位。

　　而將所有的欄位組合起來的資料, 便成為一筆**記錄 (record)**; 再集合所有的記錄, 一個通訊錄**資料表**便出現了!

搞清楚 "資料表"、
"記錄"、"欄位" 三
者的關係了吧!

　　下面就是一個典型的 Access 資料表:

	客戶編號	客戶名稱	聯絡	性別	地址	電話
⊞	1	一品書店	孫小小	男	台北市民生東路一段30號	(02) 2321-8095
⊞	2	十全書店	許子元	男	台北市建國北路一段33巷50號2F	(02) 2781-0835
⊞	3	身邊書店	侯梨花	女	台北市天母東路一段55巷2號	(02) 2333-5689
⊞	4	風尚書店	林家紋	男	新北市中和區得和路66號	(02) 2589-8691
⊞	5	無印書店	陳傑民	男	台北市仁愛路一段165號	(02) 2698-7549
⊞	6	愚人書店	林阿吉	男	台北市師大路67號	(02) 2548-8793
⊞	7	福饋書店	邱露營	女	新北市三重區力行路165號	(02) 2587-4729
⊞	8	標竿書店	許永續	女	台北市龍江路10號	(02) 2785-3694
⊞	9	旗旗書店	范曉薇	女	台北市和平東路二段76號	(02) 2478-9514
⊞	10	八德書店	趙東海	男	新北市板橋區民生路285號	(02) 3521-8546
⊞	11	仁為書店	賴小吉	男	新北市新莊區民安路二段36號	(02) 2552-8745
✱	(新增)					

客戶 ✕

記錄: ◄ 11 之 1 ► ►► ►✱　無篩選條件　搜尋　◄　　　　　►

查詢(Query)

　　資料庫除了可以儲存資料外,它還可因應使用者的需求,萃取出有用的資訊,這就是查詢 (query) 的功用。Access 的查詢功能, 可讓您將常用的**查詢條件**儲存起來,往後每次查詢條件相同時, 只要開啟儲存過的查詢物件即可得到結果。此外, 查詢可以針對不同的資料表及欄位, 整合後加以運算, 以取得所需的資訊。我們來看看一個查詢的示意圖, 您就會瞭解了!

客　戶　訂　單　資　料　表				
姓　　名	月份	是否付款	產品編號	數量
孫小小	4	是	F480	100
許子元	5	否	F391	99
林佳艾	6	否	F024	105
楊大雄	7	是	F064	163

查詢條件: 找出 5、6 月未付款的客戶,並列出該客戶所訂購的產品編號及數量

查　　詢　　結　　果				
姓　　名	月份	是否付款	產品編號	數量
許子元	5	否	F391	99
林佳艾	6	否	F024	105

下面就是一個 Access 的查詢實例：

看起來與資料表完全一樣，其實您也可以將它當成另一種資料表，不過它是符合某種查詢條件的資料表

表單 (Form)

Access 資料庫裏的**表單**物件, 可以看做是我們日常所見的各種表格, 例如請購單、各類的申請單、報名表...等等。建立表單的目的在於提供一個標準化的輸入或檢視介面, 讓資料庫使用者能夠在最舒服的環境下輸入或查閱資料。

這就是 Access 中的表單

方便您輸入與檢視資料

報表(Report)

Access 萃取出的資料結果, 除了可經由螢幕輸出成資料表及表單之外, 另外就是將結果經過處理後列印成報表。如下所示：

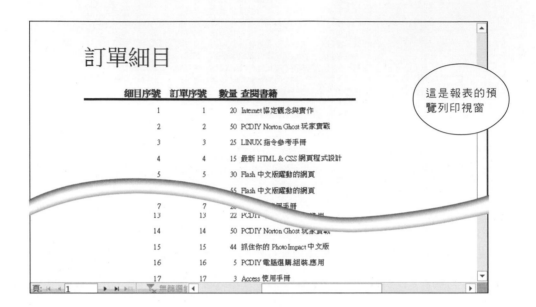

而且資料庫檔案的報表功能還可以用來列印郵寄標籤哦：

巨集 (Macro)

Access 除了可以完成資料庫檔案的資料表、表單、報表、查詢等物件的設計, 也能夠藉由自行設計的介面 (如:自訂功能表), 直接執行或開啟特定的輸入表單、資料表, 這時可以將這些操作程序 (例如:列印薪資報表、查詢應收帳款名冊等等) 組合成巨集 (不是寫程式哦), 以便往後呼叫使用。

Access 有 63 個巨集指令, 使用者可以依需求組合這些巨集指令。完成後, 只需將它們和自訂的功能表或是畫面上的命令鈕連結, 以後按下命令鈕或選取功能表的命令時, 所連結的巨集命令便會執行。

模組 (Module)

模組其實就是所謂的 "程式"。雖然 Access 定位在應用程式, 不需寫任何程式便可滿足使用者的一般需求, 但是針對較為複雜或特定的需求時, 仍可藉由程式來完成, 諸如:自行定義函數 (Function)、程序 (Procedure) 等等。

群組 (Group)

群組可以讓您方便管理資料庫的物件, 例如將常用的資料庫物件, 直接拉曳到群組中, 它就會產生一個資料庫物件的捷徑 (short cut)。往後使用時, 只要直接執行所設定群組中的資料庫物件捷徑, 即可開啟該資料庫物件。

自訂群組

當您的資料庫越來越健全、規模越來越大時, 往往會存放各種的資料表、表單、報表等。此時我們可以透過**自訂群組**功能, 將各種物件分門別類存放。例如, 我們可以將財務方面的資料表、報表等放在**財務**群組, 而銷售方面的資料表、表單等放在**銷售**群組。如此在操作資料庫時, 就可以依據我們要進行的工作, 快速地從相關的群組中找到我們想要的物件。Access 預設即會建立一個**自訂群組 1**, 筆者以一個已包含各種物件的資料庫, 為您示範如何以物件分類到**自訂群組 1**:

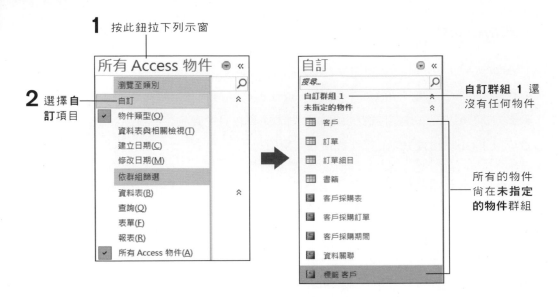

1 按此鈕拉下列示窗

2 選擇**自訂**項目

自訂群組 **1** 還沒有任何物件

所有的物件尚在**未指定的物件**群組

接著我們只要將物件拉曳到**自訂群組 1**,該物件便分類完成了:

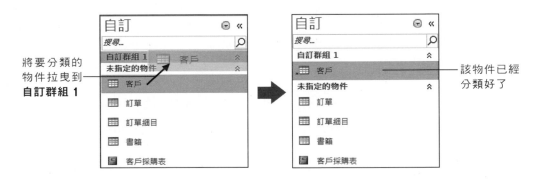

將要分類的物件拉曳到**自訂群組 1**

該物件已經分類好了

接著筆者依此要領,將 "客戶" 的相關物件都分類到**自訂群組 1**:

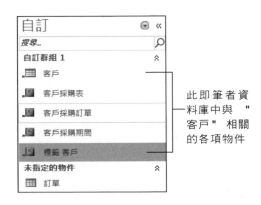

此即筆者資料庫中與 "客戶" 相關的各項物件

不過**自訂群組 1** 這個名稱實在不太實用, 我們可以自行更改群組的名稱:

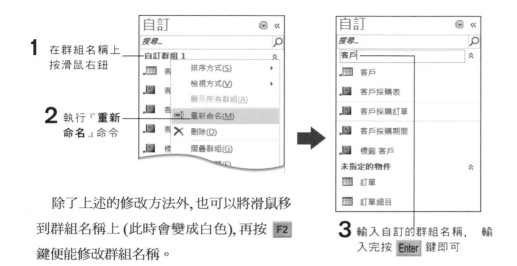

1 在群組名稱上按滑鼠右鈕

2 執行『**重新命名**』命令

3 輸入自訂的群組名稱, 輸入完按 Enter 鍵即可

除了上述的修改方法外, 也可以將滑鼠移到群組名稱上 (此時會變成白色), 再按 F2 鍵便能修改群組名稱。

新增群組

除了預設的群組外, 我們也可以另外新增群組。操作的方法如下:

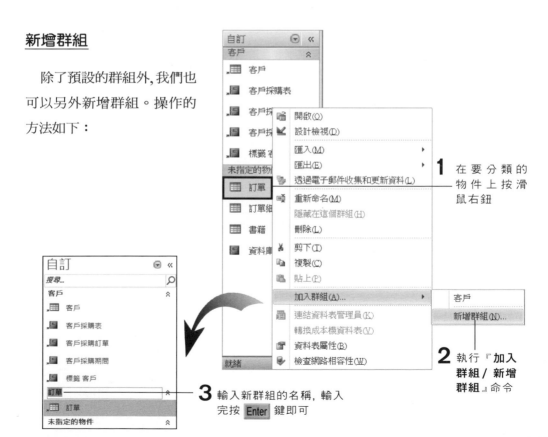

1 在要分類的物件上按滑鼠右鈕

2 執行『**加入群組 / 新增群組**』命令

3 輸入新群組的名稱, 輸入完按 Enter 鍵即可

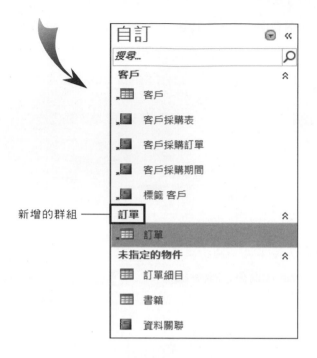

新增的群組 ──

TIP 　若要刪除群組, 只要在群組名稱上按滑鼠右鈕, 執行 『**刪除**』 命令即可刪除
該群組, 而其中的物件則會歸類到**未指定的物件**中。

2-3　基本命令操作

　　Access 2013 將所有命令簡化, 以**工具鈕**和**快顯功能表**這 2 種方式來進行所有操
作。以下我們分別說明這 2 種命令的執行方法。

工具鈕

　　功能區的工具鈕是最方便的操作方式了。每個按鈕都具有特定的功能,只要按一
下某個工具鈕,就可執行該鈕的功能:

依據不同的操作目的分成不同頁次的功能區

所有的工具鈕依其功能分門別類地安排在功能區中

您可能會發現有些工具鈕的圖案呈灰色狀,這表示這些按鈕的功能目前還無法使用。每個按鈕會依照操作時的情況而決定是否可以執行。

另外,當我們將指標移到某個工具鈕上停住時,附近還會出現該工具鈕的簡短說明:

1 將指標停留在工具鈕上

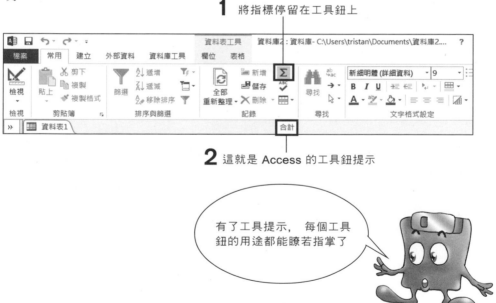

2 這就是 Access 的工具鈕提示

有了工具提示, 每個工具鈕的用途都能瞭若指掌了

無所不在的好幫手: 快顯功能表

工具鈕都固定在視窗上,有時候用起來並不那麼方便,但是快顯功能表就不同了,它就像可移動的功能區一般,隨著滑鼠指標到處顯示(在2-14頁中講述群組時就已經使用過快顯功能表了,若忘記可以翻回去看看)。

舉例來說, 將滑鼠指標移到功能窗格**空白處**, 然後按下滑鼠右鈕, 指標附近便會出現一個快顯功能表:

這個快顯功能表會列出與功能窗格相關的常用命令

快顯功能表的出現和指標位置有很大的關聯, 例如將指標移至某個資料表物件上, 再按滑鼠右鈕便會出現另一組快顯功能表:

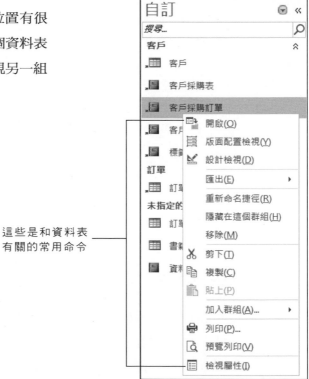

這些是和資料表有關的常用命令

2-4 取得線上輔助説明

　　看過了 Access 的功能區、工具鈕及資料庫各個物件的簡介，您可能會想，這麼多的功能很難一次就記清楚。所以 Access 特別提供 "線上輔助説明"，隨時幫我們解答操作上的疑問。

　　Access 的線上輔助説明，是將所有的功能分門別類條列出來，您可以根據想進行的工作來查詢。要取得 Access 的線上輔助説，請如下操作：

按此鈕啓動 Access 線上輔助説明

也可以在此輸入問題，查詢相關的説明

條列出所有操作相關的問題

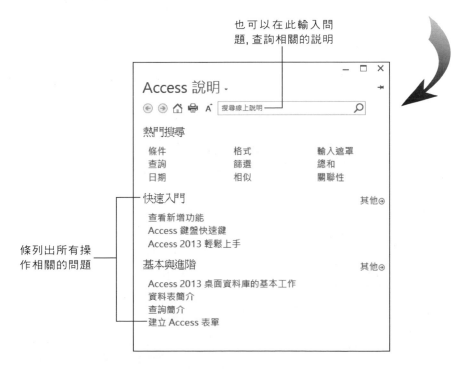

Access 説明 ⏷

搜尋線上説明

熱門搜尋

條件	格式	輸入遮罩
查詢	篩選	總和
日期	相似	關聯性

快速入門　　　　　　　　　　　　　　　其他⊕

查看新增功能
Access 鍵盤快速鍵
Access 2013 輕鬆上手

基本與進階　　　　　　　　　　　　　　其他⊕

Access 2013 桌面資料庫的基本工作
資料表簡介
查詢簡介
建立 Access 表單

Access 的線上輔助說明
預設會連線到 Office.com,
以便即時取得最新的內
容。若是您的電腦並未連
上網路,還是可以查詢輔助
說明內建的問題解答:

結束 Access

在經過了漫長的介紹後,我們先暫時結束 Access,休息一下。關閉 Access 的方法
如下:

1 直接按下右上角的關閉
鈕,即可結束 Access

如果在檔案鈕按
滑鼠左鈕,拉下功
能表後按**關閉**鈕,
則只會關閉目前
開啟的資料庫,不
會結束 Access

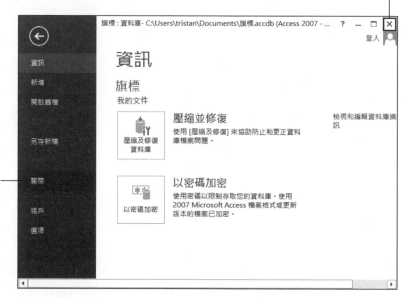

下一節要介紹如何開啟我們剛才建立的**旗標**資料庫,繼續新的操作。

2-5 開啟舊有的資料庫

之前我們已經知道如何新增資料庫了。這次我們直接開啟之前建立的**旗標**資料庫，以便繼續操作。開啟舊資料庫的方法相當簡單，只要按下啟動畫面中的**旗標**項目，便可以開啟之前建立的**旗標**資料庫：

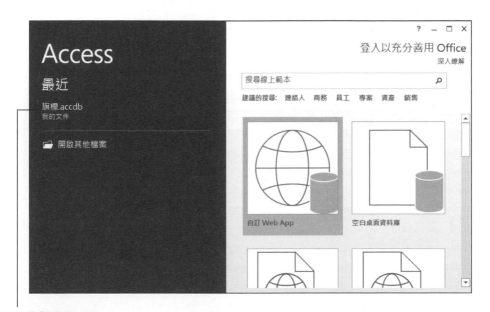

按下**旗標**項目即可

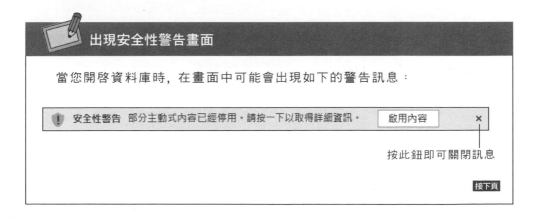

出現安全性警告畫面

當您開啟資料庫時，在畫面中可能會出現如下的警告訊息：

| ⚠ 安全性警告 部分主動式內容已經停用。請按一下以取得詳細資訊。 | 啟用內容 | ✕ |

按此鈕即可關閉訊息

接下頁

　　Access 2013 基於安全性的考量, 預設會停用巨集 (於後文說明), 並以訊息提示, 也就是我們看到的安全性警告畫面了。這個畫面並不會影響我們操作, 您可以直接按訊息右方的**關閉**鈕結束警告畫面。若不希望每次開啟資料庫都要另外關閉這個訊息, 可以將安全性設定為不顯示訊息。請按**檔案**鈕, 再按**選項**鈕, 接著如下操作:

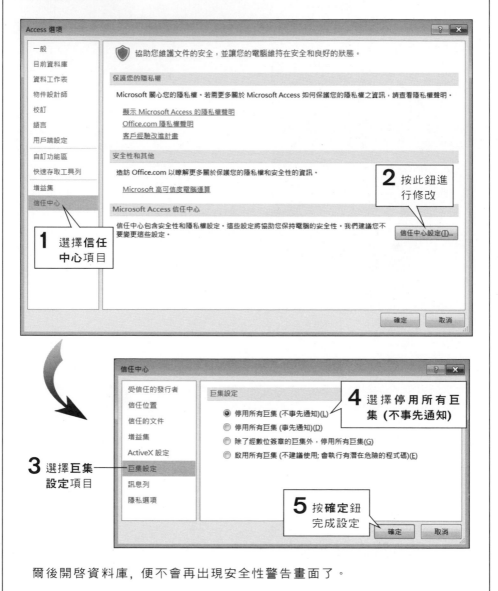

爾後開啟資料庫, 便不會再出現安全性警告畫面了。

由檔案清單開啟資料庫

檔案清單會保留最近曾經使用過的資料庫檔案名稱, 它不僅會出現在啓動畫面中, 若按下**檔案**鈕, 接著按下**開啓舊檔**, 也會在**最近**清單中看到最近使用的資料檔案名稱。

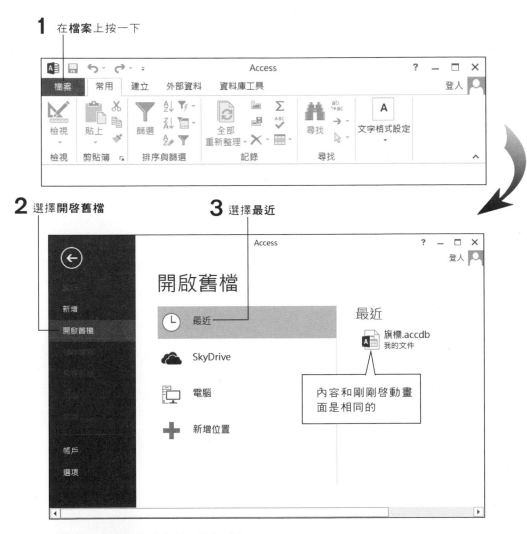

開啓檔案清單之外的資料庫

假如想開啓的檔案沒有出現在檔案清單中可以如下操作：

● **方法1**：

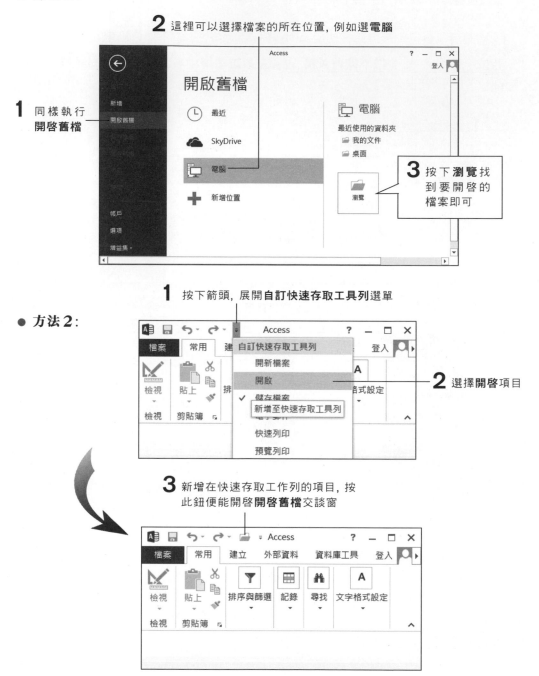

2 這裡可以選擇檔案的所在位置，例如選**電腦**

1 同樣執行**開啟舊檔**

3 按下**瀏覽**找到要開啟的檔案即可

1 按下箭頭，展開**自訂快速存取工具列**選單

● **方法2**：

2 選擇**開啟**項目

3 新增在快速存取工作列的項目，按此鈕便能開啟**開啟舊檔**交談窗

不論用哪種方式都會出現**開啟舊檔**交談窗，供我們選擇檔案。

2-6 使用線上的資料庫範本

微軟提供了許多的資源供我們使用,包括各種資料庫範本、擴充程式以及線上的訓練課程等,這麼好用的資源,當然要好好利用。以下就為您介紹如何將資料庫範本下載回來使用。

我們以下載**連絡人**範本為例,來示範如何使用微軟提供的線上資料庫範本。請先確定電腦已連線上網路,接著啟動 Access,並在啟動畫面如下操作:

圖示中有地球圖樣的範本,都是 Web App 的範本,關於 Web App 的介紹請見 **17-4** 節

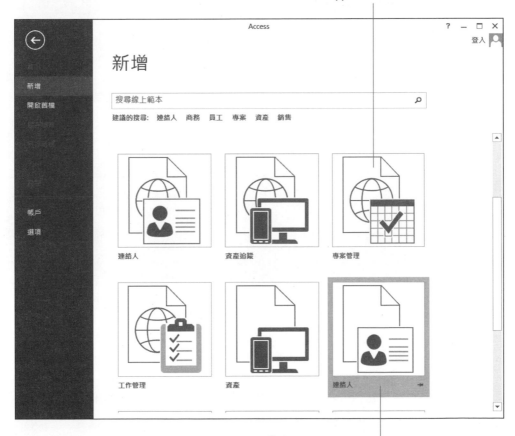

1 選擇本機資料庫的範本,例如**連絡人**範本

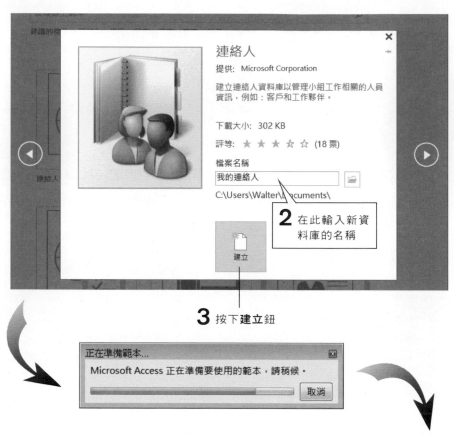

3 按下**建立**鈕

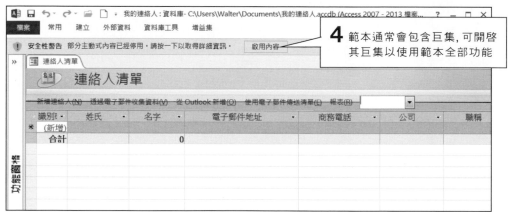

若您沒有變更存放範例資料庫的位置,則預設會存放在使用者的**文件**資料夾中。有現成的資料庫可以使用,固然是好事一樁,不過若要徹底掌握 Access,還是建議您從基礎一步步學起,才不會套用了現成的範本,卻不知道怎麼修改、維護。

3

建立資料表

- 資料的種類
- 建立資料表
- 設定資料表的欄位屬性
- 設定資料表的索引欄
- 更改資料表結構

　　經過了前面 2 章的介紹, 我們已經大致瞭解 Access 的操作環境, 也對資料庫的物件有了基本的認識。從本章開始, 我們將更深入地介紹 Access, 並引導大家建立一個簡單的資料表, 實際演練資料表的操作及基本設定。內容包括:

- 儲存資料的種類

- 帶您親自建立一個資料表

- 設定資料表中各欄位的屬性

- 為資料表設定索引以加快搜尋速度

- 修改資料表的結構

3-1　資料的種類

　　在現實生活中, 存在了許多不同型態的資料, 例如**文字**、**圖形**、**數字**及**日期**...等。在 Access 中, 對於每一種不同型態的資料, 都有不同的 "資料類型" (data type)。

　　所謂 "資料類型" 其實就是指資料在資料庫中儲存的格式。Access 大致將欄位的資料類型分成下列 11 種, 我們可依據各個資料的型態來選用符合的類型 (您只需大概了解一下這些類型的用途即可):

資料類型	説明
簡短文字	可用來儲存文字資料, 例如姓名、地址、電話等字串。文字欄位的長度最大為 255 個字元。
長 文 字	備忘類型和文字類型所儲存的資料內容完全一樣, 但備忘類型可用來儲存較長的文字資料,它的欄位長度最大可達 65535 個字元。
數　　字	是用來儲存一些需要計算的數值資料, 依照數字型態及大小的不同又分為以下 7 類:位元組、整數、長整數、單精準數、雙精準數、複製編號及小數點。
日期時間	可用來儲存日期和時間資料。
貨　　幣	用來儲存貨幣數字, 例如訂金、單價、會錢等貨幣金額。

資料類型	說明
自動編號	當我們使用此資料類型時, 每新增一筆記錄, Access 便會以加 1 的方式, 產生一個新數值並填入新記錄的欄位中。由於此欄位的資料不會重複, 因此可用在一些資料不能重複的欄位上, 例如:『客戶編號』欄位 (每個客戶要有專屬的編號)、『產品編號』欄位 (不同的產品必須有不同的編號)。
是 / 否	此資料類型只代表二種值:『是』或『否』, 例如我們要記錄客戶是否已付款, 即可使用此類型。
OLE 物件	此資料類型可存放 Windows 上各類型的資料文件 (物件), 例如圖片、聲音、動畫等資料, 或是 Excel 試算表、Word 文件等。**一筆記錄只能存放一個 OLE 物件, 而且該物件的大小不得超過 1GB**。
附　　件	可讓您將 Word、Excel、圖片...檔案以附件的方式存到 Access 資料庫中, 當您以滑鼠左鈕雙按資料類型為附件的欄位時, 即可選擇開啟該檔或是存到其他地方。**附件**與 **OLE** 物件最大的差別是: 一筆記錄只能存放一個 OLE 物件, 而附件卻無此限制。另外, **單一附件的容量大小不得超過 256 MB**。關於**附件**的詳細內容請參考第 11 章。
超 連 結	用來存放超連結, 超連結是一種表示文件或資訊在區域網路(LAN)、網際網路(Internet) 上的位置, 例如: http://www.flag.com.tw　　← 旗標出版公司的 WWW 網站 mailto:shyutz@ms1.hinet.net　← 電子郵件位址 ftp://ftp.ncu.edu.tw　　　← Internet 上的檔案服務站 \\Kevin\F014\ch01.txt　　← 區域網路上某一台電腦的檔案 C:\MyDocuments\XMLFaq.txt　← 自己電腦上的檔案 有關**超連結**的詳細內容請參考 18-1 節。
查閱精靈	嚴格來說, 它並不是一種資料類型, 而是方便輸入資料的一個功能。詳細內容請參考第 9 章。

資料類型有 11 種耶！要不要全背起來啊？

不必背啦！多用幾次就自然記得了！

以下是一個包含各種資料類型的表單範例：

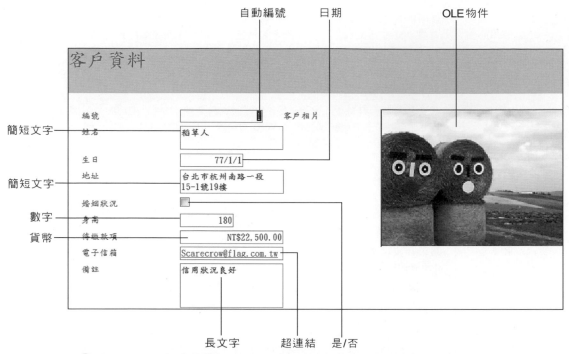

自動編號　日期　　　　　　　　　　OLE物件

客戶資料

簡短文字 —— 編號　　　　　　　　　客戶相片
姓名　　　稻草人

生日　　　　77/1/1
簡短文字 —— 地址　　台北市杭州南路一段
　　　　　　15-1號19樓

　　　　　婚姻狀況
數字 ——　身高　　　　180
貨幣 ——　待繳款項　——　NT$22,500.00
　　　　　電子信箱　Scarecrow@flag.com.tw
　　　　　備註　　信用狀況良好

長文字　　　　超連結　是/否

Access 資料庫的限制－存放 OLE 物件或附件類型的資料時, 請特別注意！

　　Access 的功能很強大，若對於資料量的需求不大，Access 是一個超值的選擇。那麼 Access 資料庫有何限制呢？請見下表：

資料庫的容量限制	最高 2GB (包含所有物件)
資料表的容量限制	最高 2GB
資料庫物件的數量限制	最多 32768 個物件 (包含資料表、表單、報表...等)

　　一般來說，除非資料量很龐大，否則要超過 2GB 的容量限制並不容易。比較需要注意的是，若使用 **OLE 物件**或**附件**資料類型，由於這些類型資料 (圖片、聲音、動畫...等) 的容量比較龐大，您必須注意各別的檔案容量限制 (**OLE 物件**不能超過 1 GB、**附件**不能超過 256MB)，並且所有物件的總容量不能超過 2GB。

　　若您的資料庫中要存放大量的 **OLE 物件**或**附件**類型的資料時，請務必控制所存資料的大小，或是將資料存放在硬碟或其他電腦中，再利用**超連結**資料類型在資料庫中記錄實際資料存放的位置 (請參考第 11 章的說明)。

3-2 使用設計檢視建立資料表

首先我們開啟上一章中所建立的**旗標**資料庫, 然後依下面的步驟, 進入資料表的設計畫面－資料表設計視窗:

1 由於我們要 " 建立 " 資料表, 所以請切換到**建立**頁次

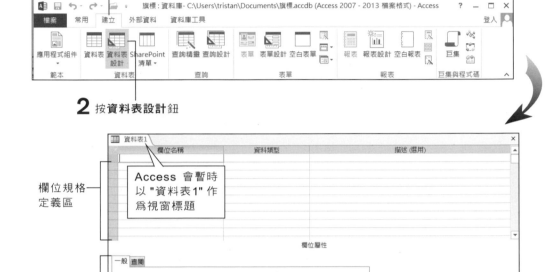

2 按**資料表設計**鈕

Access 會暫時以 "資料表 1" 作為視窗標題

欄位規格定義區

欄位內容設定區

若想要關閉資料表設計視窗, 則按下視窗右上角的**關閉**鈕即可。

準備動作 -- 決定所要存放的資料

接下來, 我們要為**旗標**出版公司設計一個簡單的**書籍訂單**資料表, 它包含了**訂單編號、日期、客戶名稱、書籍名稱、單價、數量**及**是否付款**等資料。此資料表的手寫表單示意圖如右所示:

> 訂單編號: 20　　日期: 102/07/05
> 客戶名稱: 一品書店
> 書籍名稱: 抓住你的 PhotoImpact 中文版
> 單價: 490 元
> 數量: 12 本
> 是否付款: 否

接著我們要將手寫的表單格式轉換成資料表的欄位, 大致可規劃成如下的資料表格式:

書籍訂單資料表

欄位名稱	資料類型	資料長度
訂單編號	自動編號	
日期	日期／時間	
客戶名稱	簡短文字	使用預設值即可
書籍名稱	簡短文字	使用預設值即可
單價	貨幣	
數量	數字(整數)	
是否付款	是／否	

簡單吧! 其實只要將手寫表單的資料整理一下, 然後對應到資料表的欄位中, 最後再決定每個欄位的資料類型, 以及**簡短文字**類型的欄位長度, 那麼就算完成基本的規劃了。

直覺式 vs 專業式規劃

其實我們以上所做的規劃方式只是一個簡單的**直覺式**規劃, 真正專業的資料庫系統要考慮的當然不只這些。為了讓讀者能在較單純的環境下, 輕鬆地學習基本操作, 所以我們暫時以這個簡單的資料表做為範例。等到第 8 章以後, 基礎已經打穩了, 我們再告訴您如何設計一個較好的資料庫系統。

定義欄位

接下來, 我們開始建立**書籍訂單**資料表。請在**旗標**資料庫中, 依照前面講述的方式開啟資料表設計視窗, 建立第一個資料表 (預設名稱為 "資料表1"):

1 輸入**訂單編號**

這裡有目前操作的相關說明

2 用滑鼠在此按一下

3 在下拉式選單中選擇**自動編號**

4 用滑鼠在此點一下, 插入點便移到這裡了

5 接著分別輸入這些欄位的內容

TIP 右邊的**描述**欄是用來存放對欄位的補充說明。因為我們的欄位名稱都已明確地表達出各欄位的意義, 所以就不需要輸入補充說明了。

要如何移動輸入焦點呢？

1. 使用滑鼠

●直接在欲輸入的地方按一下滑鼠左鈕, 插入點即會出現在該位置：

在此按滑鼠左鈕即出現插入點

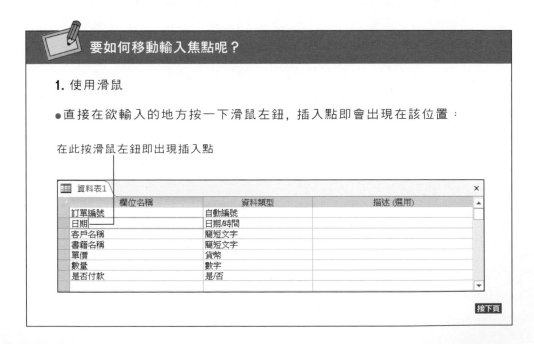

接下頁

● 若輸入焦點所在的欄位右側有向下的箭頭, 則可在箭頭上按滑鼠左鈕, 拉下列示窗選取要輸入的值:

1 在此按鈕即會拉出一個列示窗

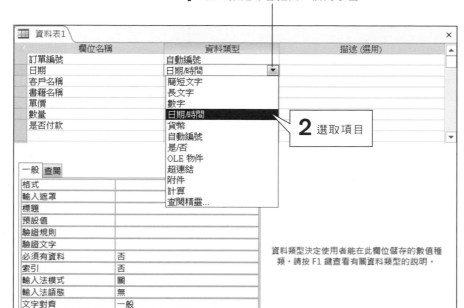

2. 鍵盤操作

● 您也可以用右表所列的按鍵來移動輸入焦點:

按鍵	動作
↑	向上移動一個欄位
↓	向下移動一個欄位
Tab 或 Enter	向右移動一個欄位
Shift + Tab	向左移動一個欄位

接下頁

- 當您在最右邊的欄位上按 Tab 或 Enter 鍵時, 輸入焦點會移到下一筆記錄的第一個欄位。同理, 當您在最左邊的欄位上按 Shift + Tab 鍵時, 輸入焦點會移到上一筆記錄最右邊的欄位。

- 若輸入焦點所在的欄位右方有向下箭頭, 則按 Alt + ↓ 鍵即可拉出列示窗, 然後再用 ↑ 或 ↓ 移動到您要的項目, 按 Enter 鍵就可輸入該值。

3-3 設定資料表的欄位內容

資料表結構設計完成之後, 接下來要設定欄位的**內容**, 規範欄位資料在輸入或顯示時的一些特性, 例如：日期資料要以 "2013/05/01" 或 "2013 年 05 月 01 日" 的方式顯示；貨幣資料的前面是否要加個 "NT$" 符號。

當我們要設定某個欄位的內容時, 請先切換到資料表設計視窗, 並在該欄位上按鈕, 則下方的內容設定區中即會顯示出該欄位的各個屬性：

1 在**日期**欄位中按一下

目前要設定的欄位會有粉紅色框

2 切換到一般頁次

日期 欄位的各種屬性(空白表示使用預設的屬性)

欄位名稱最長可達 64 個字元, 包含空格。請按 F1 鍵查看看欄位名稱的相關說明。

內容設定區

當您在**內容設定區**的任一欄中按鈕時, 右方的**說明框**即會顯示相關的說明:

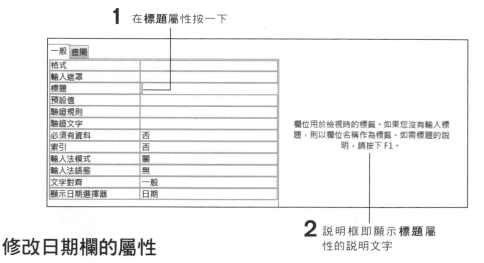

1 在**標題**屬性按一下

欄位用於檢視時的標籤。如果您沒有輸入標題, 則以欄位名稱作為標籤。如需標題的說明, 請按下 F1。

2 說明框即顯示**標題**屬性的說明文字

修改日期欄的屬性

日期欄位預設的顯示格式為 "yyyy/mm/dd", 例如 "2013/05/01", 我們可用下面的方式修改成自己要的顯示方式:

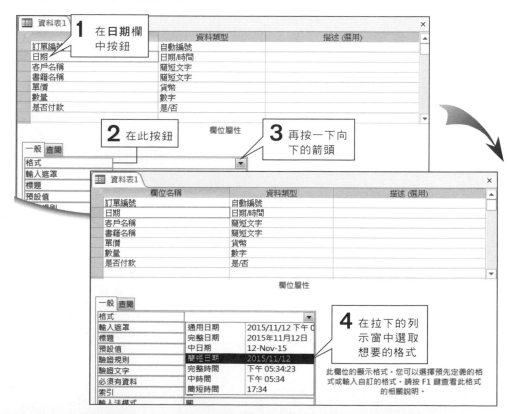

1 在**日期**欄中按鈕

2 在此按鈕

3 再按一下向下的箭頭

4 在拉下的列示窗中選取想要的格式

此欄位的顯示格式。您可以選擇預先定義的格式或輸入自訂的格式。請按 F1 鍵查看此格式的相關說明。

再次修改日期格式

　　一個已建立完成的資料表, 通常具有表單 (於第 6 章介紹) 和報表 (於第 14 章介紹)。若我們在更改資料表欄位格式時, 可以同將表單與報表同欄位的資料格式一併更改。以下以修改日期格式為例, 說明如何同時變更所有物作的日期格式。您可以不必進行以下的操作, 待後面章節建立多個物件後, 再回頭來嘗試此功能。範例如下:

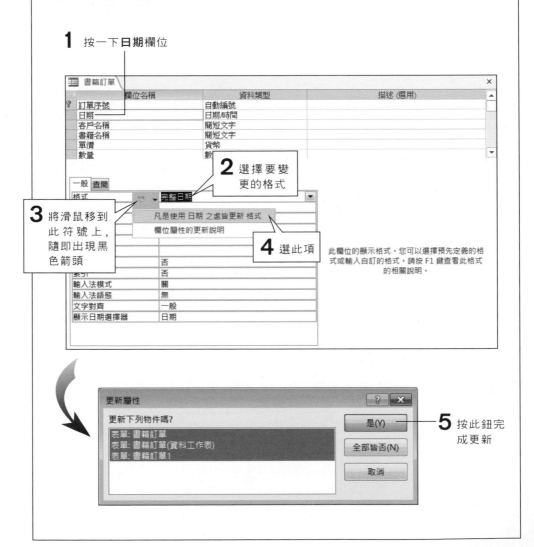

改用國曆的表示法

如果您的列示窗中顯示的都是西曆格式 (即 20XX 年), 那麼表示您 Windows 的日期格式還未改成中華民國曆 (即 10X 年)。以 Windows 7 為例, 您可執行『**開始 / 控制台**』命令, 選擇**時鐘、語言和區域**圖示, 在**地區及語言**選項交談窗的**格式**頁次按下**其他設定**鈕來設定:

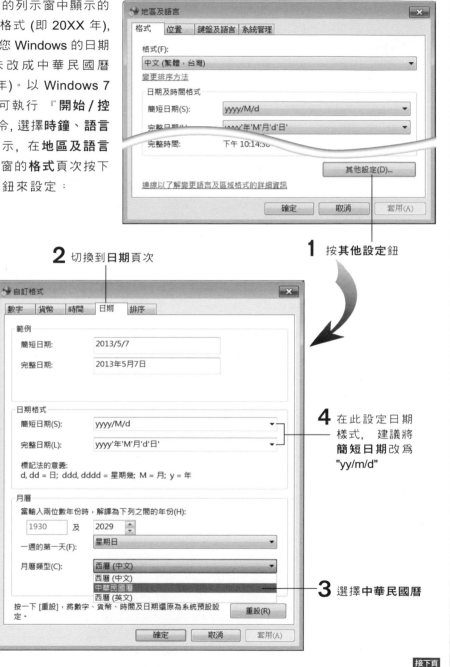

1 按**其他設定**鈕

2 切換到**日期**頁次

4 在此設定日期樣式, 建議將**簡短日期**改為 "yy/m/d"

3 選擇**中華民國曆**

接下頁

若您還想將時間的 AM、PM 改為上午、下午, 那麼請改切換至**時間**頁次做設定:

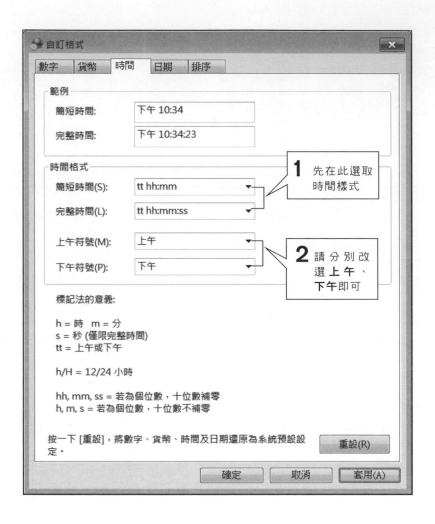

修改客戶名稱、書籍名稱欄的屬性

簡短文字類型的欄位是以變動長度來儲存資料,也就是有多少資料就佔多少空間。因此在設定**客戶名稱**及**書籍名稱**等**簡短文字**欄位的長度時(預設為255個字元),可視數字多寡來調整**欄位大小**,以確保我們輸入的文字不會被切斷:

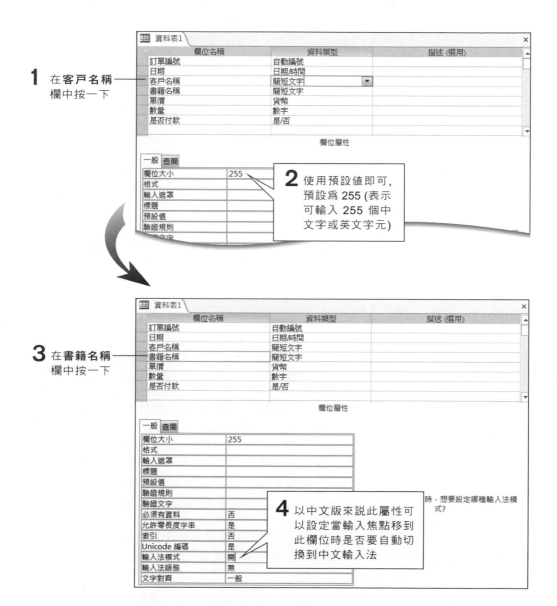

1 在**客戶名稱**欄中按一下

2 使用預設值即可,預設為 255 (表示可輸入 255 個中文字或英文字元)

3 在**書籍名稱**欄中按一下

4 以中文版來説此屬性可以設定當輸入焦點移到此欄位時是否要自動切換到中文輸入法

什麼是輸入法模式

　　輸入法模式能讓您輸入亞洲語系的文字 (如中文、日文及韓文等)。　如果我們要輸入中文, 則必須要安裝中文的輸入法, 一般來說, 如果我們使用的是中文版的 Windows　作業系統預設就會提供中文的輸入法, 例如: 注音、倉頡輸入法。

　　而**輸入法模式**則是用來設定當焦點切換至某欄位或控制項時, 該使用何種輸入法。以本書使用 Windows 7 的系統為例, 會有下列幾種設定值:

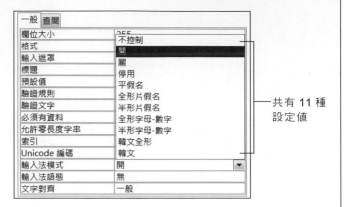

共有 11 種設定值

● **不控制**：設定為 " 不控制 " 的欄位所使用的輸入法與前一個欄位相同。例如前一個欄位使用 " 注音輸入法 ", 那麼該欄位也會使用 " 注音輸入法 "。

● **開**：開啟 " 中文輸入模式 ", 當輸入焦點移到該欄位時, 會切換至您預設的中文輸入法。預設是指離目前最近時間使用的中文輸入法, 例如您剛剛使用了 " 注音輸入法 ", 就會一直開啟 " 注音輸入法 "。

● **關**：關閉 " 中文輸入模式 ", 所有設定成**關閉**的欄位, 不會自動切換到中文的輸入法。

● **停用**：停用 " 中文輸入法模式 ", 設定為**停用**的欄位, 無法切換到中文輸入模式 (如注音、倉頡...等輸入法), 而只能使用英數輸入法。

● **平假名**、**全形片假名**、**半形片假名**：這些是切換 " 日文輸入模式 " 時使用的設定項目 (若未安裝日文輸入法則不會切換)。

● **全形字母 - 數字**、**半形字母 - 數字**：當使用 " 英數輸入法 " 時, 用來設定半形或全形字 之用。

● **韓文全形**、**韓文**：這些是切換 " 韓文輸入模式 " 時使用的設定項目(若未安裝韓文輸入法則不會切換)。

修改單價欄的屬性

單價欄是**貨幣資料**類型,請依下圖設定其顯示格式:

1 在**單價欄**中按一下

2 拉下**格式**的列示窗,選取 "標準"

3 拉下**小數位數**列示窗,將之設為 "0" 表示不要小數點位數

修改數量欄的屬性

數量欄的資料類型是**數字**, **數字**類型又可分為好幾種,若單就整數類 (即不含小數) 來講,依欄位大小的不同區分為 3 種:

欄位大小	儲存空間	可輸入的數值範圍
位元組	1 Byte	0 ～ 255
整數	2 Bytes	-32,768 ～ 32,767
長整數	4 Bytes	-2,147,483,648 ～ 2,147,483,647

若一筆訂單的數量不會超過 255,則選 "位元組" 即可。但為了預防萬一,所以我們會將**欄位大小**屬性設定為 "整數":

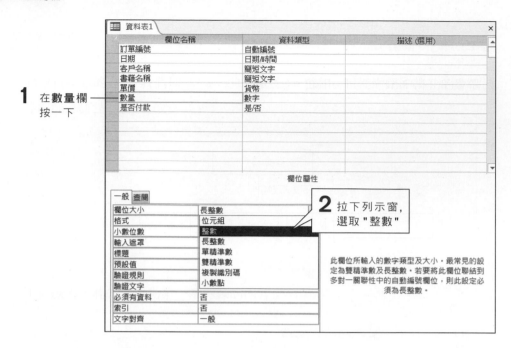

1 在**數量**欄按一下

2 拉下列示窗,選取 "整數"

此欄位所輸入的數字類型及大小。最常見的設定為雙精準數及長整數。若要將此欄位聯結到多對一關聯性中的自動編號欄位,則此設定必須為長整數。

修改是否付款欄的屬性

通常在輸入新的訂單時,客戶都還未付款,因此我們可將此欄位的預設值設為"No",如此在每次要輸入一筆新記錄時,Access 便會先幫我們填入一個 "No" 值:

1 在**是否付款**欄按一下

此值將自動輸入新項目的此欄位中

2 直接輸入 "No"

3-4 設定資料表的索引欄

在開始設定資料表的索引欄位前,讓我們先來看一看**索引**究竟是什麼?

什麼是索引

索引 (index) 的意義, 簡單來說就是一個**系統搜尋或排序記錄的依據**。一個沒有設定索引的資料表就像是將成績單散亂地放置在抽屜中, 當我們要尋找某個學生的成績單時, 便需要大費周章地逐一檢視, 才可尋獲所需的成績單。而已建立索引的成績資料就像是依姓名筆劃順序來排列成績單, 則尋找資料的過程便輕鬆得多了。

存放在電腦中的資料表也是一樣,若是不經過索引,則在搜尋記錄時,電腦必須逐一檢視每一筆記錄是否合乎搜尋的條件,在速度上就比找尋已索引過的資料來得慢,這就是為什麼我們需要索引的原因。

那我把所有的欄位都設索引, 速度不是最快了嗎?

OH NO!索引也會佔用一些硬碟空間, 所以較理想的方式為:**只將經常需要用來搜尋或排序的欄位設定索引。**

設定索引

以下我們要示範如何分別將**訂單編號**、**客戶名稱**以及**書籍名稱**三個欄位設定爲索引：

最後參考步驟 3、4 的方法, 也將**書籍名稱**欄位設定爲 "是 (可重複)"。

索引的 3 種設定值

索引的設定值共有 3 種, 其意義分別如下：

● 否：表示這個欄位並非索引欄位。

● 是 (可重複)：設為索引欄位, 但是此欄位所儲存的值可以重複。在上例中我們將客戶名稱以及書籍名稱欄位都設定為此值, 因為不同的訂單可有相同的客戶名稱或是相同的書籍名稱。

● 是 (不可重複)：設為索引欄位, 而且此欄所儲存的值不可重複。上例中的訂單編號便是設為此值, 因為不同的訂單不能有相同的編號。

設定主索引 (Primary Key)

什麼是主索引 (primary key) 呢？舉例來說, 主索引的功能就像身分證字號一樣, 一個身分證字號就代表一個人, 不能重複。在資料表中, 通常也需要有一個欄位值能夠做為整筆記錄的代表, 例如：當我們要指明某一筆訂單時, 最直接的反應就是說 "xx 號的訂單", 因此訂單編號就理所當然地有資格成為每筆訂單的代表。總之, 一筆記錄中可以代表整個記錄的欄位就可將其設為主索引。

那麼, 做為主索引的欄位要具備什麼樣的基本條件呢？

1. 欄位中的每一個值都必須是『唯一』的 (即不能重複)

2. 在意義上要具有『代表性』

設定主索引的好處, 除了其本身就具備索引的功能外, 該欄位也會成為預設的排序依據。也就是說, 當我們檢視資料表的內容時, 除非另外指定要排序的欄位, 否則 Access 會先以主索引欄的值做排序。

注意, 一個資料表中可能有多個欄位都具有**不可重複**的特性, 我們一般只會挑選其中的一個做爲主索引(也可將好幾個欄位合起來當作主索引, 1 個主索引至多包括 10 個欄位)。通常應儘量挑選**佔用空間較小者**, 因爲這樣在搜尋、排序時, 效率會比較好。

設定主索引的方法很簡單, 請依下圖將**訂單編號**欄設爲主索引:

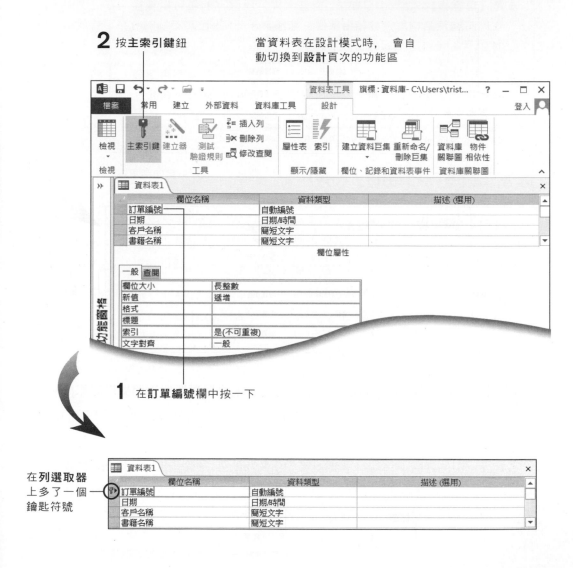

2 按**主索引鍵**鈕

當資料表在設計模式時, 會自動切換到**設計**頁次的功能區

1 在**訂單編號**欄中按一下

在**列選取器**上多了一個鑰匙符號

TIP 如果要改變主索引, 只須再另外選一個欄位, 然後按**主索引鍵**鈕即可。

列選取器

在表格最左邊的一排淡藍色按鈕即是**列選取器**，其作用有二：

1. 表示目前記錄的狀態：

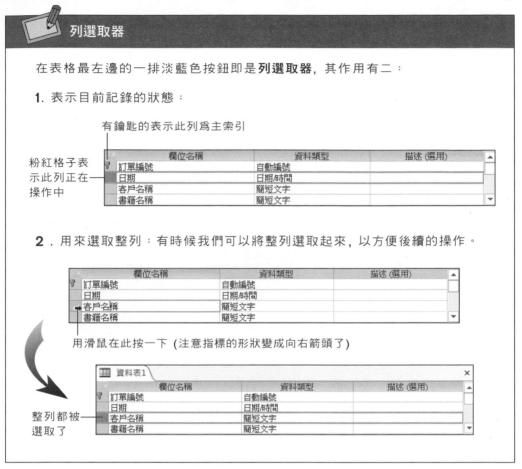

有鑰匙的表示此列為主索引

粉紅格子表
示此列正在
操作中

2. 用來選取整列：有時候我們可以將整列選取起來，以方便後續的操作。

用滑鼠在此按一下 (注意指標的形狀變成向右箭頭了)

整列都被
選取了

若要將2個欄位設為主索引，則可以依照下面的方法來做：

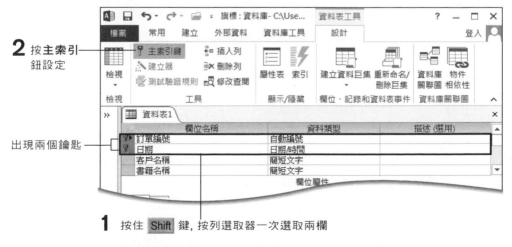

2 按**主索引**
鈕設定

出現兩個鑰匙

1 按住 Shift 鍵，按列選取器一次選取兩欄

檢視目前設定了哪些索引

當您為資料表設定索引之後,可以按功能區的**索引**鈕,來檢視或修改已建立的索引:

按下**設計**頁次的**索引**鈕

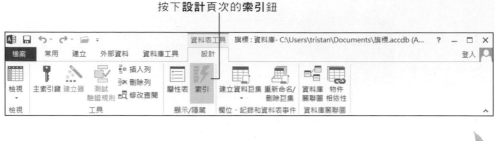

每個索引也   用來做索引   排序方式, 您可拉
都有個名稱   的欄位名稱   下列示窗來修改

是否為主索引

資料內容
是否唯一

是否忽略在該欄位中沒有輸入資料的記錄

上圖有一個**忽略 Null** 項目,**Null** 就是**空值**或**沒有資料內容**的意思, 例如我們在一筆訂單資料中沒有輸入日期, 那麼該筆記錄的日期欄中便是存放了一個 Null 值。

在前面我們一共設定了 3 個一般索引及 1 個主索引, 但由於主索引本身即具備了一般索引的功能, 所以**訂單編號**欄就重複了:

同一欄位設了 2 個索引

索引名稱	欄位名稱	排序順序
訂單編號	訂單編號	遞增
客戶名稱	客戶名稱	遞增
書籍名稱	書籍名稱	遞增
PrimaryKey	訂單編號	遞增

爲了節省空間,請將**訂單編號**的索引刪除。刪除的方法如下:

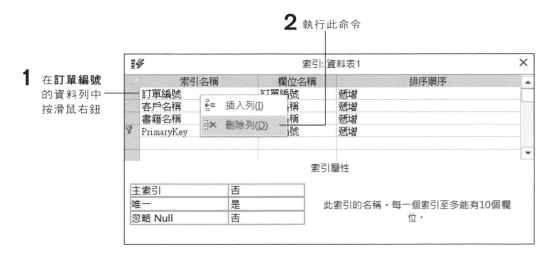

2 執行此命令

1 在**訂單編號**的資料列中按滑鼠右鈕

最後,按右上角的**關閉**鈕即可將此視窗關閉。

將設計好的資料表儲存起來

完成所有設定的步驟後,接著關閉資料表設計視窗,此時會出現以下訊息:

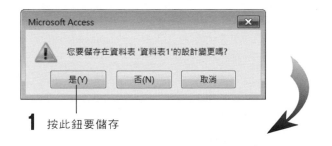

1 按此鈕要儲存

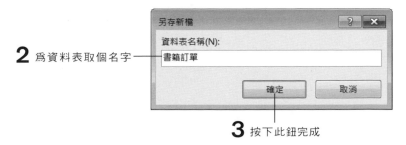

2 爲資料表取個名字

3 按下此鈕完成

資料表建立好之後,我們就可以在功能窗格中看到新建的資料表物件:

新建的資料表物件

TIP 如果您只想儲存而不想關閉資料表設計視窗,那麼請直接按快速存取工具列的**儲存檔案**鈕 🔲 ,便可將之儲存起來。

3-5 更改資料表結構

我們設計好的資料表如果發現有瑕疵,請別擔心,我們隨時都可開啟資料表設計檢視視窗來做修改,如下所示:

1 選擇要修改的資料表按滑鼠右鈕

2 執行『**設計檢視**』命令

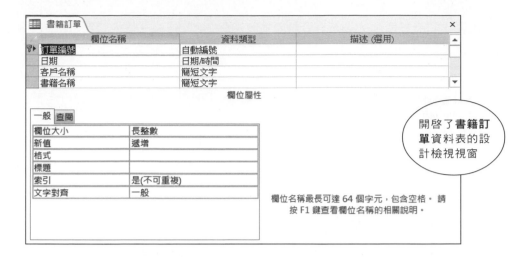

開啓了**書籍訂單**資料表的設計檢視視窗

欄位名稱最長可達 64 個字元，包含空格。 請按 F1 鍵查看欄位名稱的相關說明。

修改欄位的名稱及屬性

如果您只是要修改欄位的名稱、屬性等,那麼直接修改即可。例如我們將 "訂單編號" 改爲 "訂單序號" :

1 在這裡按一下, 即會出現插入點

欄位名稱	資料類型	描述 (選用)
訂單編號	自動編號	
日期	日期/時間	

2 按 Del 鍵將 "編" 字刪除

欄位名稱	資料類型	描述 (選用)
訂單號	自動編號	
日期	日期/時間	

3 然後輸入 "序"

欄位名稱	資料類型	描述 (選用)
訂單序號	自動編號	
日期	日期/時間	

接著我們將**日期**欄的**必須有資料**屬性設定為 "是", 強迫在輸入資料時一定要填上日期：

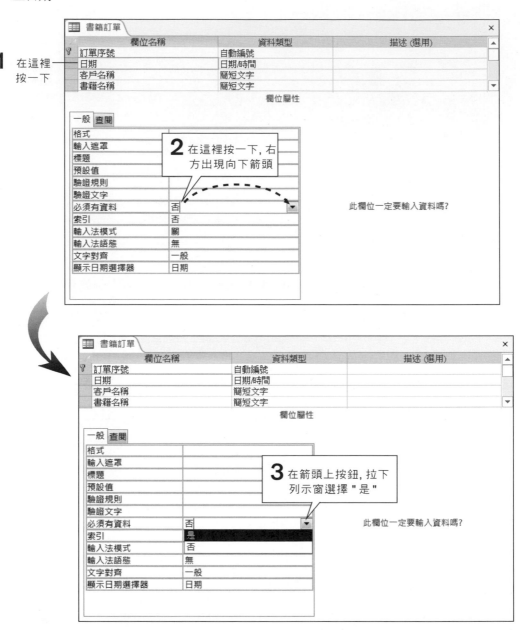

1 在這裡按一下

2 在這裡按一下, 右方出現向下箭頭

此欄位一定要輸入資料嗎?

3 在箭頭上按鈕, 拉下列示窗選擇 " 是 "

此欄位一定要輸入資料嗎?

TIP 您也可直接在**必須有資料**屬性的儲存格上雙按, 來切換 " 是 " 或 " 否 " 的屬性值。

插入新欄位

接著我們要在**數量**欄與**是否付款**欄之間, 插入一個**備註**欄位, 用來儲存不定長度的資料, 例如: 書籍的運送方式或其他的補充注意事項等。請依下圖操作:

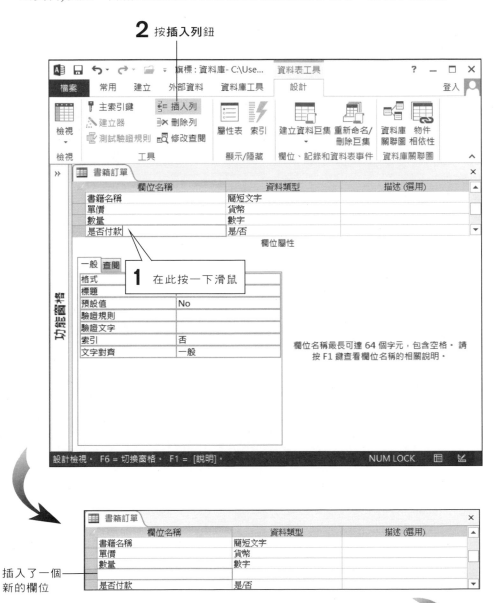

2 按**插入列**鈕

1 在此按一下滑鼠

3 插入了一個新的欄位

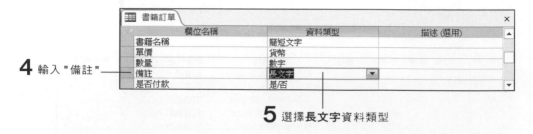

4 輸入 " 備註 "

5 選擇**長文字**資料類型

移動欄位順序

建立好**備註**欄位後, 如果覺得應該將它移到所有欄位的後面比較好, 可依下面方法來搬移此欄位:

1 在**列選取器**上按一下, 選取整列

2 將滑鼠指標移到此處, 然後按住滑鼠往下拉曳

3 當預視線移到**是否付款**欄下方時, 放開滑鼠   預視線

搬到最後的位置了

删除欄位

增加一個**備註**欄位後, 又覺得好像用不到, 只是佔空間而已, 那麼就把它删掉吧:

2 按**删除列**鈕

1 在**列選取器**上按一下來選取整個**備註**列

删除了! ─

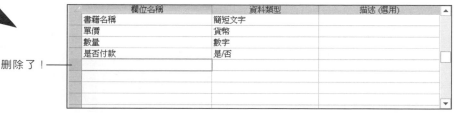

完成所有欄位結構的修改後, 請關閉資料表設計視窗並存檔。

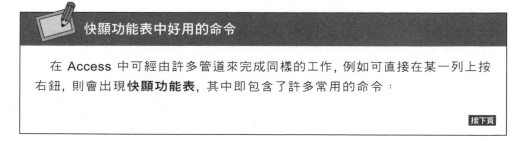

快顯功能表中好用的命令

在 Access 中可經由許多管道來完成同樣的工作, 例如可直接在某一列上按右鈕, 則會出現**快顯功能表**, 其中即包含了許多常用的命令:

接下頁

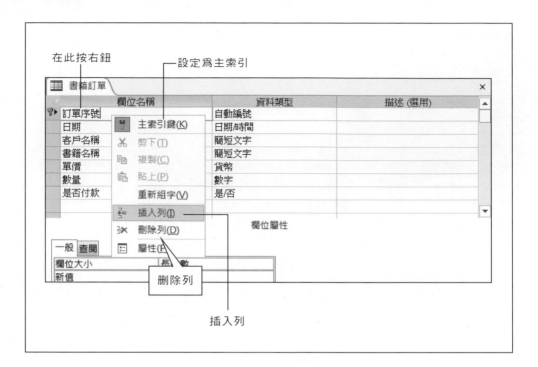

4

資料工作表
的操作

- 匯入範例資料
- 什麼是資料工作表
- 在資料工作表中新增、更改、刪除資料
- 資料工作表視窗的基本操作
- 調整列高與欄寬
- 移動、隱藏、凍結欄位
- 改變資料工作表的外觀
- 改變資料工作表中文字的字型及顏色
- 儲存在資料工作表視窗中所做的設定

在本章中, 您將學到輸入與編輯資料表中的資料, 以及使用資料工作表來檢視資料的各項操作技巧。精彩內容包括：

● 如何將範例資料匯入您的資料庫中

● 資料工作表(datasheet)是什麼

● 在資料工作表中新增、更改、刪除資料

● 有關資料工作表的各項操作技巧

4-1　匯入範例資料

為了方便讀者學習, 我們將每一章的操作範例都儲存在 "Chxx範例資料.accdb" 的資料庫檔案中 (例如 "Ch04範例資料.accdb" 就是第 4 章所用到的資料庫, 依此類推)。此外, 各範例資料庫均按照各章放置在不同資料夾中 (第4章範例就放在\Ch04 資料夾中)。

所以, 如果您在先前的步驟中並沒有隨書跟著操作, 或懶得鍵入一大堆資料, 或只想看一下正確的操作結果, 那麼可以將這些範例資料庫檔案中所需的任一資料表, 匯入到您自己建立的資料庫來做練習。

現在, 我們就來將本章需用到的**書籍訂單(4-1至4-3)**資料表匯入到**旗標**資料庫中。注意！(4-1至4-3) 表示是在 4-1 至 4-3 節所用到的範例。

請先將 \Ch04 資料夾中的 "Ch04範例資料.accdb" 複製到硬碟中 (建議複製到 " 文件" 資料夾中, 如此讀取較為方便)。接著, 在 Access 中開啟第 2 章所建立的**旗標**資料庫, 然後依下列步驟操作：

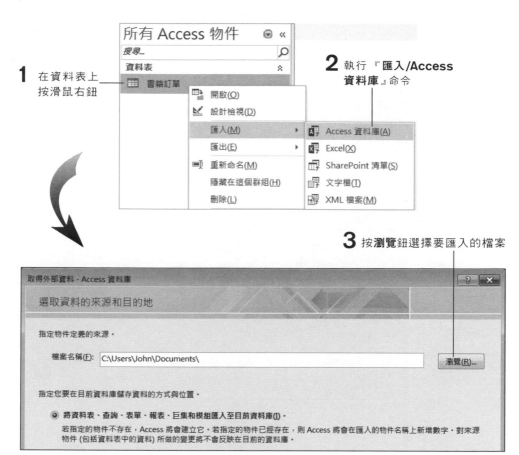

1 在資料表上按滑鼠右鈕

2 執行『**匯入/Access 資料庫**』命令

3 按**瀏覽**鈕選擇要匯入的檔案

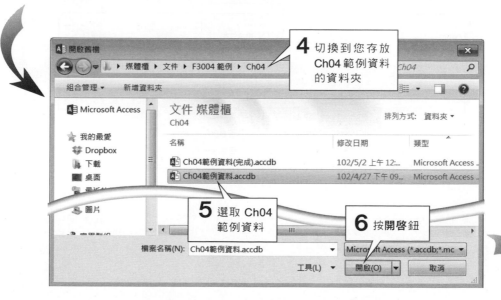

4 切換到您存放 Ch04 範例資料的資料夾

5 選取 Ch04 範例資料

6 按**開啟**鈕

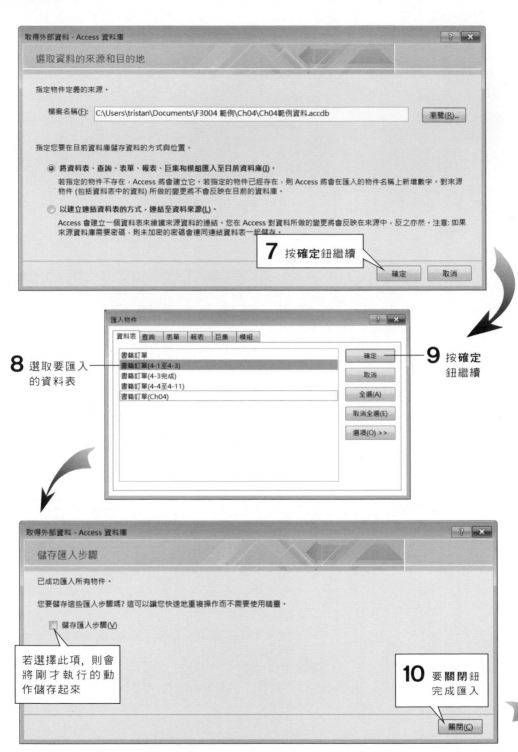

取得外部資料 - Access 資料庫

選取資料的來源和目的地

指定物件定義的來源。

檔案名稱(F)：　C:\Users\tristan\Documents\F3004 範例\Ch04\Ch04範例資料.accdb　　　瀏覽(R)...

指定您要在目前資料庫儲存資料的方式與位置。

◉ 將資料表、查詢、表單、報表、巨集和模組匯入至目前資料庫(I)。

　　若指定的物件不存在，Access 將會建立它。若指定的物件已經存在，則 Access 將會在匯入的物件名稱上新增數字。對來源
　　物件 (包括資料表中的資料) 所做的變更將不會反映在目前的資料庫。

◯ 以建立連結資料表的方式，連結至資料來源(L)。

　　Access 會建立一個資料表來維護來源資料的連結。您在 Access 對資料所做的變更將會反映在來源中，反之亦然。注意: 如果
　　來源資料庫需要密碼，則未加密的密碼會連同連結資料表一起儲存。

7 按**確定**鈕繼續

確定　　取消

匯入物件

資料表　查詢　表單　報表　巨集　模組

書籍訂單
書籍訂單(4-1至4-3)
書籍訂單(4-3完成)
書籍訂單(4-4至4-11)
書籍訂單(Ch04)

確定
取消
全選(A)
取消全選(E)
選項(O) >>

8 選取要匯入的資料表

9 按**確定**鈕繼續

取得外部資料 - Access 資料庫

儲存匯入步驟

已成功匯入所有物件。

您要儲存這些匯入步驟嗎? 這可以讓您快速地重複操作而不需要使用精靈。

☐ 儲存匯入步驟(V)

若選擇此項, 則會將剛才執行的動作儲存起來

10 要**關閉**鈕完成匯入

關閉(C)

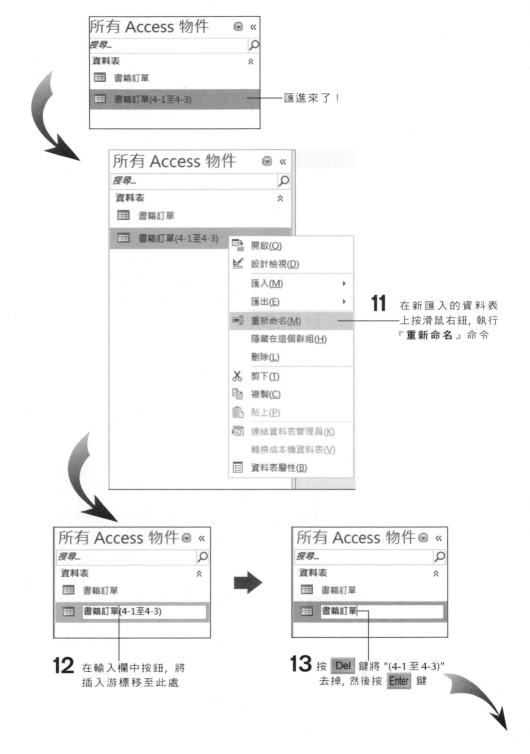

匯進來了！

11 在新匯入的資料表
上按滑鼠右鈕, 執行
『**重新命名**』命令

12 在輸入欄中按鈕, 將
插入游標移至此處

13 按 Del 鍵將 "(4-1 至 4-3)"
去掉, 然後按 Enter 鍵

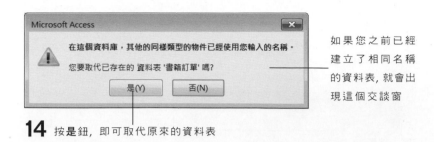

如果您之前已經
建立了相同名稱
的資料表, 就會出
現這個交談窗

14 按**是**鈕, 即可取代原來的資料表

不僅是資料表, 其它的資料庫物件也可用這種方法來匯入。在往後的章節中, 我
們會經常需要使用這種方法來匯入各種範例資料庫物件, 所以請讀者務必熟悉這項
操作。

4-2 什麼是資料工作表

對於資料庫中的各種物件 (例如資料表、表單與查詢), 我們通常可用 2 種方式來
檢視它, 以**資料表**物件為例, 就有 2 種檢視視窗:

1. **資料表設計視窗**: 這個視窗我們在上一章中已經介紹過了, 就是用來檢視資料表
   的**結構**, 以及相關**屬性**的設定。

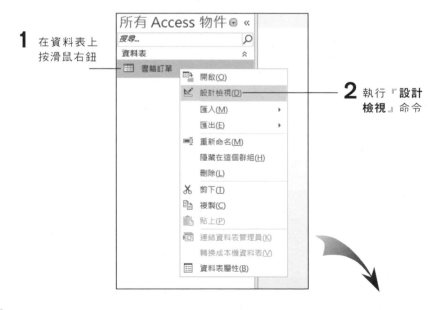

1 在資料表上
按滑鼠右鈕

2 執行『**設計
檢視**』命令

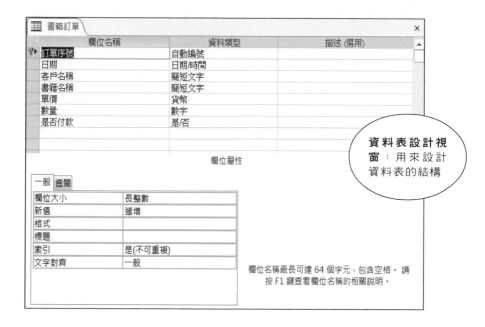

資料表設計視窗：用來設計資料表的結構

2. **資料工作表視窗**：用來 "檢視" 或 "編輯" 資料表的資料, 以下我們將之簡稱為 "資料工作表"(datasheet)。

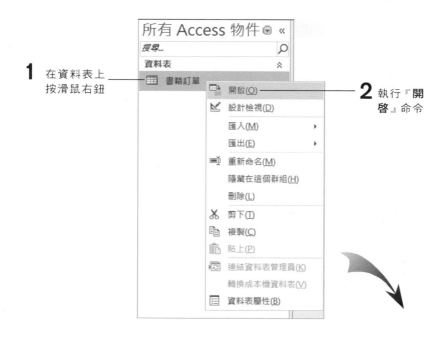

1 在資料表上按滑鼠右鈕

2 執行『開啟』命令

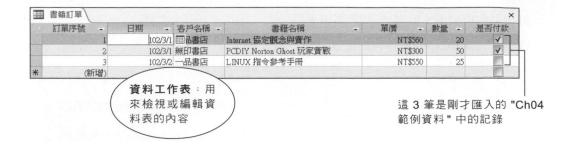

資料工作表：用
來檢視或編輯資
料表的內容

這 3 筆是剛才匯入的 "Ch04
範例資料" 中的記錄

 直接在某個資料表物件上雙按, 也可開啟資料工作表。

其實, 所謂 "工作表", 就是由許多行、列組成的表格, 除了資料工作表之外, 在其他許多地方也可看到它的蹤影, 例如在資料表設計視窗中也可見到：

這 也 是 一 種
工 作 表 唷 !

本章要為您介紹資料工作表的各項基本操作, 包括如何輸入、修改資料, 及變更資料工作表的外觀等。

善用功能區的檢視鈕

當您開啟資料表設計視窗或資料工作表時, 可以按檢視區的檢視鈕, 快速地在資料表設計視窗與資料工作表之間切換。您也可以按一下檢視鈕下方的向下箭頭, 拉下列示窗以選單方式選取要切換到哪一個視窗：

接下頁

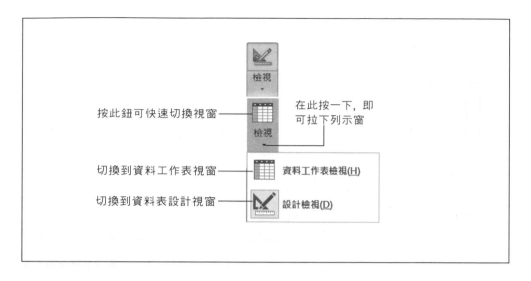

按此鈕可快速切換視窗 —— 在此按一下, 即可拉下列示窗

切換到資料工作表視窗 —— 資料工作表檢視(H)

切換到資料表設計視窗 —— 設計檢視(D)

4-3 在資料工作表中新增、更改與刪除資料

首先請開啟**旗標**資料庫中的**書籍訂單**資料工作表 (或從 "Ch04 範例資料.accdb" 中匯入 "書籍訂單(4-1至4-3)" 資料表), 本節我們要來練習一下在資料工作表中輸入資料。

資料工作表中目前只有 3 筆預先輸入的記錄

新增記錄

把資料輸入到資料表中的過程, 我們稱為 "新增" (add) 或 "附加" (append) 資料:

新記錄會加在所有記錄的後面

接下來我們以實際的例子來說明如何增加一筆新的記錄：

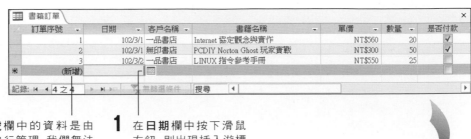

訂單序號欄中的資料是由 Access 自行管理, 我們無法輸入或修改其中的資料

1 在**日期**欄中按下滑鼠左鈕, 則出現插入游標

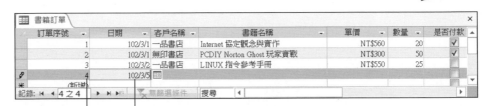

請注意**訂單序號**欄中已自動填入編號 4

2 輸入日期, 然後按 Enter 或 Tab 鍵, 插入點會移到下一個欄位

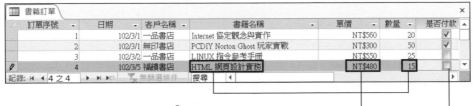

3 輸入客戶名稱, 然後按 Enter 或 Tab 鍵, 跳到下一欄

4 用同樣方法依照圖中所示來輸入資料。輸入**單價**欄位時, 只要輸入數字即可, 當輸入焦點移到下個欄位時, "NT$" 會自動補上

5 最後將輸入焦點移到**是否付款**欄

訂單序號	日期	客戶名稱	書籍名稱	單價	數量	是否付款
1	102/3/1	一品書店	Internet 協定觀念與實作	NT$560	20	☑
2	102/3/1	無印書店	PCDIY Norton Ghost 玩家實戰	NT$300	50	☑
3	102/3/2	一品書店	LINUX 指令參考手冊	NT$550	25	
4	102/3/5	福讀書店	HTML 網頁設計實務	NT$480	15	☑

6 按空白鍵或在方框中按鈕, 即可將之打勾, 表示已付款; 若再按一下則可取消打勾

然後再按 `Enter` 或 `Tab` 鍵, 即新增了一筆資料, 並且輸入焦點會移到下一筆記錄的 **訂單序號**欄中:

訂單序號	日期	客戶名稱	書籍名稱	單價	數量	是否付款
1	102/3/1	一品書店	Internet 協定觀念與實作	NT$560	20	☑
2	102/3/1	無印書店	PCDIY Norton Ghost 玩家實戰	NT$300	50	☑
3	102/3/2	一品書店	LINUX 指令參考手冊	NT$550	25	
4	102/3/5	福讀書店	HTML 網頁設計實務	NT$480	15	☑
*	(新增)					

輸入焦點在此

改變欄位的顯示寬度

如果您覺得顯示的欄位寬度太大或過小, 那麼可以將滑鼠指標移到欄位標題的右邊界處, 當指標形狀變成 " 左右雙箭頭 " 時, 按住滑鼠左右拉曳來改變欄位的顯示寬度:

可左右拉曳來改變寬度

訂單序號	日期	客戶名稱	書籍名稱	單價	數量	是否付款
1	102/3/1	一品書店	Internet 協定觀念與實作	NT$560	20	☑
2	102/3/1	無印書店	PCDIY Norton Ghost 玩家實戰	NT$300	50	☑
3	102/3/2	一品書店	LINUX 指令參考手冊	NT$550	25	
4	102/3/5	福讀書店	HTML 網頁設計實務	NT$480	15	☑
*	(新增)					

接下頁

在 4-4 節我們還會介紹更多改變顯示寬度的技巧。另外, 當顯示寬度不足以容納欄位的內容時, 右邊超出的部份就看不到了:

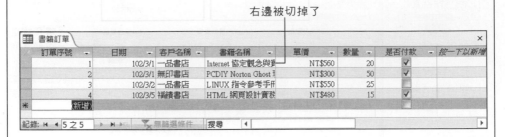

此時若您要編輯欄位中的資料, Access 會隨著插入點的移動而左右捲動內容:

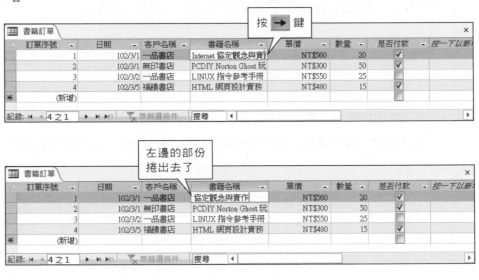

 關於『自動編號』資料類型

由於**訂單序號**欄位的資料類型是 " 自動編號 ", 所以 Access 會自動幫我們填入序號, 我們不必 (也不允許) 在該欄位輸入資料。

Access 的自動編號功能是會一直往上累加的, 所以當您刪除某些記錄時, 其序號是永遠都不會再被使用的。

接著,請讀者再依照下表輸入訂單序號為5和6的二筆資料來做練習(如果您懶得輸入,可由範例資料庫中匯入 "書籍訂單(4-3完成)" 來繼續後面的操作):

訂單序號	日期	客戶名稱	書籍名稱	單價	數量	是否付款
4	102/03/05	福饋書店	HTML 網頁設計實務	480	15	Yes
5	102/03/06	風尚書店	Flash 中文版躍動的網頁	620	30	Yes
6	102/03/06	八德書店	Flash 中文版躍動的網頁	620	55	No

請輸入這 2 筆記錄

您輸入的資料會暫時儲存在記憶體中,而不是直接存入硬碟。不過 Access 是以 "記錄" 為單位來暫存資料,所以每當您將輸入焦點移出編輯中的記錄時,該筆記錄暫存在記憶體中的值便會被存檔。

記錄在更改過但尚未存檔時, 其 "列選取器" 上會有一支筆的圖案:

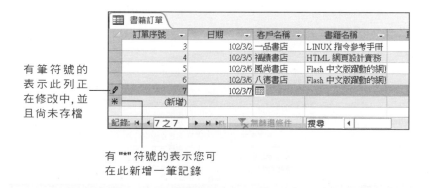

有筆符號的表示此列正在修改中, 並且尚未存檔

有 "*" 符號的表示您可在此新增一筆記錄

TIP 您也可以按快速存取工具列中的**儲存檔案**鈕將輯編中的記錄存檔, 而不必離開該筆記錄。

好用的自動校正功能

自動校正對輸入英文資料來說, 是為了用來修正一些常會拼錯或因為不小心打錯字母順序的英文單字, 例如:

- "friends 很容易誤輸入為 freinds"

- "first 打太快可能會變成 fisrt"

若用於中文的輸入資料, 也可以利用**自動校正**的功能來替代文字。

也就是說我們可以用簡單幾個字代替一長串的中文字串, 例如在輸入 "flag" 這幾個字母後, 自動會轉換為 " 旗標出版股份有限公司 "。不過, 此例中的 "flag" 是常用的單字, 若如此設定, 我們在其他資料中用到的所有 "flag" 都會被代換為 " 旗標出版股份有限公司 "。所以, 我們乾脆取旗標出版公司的英文縮寫 "fpc" (flag publishing company), 以避免這種困擾。要設定此功能, 請按**檔案**鈕, 再按**選項**鈕, 接著如下操作:

1 選擇**校訂**項目

2 按**自動校正選項**鈕

3 選取**自動取代字串**多選鈕

4 在**取代**欄位輸入 "fpc", 在**成為**欄位輸入 " 旗標出版股份公司 "

5 按**新增**鈕

接下頁

出現新增的
取代項目

按**確定**鈕
關閉視窗

接著回到 **Access 選項**視窗, 按**確定**鈕便完成了。設定好之後, 我們來看看如何使用:

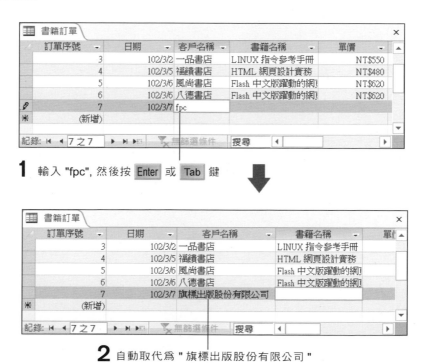

1 輸入 "fpc", 然後按 Enter 或 Tab 鍵

2 自動取代為 " 旗標出版股份有限公司 "

更改記錄

修改資料庫的資料, 我們稱為 "更改"(update)。譬如：日期填錯、書籍的單價改變等狀況, 我們都需要更改資料。

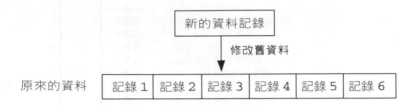

下面就來示範如何更動第一筆記錄的內容：

1 直接在此按住滑鼠左鈕

2 向右拉曳到這裡, 放開滑鼠, 即選取了 **NT$56**

書籍訂單							×
訂單序號 ▾	日期 ▾	客戶名稱 ▾	書籍名稱 ▾	單價 ▾	數量 ▾	是否付款 ▾	段
1	102/3/1	一品書店	Internet 協定觀念與實作	NT$56	20	✓	
2	102/3/1	無印書店	PCDIY Norton Ghost 玩家實戰	NT$300	50	✓	
3	102/3/2	一品書店	LINUX 指令參考手冊	NT$550	25		
4	102/3/5	福績書店	HTML 網頁設計實務	NT$480	15		
5	102/3/6	風尚書店	Flash 中文版躍動的網頁	NT$620	30	✓	
6	102/3/6	八德書店	Flash 中文版躍動的網頁	NT$620	55		
7	102/3/7						
*	(新增)						

3 以鍵盤輸入 "60", 取代原來選取的 "NT$56"

書籍訂單							×
訂單序號 ▾	日期 ▾	客戶名稱 ▾	書籍名稱 ▾	單價 ▾	數量 ▾	是否付款 ▾	段
∅ 1	102/3/1	一品書店	Internet 協定觀念與實作	60	20	✓	
2	102/3/1	無印書店	PCDIY Norton Ghost 玩家實戰	NT$300	50	✓	
3	102/3/2	一品書店	LINUX 指令參考手冊	NT$550	25		
4	102/3/5	福績書店	HTML 網頁設計實務	NT$480	15	✓	
5	102/3/6	風尚書店	Flash 中文版躍動的網頁	NT$620	30	✓	
6	102/3/6	八德書店	Flash 中文版躍動的網頁	NT$620	55		
7	102/3/7						
*	(新增)						

接下來我們再修改第二筆記錄的價格：

1 將滑鼠指標移到此儲存格的左側 (或上側), 當指標變成 ✛ 時就按一下滑鼠, 即可選取整個儲存格

書籍訂單

訂單序號	日期	客戶名稱	書籍名稱	單價	數量	是否付款
1	102/3/1	一品書店	Internet 協定觀念與實作	NT$600	20	✓
2	102/3/1	無印書店	PCDIY Norton Ghost 玩家實戰	NT$300	50	✓
3	102/3/2	一品書店	LINUX 指令參考手冊	NT$550	25	
4	102/3/5	福鑽書店	HTML 網頁設計實務	NT$480	15	✓
5	102/3/6	風尚書店	Flash 中文版躍動的網頁	NT$620	30	✓
6	102/3/6	八德書店	Flash 中文版躍動的網頁	NT$620	55	
7	102/3/7					

書籍訂單

訂單序號	日期	客戶名稱	書籍名稱	單價	數量	是否付款
1	102/3/1	一品書店	Internet 協定觀念與實作	NT$600	20	✓
2	102/3/1	無印書店	PCDIY Norton Ghost 玩家實戰	NT$300	50	✓
3	102/3/2	一品書店	LINUX 指令參考手冊	NT$550	25	
4	102/3/5	福鑽書店	HTML 網頁設計實務	NT	5	✓
5	102/3/6	風尚書店	Flash 中文版躍動的網頁	NT	選取了	✓
6	102/3/6	八德書店	Flash 中文版躍動的網頁	NT$620	55	
7	102/3/7					
*	(新增)					

書籍訂單

訂單序號	日期	客戶名稱	書籍名稱	單價	數量	是否付款
1	102/3/1	一品書店	Internet 協定觀念與實作	NT$600	20	✓
2	102/3/1	無印書店	PCDIY Norton Ghost 玩家實戰	570	50	✓
3	102/3/2	一品書店	LINUX 指令參考手冊	NT$55	25	
4	102/3/5	福鑽書店	HTML 網頁設計實務	NT$480	15	✓
5	102/3/6	風尚書店	Flash 中文版躍動的網頁			
6	102/3/6	八德書店	Flash 中文版躍動的網頁			
7	102/3/7					
*	(新增)					

2 用鍵盤直接輸入 "570", 取代原來的 "300"

Access 在編輯資料時的 "復原" 功能

- 當您在新增或編輯資料時, 可以按 Esc 鍵或**快速存取**工具列中的**復原**工具鈕 ↶, 來復原最近的修改。

- 如果您剛將輸入焦點移出一筆修改過的記錄, 那麼雖然 Access 已將修改的資料存檔了, 您仍然可按 Esc 鍵或**復原**工具鈕 ↶ 來回復修改記錄的原貌。但若您移出修改記錄後又做了其他的操作, 那就回天乏術了。

- 由於 Access 的自動編號功能是無法復原的 (這是考慮到資料表可以在網路上被多人同時使用的因素), 所以當您新增一筆記錄但又按 Esc 鍵放棄時, 自動編號還是會繼續往上加 1, 而不會還原。

刪除記錄

資料若不再使用, 就必須從檔案中 "刪除" (delete), 以免浪費儲存空間。

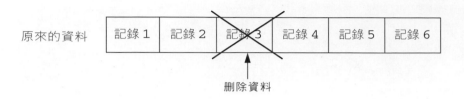

複製資料表

在示範刪除記錄之前, 我們要來介紹如何複製資料表, 然後在複製的資料表上進行資料的刪除操作, 以避免資料刪除後無法恢復原狀。

要複製資料表, 最簡單的方法就是使用『**複製/貼上**』命令, 請依下圖操作:

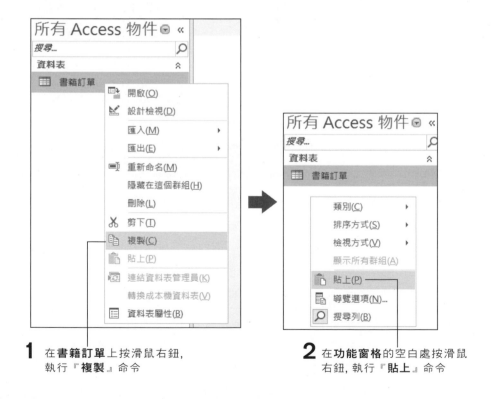

1 在**書籍訂單**上按滑鼠右鈕, 執行『**複製**』命令

2 在**功能窗格**的空白處按滑鼠右鈕, 執行『**貼上**』命令

3 輸入複製資料表的名稱

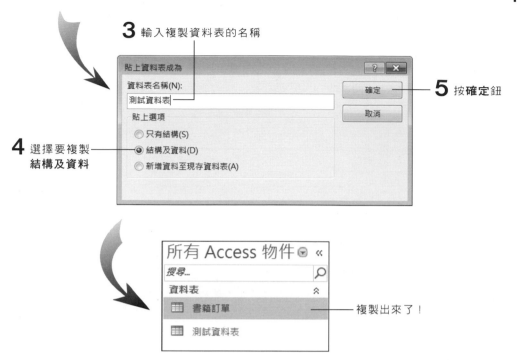

5 按**確定**鈕

4 選擇要複製
結構及資料

複製出來了！

刪除操作

首先開啓**測試資料表**的資料工作表視窗：

2 按下**記錄**區的**刪除**鈕

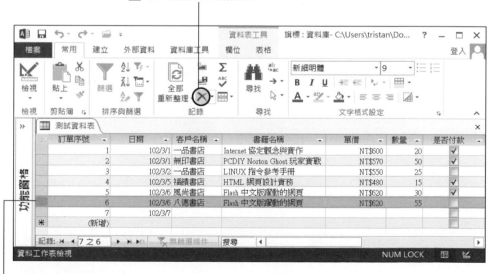

1 選取第 6 筆記錄

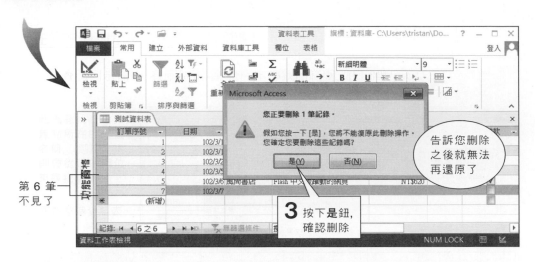

第 6 筆
不見了

刪除記錄對自動編號欄位的影響

Access 的自動編號功能是不受任何外力影響的, 也就是說, 不管您刪除了幾筆記錄, Access 還是會依照預定的號碼繼續跳號。例如現在已經跳到 10 號了, 那麼就算您將所有的記錄都刪除, 當再新增一筆記錄時, Access 仍然是以 11 來填入新增的記錄。

TIP 除了可以用功能區的**刪除**鈕來刪除記錄, 也可以在選取整筆記錄後, 在該記錄上按滑鼠右鈕, 執行 『**刪除記錄**』 命令來做進行刪除的動作。

關閉資料工作表視窗

讀者可自行在測試資料表中練習各種**新增、更改、刪除**的操作。最後請依下圖關閉資料工作表視窗,並將測試資料表刪除:

1按**關閉**鈕

訂單序號	日期	客戶名稱	書籍名稱	單價	數量	是否付款
1	102/3/1	一品書店	Internet 協定觀念與實作	NT$500	20	✓
2	102/3/1	無印書店	PCDIY Norton Ghost 玩家實戰	NT$570	50	✓
3	102/3/2	一品書店	LINUX 指令參考手冊	NT$550	25	
4	102/3/5	福績書店	HTML 網頁設計實務	NT$480	15	✓
5	102/3/6	風尚書店	Flash 中文版躍動的網頁	NT$620	30	
7	102/3/7					
*	(新增)					

記錄: ◄ ◄ 6 之 6 ► ►I ►* 無篩選條件 搜尋 ◄

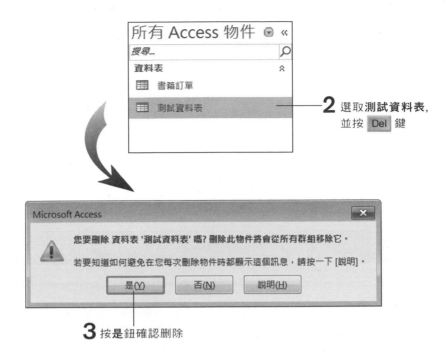

2 選取**測試資料表**,
並按 Del 鍵

3 按**是**鈕確認刪除

以上所介紹的 "新增"、"更改" 與 "刪除", 都是處理資料時必要的基本動作。一個良好的資料庫管理系統必須能簡單、有效的執行這些動作,來保證其資料的正確性。

4-4　資料工作表視窗的基本操作

接下來, 我們將介紹有關資料工作表視窗的基本操作, 請先依照上一節的說明, 將**書籍訂單 (4-4 至 4-11)** 資料表匯入**旗標**資料庫 (在此資料表中我們已先輸入了許多資料), 並更改名稱為**書籍訂單**, 取代原本的**書籍訂單**資料表, 然後將其以資料工作表視窗開啟:

目前記錄 (即目前操作
中的記錄) 指示器

欄位的標題名稱

顯示總共有   顯示目前的記   可水平捲動欄位   可上下捲動記錄
多少筆記錄   錄是第幾筆

　　當視窗無法完全顯示所有欄位或記錄的內容時, 便會出現**水平**或**垂直**捲動軸供您
用滑鼠捲動以便觀看或操作。您也可以任意放大或縮小視窗, 來調整視窗中顯示出
的內容範圍。

移動記錄

　　除了可用垂直捲動軸上下捲動記錄外, 我們還可利用視窗左下方的按鈕來移動目
前記錄：

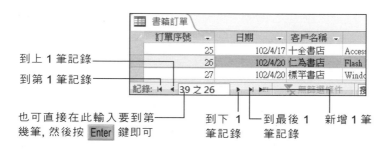

到上 1 筆記錄

到第 1 筆記錄

也可直接在此輸入要到第   到下 1   到最後 1   新增 1 筆
幾筆, 然後按 Enter 鍵即可   筆記錄   筆記錄

利用**尋找**區的**到**鈕, 也可跳到指定的記錄去:

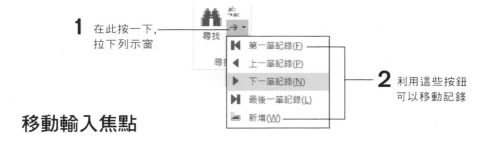

移動輸入焦點

找到想要操作的記錄時, 只要直接在該記錄上按鈕, 則該筆記錄便成為 "目前記錄" (即目前操作中的記錄), 而且輸入游標會出現在按下滑鼠的地方:

書籍訂單				
訂單序號 ▾	日期 ▾	客戶名稱 ▾	書籍名稱
26	102/4/20	仁為書店	Flash 中文版耀動的網頁
27	102/4/20	標竿書店	Windows 使用手冊
28	102/4/23	無印書店	Access 使用手冊
29	102/4/25	愚人書店	LINUX 指令參考手冊
30	102/5/1	風尚書店	Internet 協定觀念與實作

記錄: ◄ ◄ 39 之 28 ► ►► ► ▼ 無篩選條件 搜尋 ◄

在這裡按鈕, 輸入游標即會出現於此處

當您想要移動到其他欄位或記錄時, 除了可以利用滑鼠點選外, 也可以用按鍵方式來移動:

按鍵	動作
↑	向上移動 1 個欄位
↓	向下移動 1 個欄位
Tab 或 Enter	向右移動 1 個欄位
Shift + Tab	向左移動 1 個欄位
Ctrl + Page up	移到目前記錄的第 1 個欄位
Ctrl + Page Down	移到目前記錄的最後 1 個欄位
Home	移到目前欄位的開頭位置
End	移到目前欄位的結尾位置
Ctrl + Home	移到第 1 筆記錄的第 1 個欄位
Ctrl + End	移到最後 1 筆記錄的最後 1 個欄位

TIP 當您在最右邊的欄位上按 Tab 或 Enter 鍵時, 輸入焦點會移到下一筆記錄的第一個欄位。同理, 當您在最左邊的欄位上按 Shift + Tab 鍵時, 則輸入焦點會移到上一筆記錄的最右邊欄位。

好用的鍵盤操作小秘訣

● **同上鍵** `Ctrl` + `'`：

`Ctrl` + `'` 這對組合鍵稱之為**同上鍵**, 在**美式鍵盤**模式 (亦即輸入英文的狀態) 下, 當您在任一儲存格中按此組合鍵, 則可將上一筆記錄同欄位中的值拷貝下來。例如：

書籍訂單			
訂單序號 ▾	日期 ▾	客戶名稱 ▾	書籍名稱
24	102/4/17	一品書店	PCDIY Norton Ghost 玩家寶
25	102/4/17	十全書店	Access 使用手冊
26	102/4/20	仁為書店	Flash 中文版躍動的網頁
27	102/4/20	標竿書店	Windows 使用手冊
28	102/4/23	無印書店	Access 使用手冊

記錄: ◄ ◄ 39 之 26 ► ►I ►╳ 無篩選條件 搜尋 ◄

在此按 `Ctrl` + `'` 鍵

書籍訂單			
訂單序號 ▾	日期 ▾	客戶名稱 ▾	書籍名稱
24	102/4/17	一品書店	PCDIY Norton Ghost 玩家寶
25	102/4/17	十全書店	Access 使用手冊
26	102/4/20	十全書店	Flash 中文版躍動的網頁
27	102/4/20	標竿書店	Windows 使用手冊
28	102/4/23	無印書店	Access 使用手冊

記錄: ◄ ◄ 39 之 26 ► ►I ►╳ 無篩選條件 搜尋 ◄

複製下來了

● `F2` 鍵：

當您按下 `F2` 鍵時, Access 會選取整個欄位的內容：

此時按方向鍵也可將輸入焦點
向上下左右移動一個欄位

書籍訂單			
訂單序號 ▾	日期 ▾	客戶名稱 ▾	書籍名稱
8	102/3/8	福讀書店	PCDIY Norton Ghost 玩家寶
9	102/3/10	無印書店	LINUX 指令參考手冊
10	102/3/10	一品書店	HTML網頁設計實務
11	102/3/13	風尚書店	Flash 中文版躍動的網頁
12	102/3/15	福讀書店	Active Server Pages 網頁製

記錄: ◄ ◄ 39 之 11 ► ►I ►╳ 無篩選條件 搜尋 ◄

　　此時如果您直接輸入新資料, 則將會全部取代掉原來的資料。但若只想修改原來資料的部份內容, 而不是全部重新輸入, 此時可再按 `F2` 鍵, 則插入符號會出現在欄位中, 然後再使用 `←`、`→` 鍵將游標移到要修改的位置做修改。

選取多筆記錄

您可以一次選取多筆連續的記錄來操作, 例如：我們要刪除連續序號為 12、13、14 的訂單, 那麼可將這 3 筆記錄一次選取起來, 然後按**記錄**區的**刪除**鈕 (或按 Del 鍵) 即可：

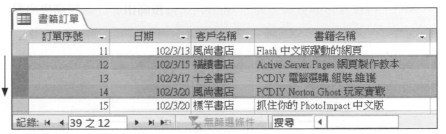

1 將滑鼠指標移到左側的 " 列選取器 " 上

2 按滑鼠左鈕, 以拉曳法往下選取 3 筆記錄

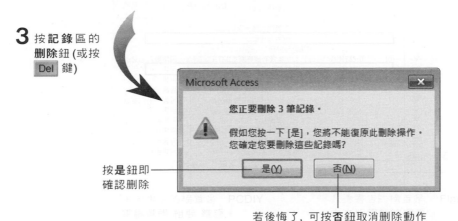

3 按**記錄**區的 **刪除**鈕 (或按 Del 鍵)

按**是**鈕即確認刪除

若後悔了, 可按**否**鈕取消刪除動作

　　若只要選取一筆記錄,則直接在該記錄的 "列選取器" 上按鈕即可。選取好之後,若想改變選取範圍,可以按住 Shift 鍵不放,然後以滑鼠在新範圍邊界的 "列選取器" 上按一下,則可重新選取二次按鈕之間的所有記錄。若要取消選取,只要在任一筆記錄內的資料上按一下滑鼠即可。

選取一或多個欄位

　　選取欄位的方法就和選取記錄差不多,只要先將滑鼠指標指到某個 "欄選取器" 上,此時指標會變成 ↓,然後按一下滑鼠即可選取該欄:

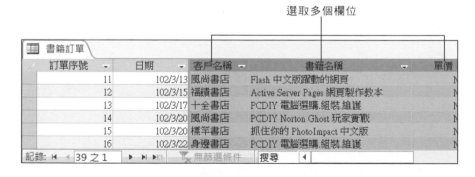

　　若要選取多個連續的欄位,則要先將滑鼠指標指到某個"欄選取器"上,然後用拉曳法向左或向右拉出要選取的範圍:

> **TIP** 選取好之後, 若想改變選取範圍, 可以按住 Shift 鍵不放, 然後以滑鼠在新範圍邊界的 " 欄選取器 " 上按一下, 則可重新選取二次按鈕之間的所有欄位。若要取消選取, 只要在任一筆記錄內的資料上按一下滑鼠即可。

針對選取的欄位,我們可以做多種不同的操作,這在後面各節中將會陸續介紹。

若我們要選取整份資料表,是不是就得選取所有的 "列" 或所有的 "欄"?其實還有更快的方法,我們可以直接按最上方的 "列選取器" (同時也是最左側的"欄選取器"),即可選取整份資料表:

按此處即可選取整份資料表

書籍訂單				
訂單序號 ▾	日期 ▾	客戶名稱 ▾	書籍名稱 ▾	單價
1	102/3/1	一品書店	Internet 協定觀念與實作	N
2	102/3/1	無印書店	PCDIY Norton Ghost 玩家實戰	N
3	102/3/2	一品書店	LINUX 指令參考手冊	N
4	102/3/5	福饋書店	HTML網頁設計實務	N
5	102/3/6	風尚書店	Flash 中文版躍動的網頁	N
6	102/3/6	八德書店	Flash 中文版躍動的網頁	N

記錄: ◄ ◄ 39 之 1 ► ►I ►☐ 🔽 無篩選條件　搜尋　◄

4-5 調整列高與欄寬

在資料工作表視窗中的列高與欄寬是可以任意調整的,例如當資料表的欄位數目很多時,您可以將每個欄位的欄寬都縮小一點,以便同時看到較多的欄位內容。

欄寬

訂單序號 ▾	日期 ▾	客戶名稱 ▾	書籍名稱 ▾
1	102/3/1	一品書店	Internet 協定觀念與實作
2	102/3/1	無印書店	PCDIY Norton Ghost 玩家實戰
3	102/3/2	一品書店	LINUX 指令參考手冊
4	102/3/5	福饋書店	HTML網頁設計實務
5	102/3/6	風尚書店	Flash 中文版躍動的網頁
6	102/3/6	八德書店	Flash 中文版躍動的網頁

↕ 列高

調整列高

要調整列高, 最直覺的方法就是將滑鼠移到任一個 "列選取器" 的下方邊界處, 待指標變成 ＋ 時, 再用拉曳法來上下調整列高:

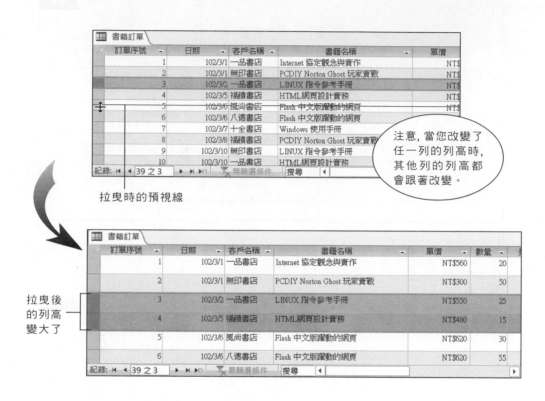

拉曳時的預視線

注意, 當您改變了任一列的列高時, 其他列的列高都會跟著改變。

拉曳後的列高變大了

如果您想要精確地調整列高, 那麼請按**常用/記錄**區中的**其他**鈕, 拉下列示窗再執行『**列高**』命令, 則會開啓如下交談窗:

在此輸入想要的列高
(以點數爲單位)

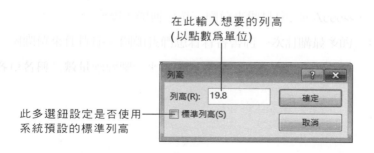

此多選鈕設定是否使用系統預設的標準列高

調整欄寬

欄寬的調整和列高類似,但每個欄位的寬度都可以不一樣,以下我們要針對個別的欄位來調整欄寬。當然,您也可以選取多欄,同時調整這些欄位的寬度。

若是要以滑鼠來調整,則可將滑鼠移到要調整的欄選取器的右邊界處,待指標變成 ╂ 時,再用拉曳法來左右調整欄寬:

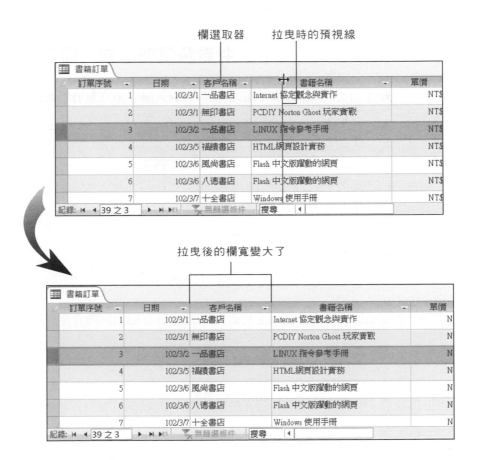

欄選取器　　　　拉曳時的預視線

拉曳後的欄寬變大了

如果要精確地調整欄寬, 那麼可先選取一個或多個要調整的欄位, 然後按**常用/記錄**區中的**其他**鈕, 拉下列示窗再執行『**欄位寬度**』命令, 那麼會開啟如下交談窗:

在此輸入想要的欄寬 (以字元為單位)

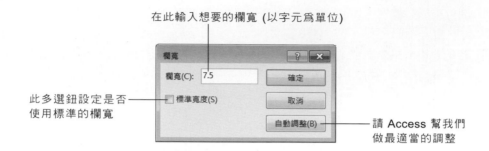

此多選鈕設定是否
使用標準的欄寬

請 Access 幫我們
做最適當的調整

在上面的交談窗中, 若按**自動調整**鈕, 則 Access 會將欄寬調整為恰好可以顯示完整內容的寬度。以下是將**客戶名稱**欄設為最適欄寬的效果:

書籍訂單							
訂單序號 ▾	日期 ▾	客戶名稱 ▾	書籍名稱 ▾	單價 ▾	數量 ▾	是否付款 ▾	按
1	102/3/1	一品書店	Internet 協定觀念與實作	NT$560	20	✓	
2	102/3/1	無印書店	PCDIY Norton Ghost 玩家實戰	NT$300	50	✓	
3	102/3/2	一品書店	LINUX 指令參考手冊	NT$550	25	☐	
4	102/3/5	福讀書店	HTML網頁設計實務	NT$480	15	✓	
5	102/3/6	風尚書店	Flash 中文版躍動的網頁	NT$620	30	✓	
6	102/3/6	八德書店	Flash 中文版躍動的網頁	NT$620	55	☐	
7	102/3/7	十全書店	Windows 使用手冊	NT$550	20		

記錄: ◄ ◄ 39 之 3 ► ►I ►⊞ 🍷 無篩選條件 搜尋

將此調整為最適欄寬

直接用滑鼠在 "欄選取器" 的右邊界處雙按, 也可將該欄位調整為最適欄寬。

TIP 若是選取了多個欄位, 則用滑鼠在任一個已選取的 " 欄選取器 " 右邊界處拉曳或雙按, 那麼所有選取的欄位都會跟著做同樣的調整。

4-6 移動欄位

資料工作表視窗在顯示欄位的時候,預設會依照資料表本身的欄位順序(就是您在設計資料表結構時所定義的欄位順序)由左到右排列,但是我們可以任意地做更改。

例如當我們想要看哪些客戶沒有付款時,如果能將**是否付款**欄搬到**客戶名稱**欄旁邊,那麼在檢視時不就方便多了嗎?我們就來練習看看吧!

1 選取要搬移的欄位

2 將指標移到被選取欄位的 " 欄選取器 " 上, 此時指標是呈斜向的箭頭

顯示插入位置的預視線

3 按住滑鼠左鈕, 然後將之拉曳到要搬移的位置

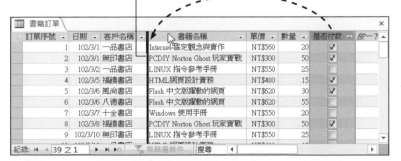

訂單序號	日期	客戶名稱	是否付款	書籍名稱	單價	數量	按一下
1	102/3/1	一品書店	☑	Internet 協定觀念與實作	NT$560	20	
2	102/3/1	無印書店	☑	PCDIY Norton Ghost 玩家實戰	NT$300	50	
3	102/3/2	一品書店	☐	LINUX 指令參考手冊	NT$550	25	
4	102/3/5	福讀書店	☑	HTML網頁設計實務	NT$480	15	
5	102/3/6	風尚書店	☑	Flash 中文版躍動的網頁	NT$620	30	
6	102/3/6	八德書店	☐	Flash 中文版躍動的網頁	NT$620	55	
7	102/3/7	十全書店	☐	Windows 使用手冊	NT$550	20	
8	102/3/8	福讀書店	☑	PCDIY Norton Ghost 玩家實戰	NT$300	50	
9	102/3/10	無印書店	☐	LINUX 指令參考手冊	NT$550	25	

記錄：ᴵ◄ 39 之 1 ► ►ᴵ ►⃰ 無篩選條件 搜尋 ◄

4 放開滑鼠, 即完成搬移動作了

TIP 您也可以一次搬移多個連續的欄位, 只要在搬移之前先選取多個欄位即可。

4-7 凍結欄位

當資料表的欄位非常多, 而我們在左右捲動視窗的內容時, 總是有些欄位的資料
會被捲出視窗而無法看到, 這有時會導致閱讀上的不便, 例如資料工作表視窗無法
顯示所有資料時, 若向右捲動視窗內容:

是否付款	書籍名稱	單價	數量
☑	Internet 協定觀念與實作	NT$560	20
☑	PCDIY Norton Ghost 玩家實戰	NT$300	50
☐	LINUX 指令參考手冊	NT$550	25
☑	HTML網頁設計實務	NT$480	15
☑	Flash 中文版躍動的網頁	NT$620	30
☐	Flash 中文版躍動的網頁	NT$620	55
☐	Windows 使用手冊	NT$550	20
☑	PCDIY Norton Ghost 玩家實戰	NT$300	50
☐	LINUX 指令參考手冊	NT$550	25

看不到客戶名稱, 怎
麼知道每一筆訂單
是什麼人訂的 ?

記錄：ᴵ◄ 39 之 1 ► ►ᴵ ►⃰ 無篩選條件 搜尋 ◄

因此, Access 允許我們將一或多個重要的欄位凍結起來, 被凍結的欄位將會自動
移到最左邊去, 而且當我們左右捲動欄位時, 凍結的欄位會永遠保持在原來的位置
不動。例如我們將**客戶名稱**欄凍結起來：

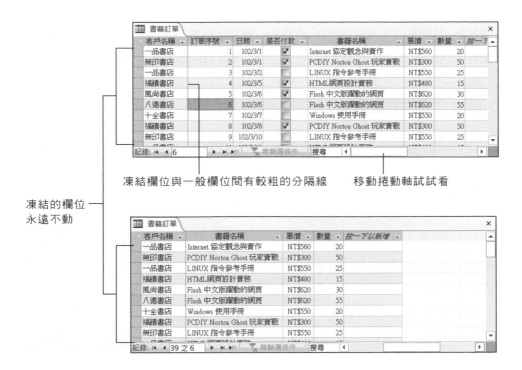

凍結欄位與一般欄位間有較粗的分隔線　　移動捲動軸試試看

凍結的欄位
永遠不動

　　凍結欄位的方法就是先選取一或多個要凍結的欄位, 然後按**常用/記錄**區中的**其他**鈕, 拉下列示窗再執行『**凍結欄位**』命令即可。下面以**客戶名稱**欄為例:

1 選取**客戶名稱**欄

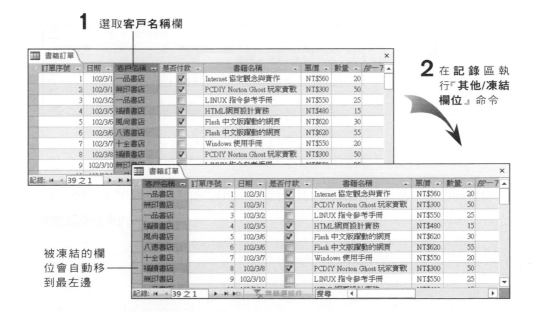

2 在**記錄**區執行『**其他/凍結欄位**』命令

被凍結的欄
位會自動移
到最左邊

您可以重複使用上述的方法,來陸續加入新的凍結欄位。新加入的凍結欄位會自動移到原凍結欄位的右側。欄位凍結之後,就會一直待在最左邊而無法再搬移位置了。

取消被凍結的欄位

要取消已被凍結的欄位,可以按**記錄**區中的**其他**鈕,拉下列示窗再按**取消凍結所有欄位**鈕,即可將所有凍結的欄位都還原成未凍結狀態,不過先前被搬移到最左側的欄位並不會回到原來的位置,需要自行搬移。

4-8　隱藏欄位

在預設的狀況下,資料表視窗會顯示所有的欄位。如果我們對其中的某些欄位不感興趣,那麼可以將之隱藏起來,以免佔用顯示空間。例如將**單價**欄隱藏起來,那麼就算有客戶站在電腦旁邊,也不必擔心被他看到我們開給其他人的價碼。

隱藏欄位的方法有以下 3 種,我們可以任選其中一種來操作。

1.以滑鼠操作

我們可以用前面介紹過的縮小欄寬方式,將欄寬縮小至 0,那麼該欄位就被隱藏起來了:

1 將指標移到 "欄選取器" 的右邊界向左拉曳

書籍訂單						
訂單序號 ▾	日期 ▾	客戶名稱 ▾	書籍名稱 ▾	單價	數量 ▾	是否付款 ▾
1	102/3/1	一品書店	Internet 協定觀念與實作	NT$560	20	✔
2	102/3/1	無印書店	PCDIY Norton Ghost 玩家實戰	NT$300	50	✔
3	102/3/2	一品書店	LINUX 指令參考手冊	NT$550	25	
4	102/3/5	福績書店	HTML網頁設計實務	NT$480	15	✔
5	102/3/6	風尚書店	Flash 中文版躍動的網頁	NT$620	30	✔
6	102/3/6	八德書店	Flash 中文版躍動的網頁	NT$620	55	
7	102/3/7	十全書店	Windows 使用手冊	NT$550	20	
8	102/3/8	福績書店	PCDIY Norton Ghost 玩家實戰	NT$300	50	✔
9	102/3/10	無印書店	LINUX 指令參考手冊	NT$550	25	

記錄: I4 ◀ 39 之 4 ▶ ▶I ▶* 　無篩選條件　搜尋 ◀ ▶

2 拉到 " 欄選取器 " 的左邊界時放開滑鼠

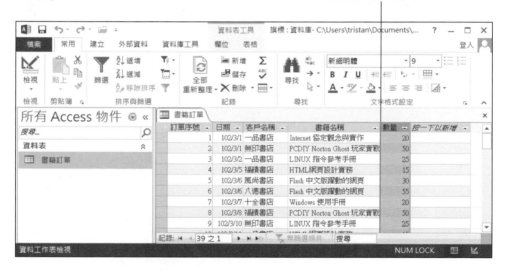

單價欄位被隱藏起來了

TIP 您可以重複使用這種方法, 陸續將多個欄位隱藏起來。

2.先選取欄位再按隱藏欄鈕

這個方法是先選取一或多個欄位, 然後按**記錄**區中的**其他**鈕, 拉下列示窗再執行『**隱藏欄位**』命令, 即可將選取的欄位都隱藏起來。此法在一次要隱藏多個欄位時非常有用, 我們就不需要一個一個地去隱藏了:

1 可選取多個欄位

訂單序號 ▾	日期 ▾	客戶名稱	書籍名稱 ▾	數量 ▾	按一下以新增 ▾
1	102/3/1	一品書店	Internet 協定觀念與實作	20	
2	102/3/1	無印書店	PCDIY Norton Ghost 玩家實戰	50	
3	102/3/2	一品書店	LINUX 指令參考手冊	25	
4	102/3/5	福讀書店	HTML網頁設計實務	15	
5	102/3/6	鳳尚書店	Flash 中文版躍動的網頁	30	
6	102/3/6	八德書店	Flash 中文版躍動的網頁	55	
7	102/3/7	十全書店	Windows 使用手冊	20	
8	102/3/8	福讀書店	PCDIY Norton Ghost 玩家實戰	50	
9	102/3/10	無印書店	LINUX 指令參考手冊	25	

書籍訂單　　　　　　　　　　　　　　　　　　　×

記錄: ◄ ◄ 39 之 1 ► ►I ►▸ 無篩選條件　搜尋

2 按下**記錄**中的**其他**拉下列示再執行『**隱藏**欄位』命

書籍訂單　　　　　　　　　　　　　　　　　　　×

訂單序號 ▾	書籍名稱 ▾	數量 ▾	按一下以新增 ▾
1	Internet 協定觀念與實作	20	
2	PCDIY Norton Ghost 玩家實戰	50	
3	LINUX 指令參考手冊	25	
4	HTML網頁設計實務	15	
5	Flash 中文版躍動的網頁	30	
6	Flash 中文版躍動的網頁	55	
7	Windows 使用手冊	20	
8	PCDIY Norton Ghost 玩家實戰	50	
9	LINUX 指令參考手冊	25	

記錄: ◄ ◄ 39 之 1 ► ►I ►▸ 無篩選條件　搜尋

選取的欄位都隱藏起來了

3.直接按取消隱藏欄鈕

我們也可以直接按**記錄**區中的**其他**鈕, 拉下列示窗再執行『**取消隱藏欄位**』命令, 即可開啟如右交談窗:

取消隱藏欄　　　　? ✕

欄(L):

- ☑ 訂單序號
- ☐ 日期
- ☐ 客戶名稱
- ☑ 書籍名稱
- ☑ 單價
- ☑ 數量
- ☑ 是否付款
- ☑ 按一下以新增

沒打勾的欄位表示
會被隱藏起來

關閉(C)

這個交談窗以多選鈕方式列出資料表中的所有欄位,有打勾的表示會顯示出來,沒打勾的則表示會隱藏起來。您可以直接在此設定每個欄位是要顯示或隱藏。

看到這裡,相信讀者已經知道要如何取消隱藏的欄位了吧!那就是用上述的第 3 種方法,直接在隱藏的欄位前面打勾即可。請讀者練習將所有隱藏的欄位都顯示出來,以便進行後續的操作。

4-9 改變資料工作表的外觀

覺得資料工作表長得不夠酷嗎?如果不滿意呆板無變化的資料工作表,您也可以自行替它換裝,底下就來看看如何將您的資料工作表改頭換面一番:

請按**文字格式設定**區右下角的**資料工作表格式設定**鈕,即可開啓交談窗:

1 按此鈕開啓交談窗

選擇儲存格
的效果,設定
後可在下方
的**範例**框中
預視結果

設定是否顯
示水平或垂
直格線

改變奇數列
背景顏色

改變格線顏色

改變偶數列
背景顏色

預視設定效
果的範例框

設定框線和
線條樣式

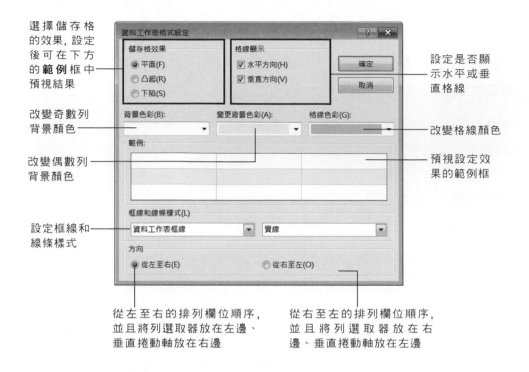

從左至右的排列欄位順序,
並且將列選取器放在左邊、
垂直捲動軸放在右邊

從右至左的排列欄位順序,
並且將列選取器放在右
邊、垂直捲動軸放在左邊

在中間的範例框可以預視設定的效果,設定好後按**確定**鈕即可生效。以下分別是
取消**水平方向**格線、選擇**凸起**,以及將**方向**改為**從右至左**的儲存格效果:

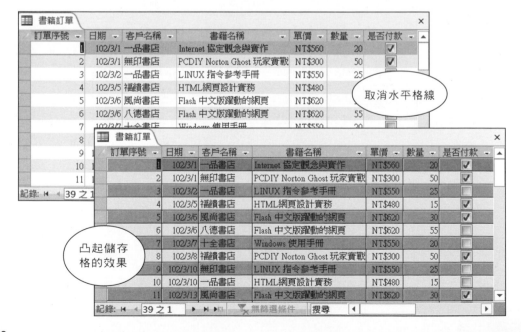

取消水平格線

凸起儲存
格的效果

欄位的排列順序是從右至左

是否付款	數量	單價	書籍名稱	客戶名稱	日期	訂單序號
✓	20	NT$560	Internet 協定觀念與實作	一品書店	102/3/1	1
✓	50	NT$300	PCDIY Norton Ghost 玩家實戰	無印書店	102/3/1	2
☐	25	NT$550	LINUX 指令參考手冊	一品書店	102/3/2	3
✓	15	NT$480	HTML網頁設計實務	福讀書店	102/3/5	4
✓	30	NT$620	Flash 中文版躍動的網頁	風尚書店	102/3/6	5
☐	55	NT$620	Flash 中文版躍動的網頁	八德書店	102/3/6	6
☐	20	NT$550	Windows 使用手冊	十全書店	102/3/7	7
✓	50	NT$300	PCDIY Norton Ghost 玩家實戰	福讀書店	102/3/8	8
☐	25	NT$550	LINUX 指令參考手冊	無印書店	102/3/10	9
☐	15	NT$480	HTML網頁設計實務	一品書店	102/3/10	10
✓	30	NT$620	Flash 中文版躍動的網頁		102/3/13	11

將**方向**改為**從右至左**的效果

垂直捲動軸在左邊

列選取器在右邊

4-10 改變資料工作表文字的 字型及顏色

　　嫌資料工作表的字體太小看不清楚, 想加大字體嗎？或嫌文字顏色毫無變化, 想給它來點顏色看看嗎？這簡單！我們可以利用**文字格式設定**區的各個按鈕, 來改變文字的大小、顏色及字型等：

按此鈕可選擇要使用的字型

按此鈕可選擇字型大小

此處可選擇字型樣式

設定文字的顏色

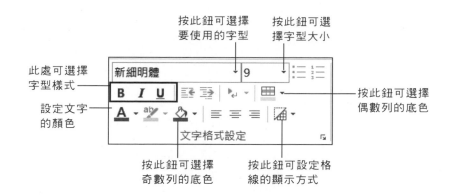

新細明體　9　文字格式設定

按此鈕可選擇偶數列的底色

按此鈕可選擇奇數列的底色

按此鈕可設定格線的顯示方式

以下是我們將字型設爲**標楷體**並放大,然後將顏色改爲**藍色**後的效果(字型變大後,儲存格的寬度及高度也需自行做調整)：

欄選取器中的字型會跟著改變, 但顏色則不變

訂單序號 ▾	日期 ▾	客戶名稱 ▾	書籍名稱 ▾	單價 ▾	數量 ▾	是否付款 ▾
1	102/3/1	一品書店	Internet 協定觀念與實作	NT$560	20	☑
2	102/3/1	無印書店	PCDIY Norton Ghost 玩家實戰	NT$300	50	☑
3	102/3/2	一品書店	LINUX 指令參考手冊	NT$550	25	☐
4	102/3/5	福績書店	HTML網頁設計實務	NT$480	15	☑
5	102/3/6	風尚書店	Flash 中文版躍動的網頁	NT$620	30	☑
6	102/3/6	八德書店	Flash 中文版躍動的網頁	NT$620	55	☐
7	102/3/7	十全書店	Windows 使用手冊	NT$550	20	☐
8	102/3/8	福績書店	PCDIY Norton Ghost 玩家實戰	NT$300	50	☑
9	102/3/10	無印書店	LINUX 指令參考手冊	NT$550	25	☐
10	102/3/10	一品書店	HTML網頁設計實務	NT$480	15	☐

記錄: I4 ◀ 39 之 1 ▶ ▶I ▶▆ 🝆無篩選條件 搜尋 ◀

這裡的字都變藍色了

4-11 儲存在資料工作表視窗中所做的設定

如果在資料工作表視窗中做了前述的各項設定(如改變欄寬、凍結或隱藏欄位、變更字型等),那麼當您要關閉這個視窗時,Access 會詢問是否要將這些設定儲存起來,以便在下次開啓時可保有同樣的設定：

Access 將這些設定稱爲**版面配置**

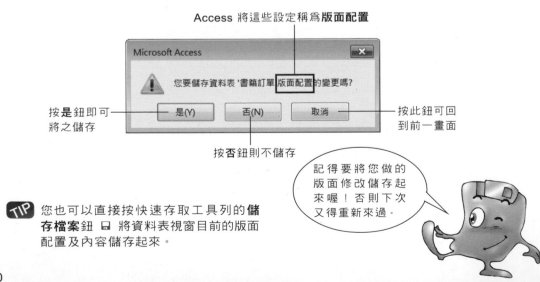

Microsoft Access

您要儲存資料表 '書籍訂單 版面配置 的變更嗎?

按**是**鈕即可 ── 是(Y)　否(N)　取消 ── 按此鈕可回
將之儲存 　　　　　　　　　　　　　　　　　　到前一畫面

按**否**鈕則不儲存

記得要將您做的
版面修改儲存起
來喔！否則下次
又得重新來過。

TIP 您也可以直接按快速存取工具列的**儲存檔案**鈕 🖫 將資料表視窗目前的版面配置及內容儲存起來。

5

尋找、取代、
排序與篩選資料

當資料庫的資料量越來越多且記錄欄位越來越複雜時, 要如何才能快速地找出我們想要的資料呢？在本章中, 就是要教您如何在茫茫的資料深海中, 用最有效率的方法來完成各種搜尋的工作, 內容包括：

● 如何尋找資料

● 如何將找到的資料取代成另外的值

● 如何將資料做各種排序

● 如何將想看的資料篩選出來, 並濾掉不想看的資料

5-1 尋找資料

當資料表中的資料量變得很多的時候, 想找出某些特定記錄, 可不是件容易的事。假設我們的訂單資料已經多達 5000 筆, 此時想找出 "標x" 書店的訂購資料 (假設只記得有個 "標" 字), 那該怎麼辦呢？這時 Access 的尋找功能可就是救命仙丹了。底下我們就來看看要如何尋找名為 "標x" 的書店。

尋找資料就是這麼簡單

請開啟一個空白資料庫, 然後將 "Ch05範例資料.accdb" 中的**書籍訂單**資料表匯入資料庫中。然後開啟**書籍訂單**的資料工作表視窗, 並依照下面的步驟來操作：

1 將滑鼠移到**客戶名稱**欄
的任一儲存格中按一下

3 在此輸入 "標" **2** 按**尋找**區的**尋找**鈕

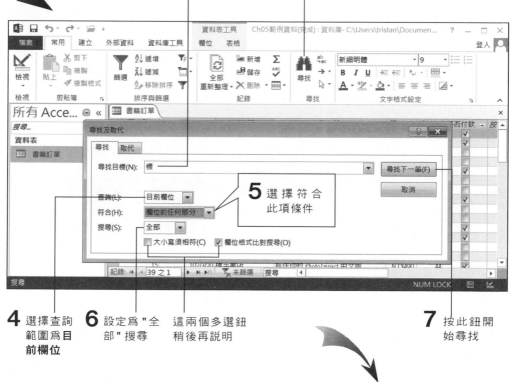

5 選擇符合
此項條件

4 選擇查詢
範圍為**目
前欄位**

6 設定為 "**全
部**" 搜尋

這兩個多選鈕
稍後再說明

7 按此鈕開
始尋找

8 按此鈕可找下一筆符合的記錄

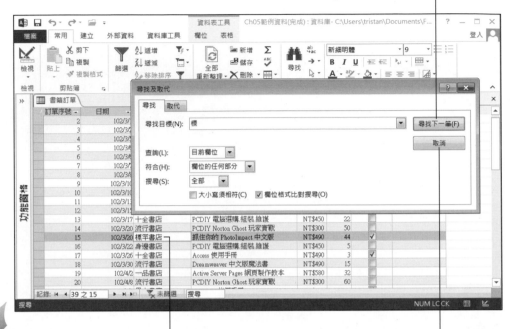

找到第一筆了

若按**取消**鈕, 可立即停止尋找

9 再按此鈕找下一筆符合的記錄

找到第二筆了

全部尋找完畢後, 就會告訴您找不到目標。

利用這種方法, 就可以快速地從資料表中找出符合條件的記錄。

設定尋找方式

Access 的尋找功能是很有彈性的, 我們可以在**尋找及取代**交談窗中設定各種不同的尋找方式:

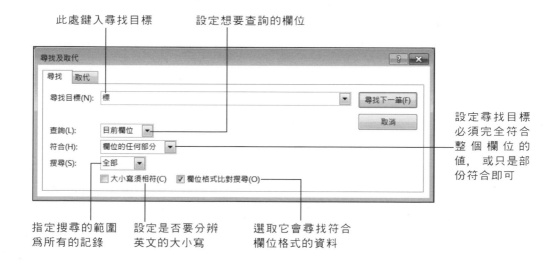

此處鍵入尋找目標

設定想要查詢的欄位

設定尋找目標必須完全符合整個欄位的值, 或只是部份符合即可

指定搜尋的範圍為所有的記錄

設定是否要分辨英文的大小寫

選取它會尋找符合欄位格式的資料

如果選取**欄位格式比對搜尋**多選鈕選項, 當**日期**欄位的格式為 "yy/mm/dd", 就必須在**尋找目標**中輸入 "102/05/01", 才能尋找到我們要的資料。若取消此項, 則是利用 "欄位的資料類型" 來尋找, 例如顯示格式雖為 "yy/mm/dd", 不過當我們輸入 "102年5月1日", 也一樣能找到我們要的資料。

在『查詢列示窗』設定尋找範圍

在**查詢**列示窗中, 有兩個選項, 可設定尋找的範圍, 如下圖所示:

此為尋找時輸入
焦點所在的欄位
名稱, 選擇此項
則會從這個欄位
來尋找目標

尋找整個資料表

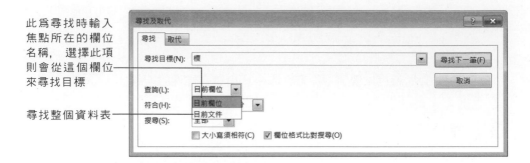

在『符合列示窗』設定資料比對方式

在**符合**列示窗中,
可以設定資料的比對
方式, 例如要搜尋 "風
尚書店" 這個客戶, 可
設定如右列 3 種符合
條件:

1. **欄位的任何部分**: 只要欄位中有部份符合即可, 例如我們輸入 "風" 或 "尚" 即
   可找出 "風尚書店"。

2. **整個欄位**: 尋找目標必須和整個欄位的資料完全相同, 所以要輸入 "風尚書店"
   才能找到 "風尚書店"。

3. **欄位的開頭**: 必須符合欄位資料中由最左邊開始的部份字串, 例如輸入 "風"、
   "風尚" 或 "風尚書" 都可找到 "風尚書店", 但用 "尚" 或 "尚書" 則會找不到
   "風尚書店"。

在『搜尋列示窗』設定搜尋的方向

搜尋列示窗, 目的在設定搜尋的方向, 如下頁圖所示:

① **向上：**設定搜尋的方向是從 "輸入焦點所在欄位" 向上搜尋到第一筆記錄。

② **向下：**設定搜尋的方向是從 "輸入焦點所在欄位" 向下搜尋到最後一筆記錄。

③ **全部：**設定搜尋的方向是從目前所在的欄位, 向下搜尋到最後一筆記錄, 再從第一筆開始搜尋到目前所在的記錄。

使用萬用字元來尋找

　　在設定尋找目標時, 我們還可用萬用字元 " * " 及 " ? " 來表示。 " * " 代表任何長度的字串, 而 " ? " 則代表一個中文或英文字母。我們以 " 風尚書店 " 為例, 若搜尋目標設為下面這幾種, 均可找到 " 風尚書店 "：

- " 風 * 店 "
- " 風 *"
- "* 店 "
- " 風??店 "
- " 風?書 *"
- " 風 * 尚書店 " (* 也可表示空字串)

　　但若搜尋目標設為：

善用萬用字元能使得尋找資料更有效率!

- " 風?店 " (? 僅能代表一個字)
- " 風???店 "
- " 風 * 書 "
- " 風尚?書店 " (? 不能當作空字串)

　　則會找不到 " 風尚書店 "。

5-2 取代資料

Access 除了可以在資料表中幫我們尋找資料外, 也可以自動將找到的資料取代成其他的值。例如我們要將 "風尚書店" 改名為 "流行書店", 那麼可用**取代**的方式來快速更改內容:

1 將滑鼠指標移到**客戶名稱**欄的任一儲存格中按鈕

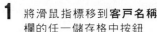

2 按**尋找**區的**取代**鈕

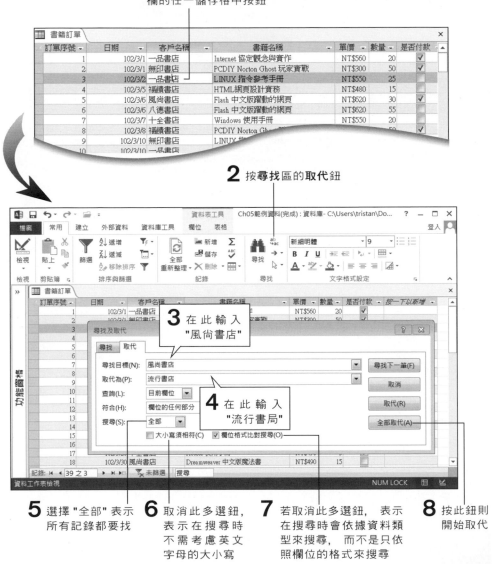

3 在此輸入 "風尚書店"

4 在此輸入 "流行書局"

5 選擇 "全部" 表示所有記錄都要找

6 取消此多選鈕, 表示在搜尋時不需考慮英文字母的大小寫

7 若取消此多選鈕, 表示在搜尋時會依據資料類型來搜尋, 而不是只依照欄位的格式來搜尋

8 按此鈕則開始取代

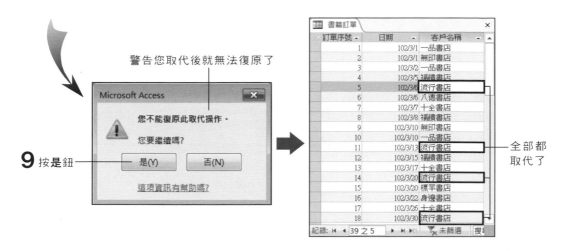

9 按**是**鈕

警告您取代後就無法復原了

全部都
取代了

如果您不想全部取代,可在前面步驟8改按**尋找下一筆**鈕,找出下一筆符合的資料。如果繼續按**尋找下一筆**鈕,表示不取代,並移到下一筆符合的資料。若按下**取代**鈕,則表示將目前找到的資料取代,並移到下一筆符合的資料。如此便可選擇性的取代您想要替換的資料了。

5-3 排序資料

在資料工作表視窗中,Access 預設是以**主索引**的欄位做為記錄的排列順序;如果沒有設定主索引,則以原始資料的輸入順序作為排列的依據。

預設是以**主索引**的欄位 (訂單序號) 來排序

當然, 我們也可以要求 Access 改用其他的欄位來作遞增或遞減排序, 例如:

書籍訂單								
	訂單序號 ▾	日期 ↓	客戶名稱 ▾	書籍名稱 ▾	單價 ▾	數量 ▾	是否付款	
	38	2013/5/13	八德書店	Active Server Pages 網頁製作教本	NT$580	10	✓	
	39	2013/5/13	無印書店	BIOS Inside-BIOS 研發技術剖析	NT$560	5	✓	
	37	2013/5/11	流行書店	Windows 排困解難DIY--火力加強	NT$480	15	✓	
	36	2013/5/10	八德書店	BIOS Inside-BIOS 研發技術剖析	NT$560	30		
	35	2013/5/10	仁為書店	PCDIY BIOS 玩家實戰	NT$450	50	✓	
	34	2013/5/8	十全書店	PCDIY Norton Ghost 玩家實戰	NT$320	15		
	33	2013/5/8	一品書店	Internet 協定觀念與實作	NT$560	10	✓	
	32	2013/5/3	無印書店	PCDIY 光碟燒錄玩家實戰	NT$480	10	✓	
	31	2013/5/1	仁為書店	Flash 中文版躍動的網頁	NT$620	15		
	30	2013/5/1	流行書店	Internet 協定觀念與實作	NT$560	20	✓	
	29	2013/4/25	愚人書店	LINUX 指令參考手冊	NT$550	25		
	28	2013/4/23	無印書店	Access 使用手冊	NT$490	10		
	27	2013/4/20	標竿書店	Windows 使用手冊	NT$550	10		
	26	2013/4/20	仁為書店	Flash 中文版躍動的網頁	NT$620	25		
	25	2013/4/17	十全書店	Access 使用手冊	NT$490	5	✓	
	24	2013/4/17	一品書店	PCDIY Norton Ghost 玩家實戰	NT$300	54		

記錄: I ◀ 39 之 7 ▶ ▶I ▶※ ▼ 未篩選 搜尋

依**日期**欄以遞減方式排序

利用其他欄位排序的方法, 就是先選取要排序的欄位, 或將輸入焦點移到該欄的任一儲存格中, 然後再按**排序與篩選**區中的**遞增**或**遞減**鈕:

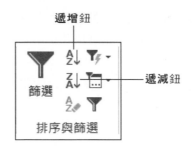

遞增鈕

遞減鈕

篩選

排序與篩選

從資料工作表設定排序

例如我們想從**書籍訂單**資料表中看看每個書店到底向我們訂購了哪些書, 那麼就可以改用**客戶名稱**欄來排序:

1 選取整個**客戶名稱**欄

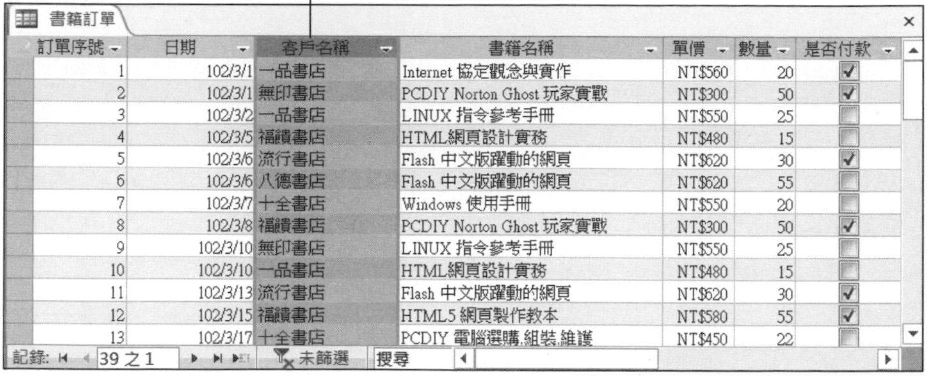

訂單序號	日期	客戶名稱	書籍名稱	單價	數量	是否付款
1	102/3/1	一品書店	Internet 協定觀念與實作	NT$560	20	✓
2	102/3/1	無印書店	PCDIY Norton Ghost 玩家實戰	NT$300	50	✓
3	102/3/2	一品書店	LINUX 指令參考手冊	NT$550	25	
4	102/3/5	福讀書店	HTML網頁設計實務	NT$480	15	
5	102/3/6	流行書店	Flash 中文版躍動的網頁	NT$620	30	✓
6	102/3/6	八德書店	Flash 中文版躍動的網頁	NT$620	55	
7	102/3/7	十全書店	Windows 使用手冊	NT$550	20	
8	102/3/8	福讀書店	PCDIY Norton Ghost 玩家實戰	NT$300	50	✓
9	102/3/10	無印書店	LINUX 指令參考手冊	NT$550	25	
10	102/3/10	一品書店	HTML網頁設計實務	NT$480	15	
11	102/3/13	流行書店	Flash 中文版躍動的網頁	NT$620	30	
12	102/3/15	福讀書店	HTML5 網頁製作教本	NT$580	55	✓
13	102/3/17	十全書店	PCDIY 電腦選購.組裝.維護	NT$450	22	

記錄：◄ ◄ 39 之 1 ► ►► 未篩選 搜尋 ◄

2 按遞增鈕

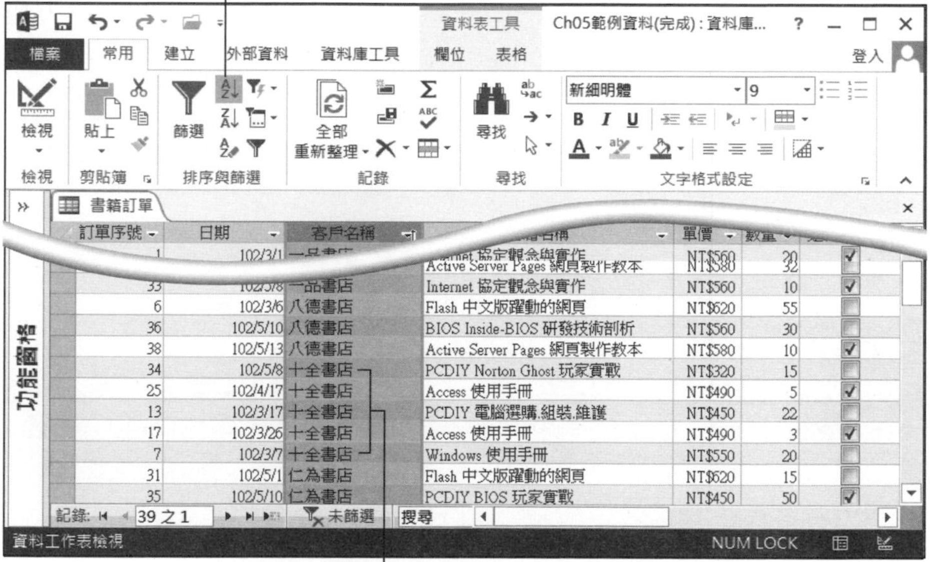

資料表工具　Ch05範例資料(完成)：資料庫... ？ — □ ✕

檔案　常用　建立　外部資料　資料庫工具　欄位　表格　　登入

檢視　剪貼簿　排序與篩選　記錄　尋找　文字格式設定

功能區塊

訂單序號	日期	客戶名稱	書籍名稱	單價	數量	
1	102/3/1	一品書店	Active Server Pages 網頁製作教本 / Internet 協定觀念與實作	NT$560	20	✓
33	102/3/8	一品書店	Internet 協定觀念與實作	NT$560	10	✓
6	102/3/6	八德書店	Flash 中文版躍動的網頁	NT$620	55	
36	102/5/10	八德書店	BIOS Inside-BIOS 研發技術剖析	NT$560	30	
38	102/5/13	八德書店	Active Server Pages 網頁製作教本	NT$580	10	✓
34	102/5/8	十全書店	PCDIY Norton Ghost 玩家實戰	NT$320	15	✓
25	102/4/17	十全書店	Access 使用手冊	NT$490	5	✓
13	102/3/17	十全書店	PCDIY 電腦選購.組裝.維護	NT$450	22	
17	102/3/26	十全書店	Access 使用手冊	NT$490	3	✓
7	102/3/7	十全書店	Windows 使用手冊	NT$550	20	
31	102/5/1	仁為書店	Flash 中文版躍動的網頁	NT$620	15	
35	102/5/10	仁為書店	PCDIY BIOS 玩家實戰	NT$450	50	✓

記錄：◄ ◄ 39 之 1 ► ►► 未篩選 搜尋 ◄

資料工作表檢視　　　　NUM LOCK

十全書店訂購了好多書！

　　現在每一個客戶的訂單都放在一起,就可以很方便地觀察他們分別訂購了哪些書籍。那麼,如果想要知道單筆訂購數量最大的是哪一家書店呢？很簡單！請依下頁圖示繼續操作：

1 選取整個**數量**欄

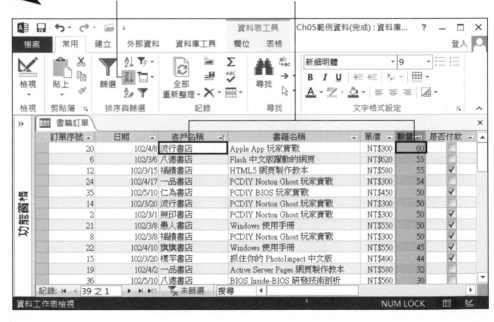

2 按**遞減**鈕

流行書局的數量最多, 訂購了 60 本!

TIP 當您再次設定排序時, 則會變成 " 多欄位排序 " (於下一節介紹)。

從篩選視窗設定排序

我們也可利用篩選視窗來設定排序,請如下操作:

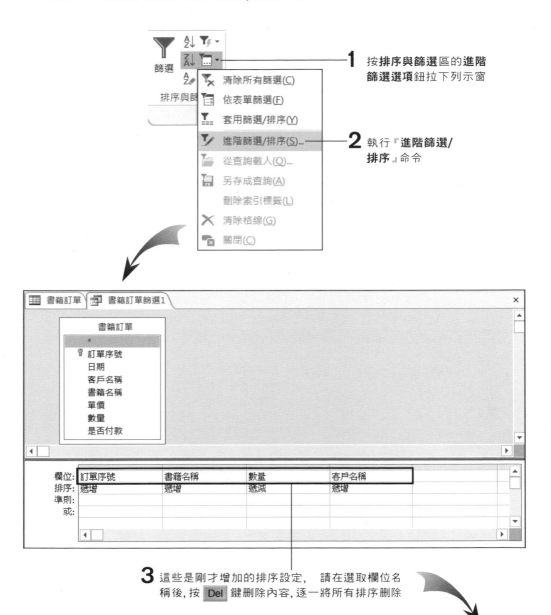

1 按**排序與篩選**區的**進階篩選選項**鈕拉下列示窗

2 執行『**進階篩選/排序**』命令

3 這些是剛才增加的排序設定, 請在選取欄位名稱後, 按 Del 鍵刪除內容,逐一將所有排序刪除

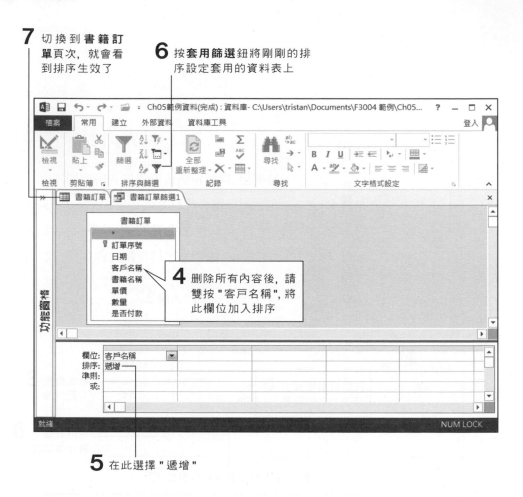

7 切換到**書籍訂單**頁次, 就會看到排序生效了

6 按**套用篩選**鈕將剛剛的排序設定套用的資料表上

4 刪除所有內容後, 請雙按 " 客戶名稱 ", 將此欄位加入排序

5 在此選擇 " 遞增 "

5-4 多欄位的資料排序

在前一節中我們介紹了如何用單一欄位來做排序, 而 Access 也允許我們同時利用多個欄位來作排序。例如我們想看看各書店一次訂購最多的書籍, 那麼就可以利用**客戶名稱**及**數量**兩個欄位來排序。

延續上一節**從篩選視窗設定排序**的例子, 我們再用同樣的方法將**數量**欄加入, 並設定 "遞減排序":

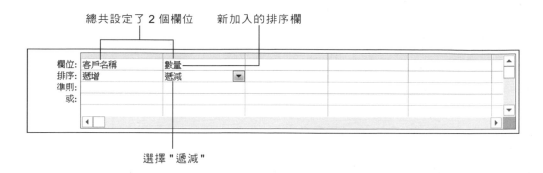

總共設定了 2 個欄位　　新加入的排序欄

選擇 " 遞減 "

請注意！在篩選視窗設定中設定排序欄位時, 其重要性是由左到右遞減。就是先以最左邊的排序欄來排序, 若值相同時再以第二個排序欄來排序, 以此類推。

接下來, 按**排序與篩選**區的**套用篩選**鈕後, 新的排序設定就會顯示到資料工作表中:

主要的排序欄　　　　　　　　　　　次要的排序欄

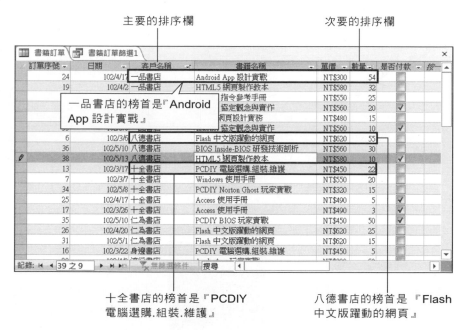

一品書店的榜首是『Android App 設計實戰』

十全書店的榜首是『PCDIY 電腦選購.組裝.維護』

八德書店的榜首是 『Flash 中文版躍動的網頁』

假設我們現在要以**數量**欄位做為主要的排序欄,**客戶名稱**做為次要的排序欄,在此可用拉曳的方式來調整排序順序:

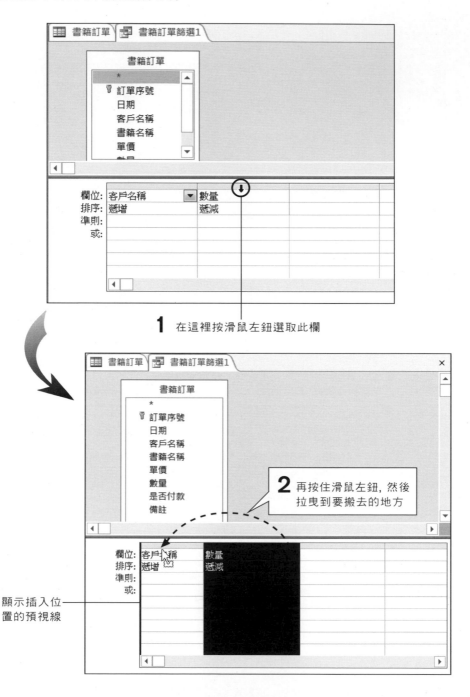

1 在這裡按滑鼠左鈕選取此欄

2 再按住滑鼠左鈕,然後拉曳到要搬去的地方

顯示插入位置的預視線

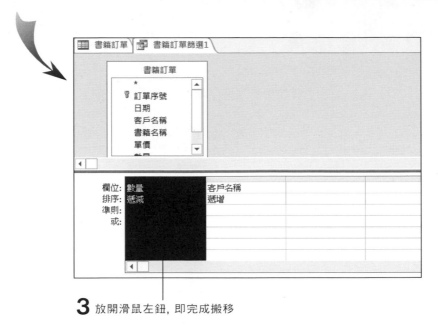

3 放開滑鼠左鈕, 即完成搬移

TIP 若您是使用資料工作表來排序, 排序欄位的順序也可以直接利用拉曳方式調整, 拉曳方式就和第 4-6 節中所介紹的操作相同。

當您在排序表中更改或新增排序欄位時, 也可直接在欄位格內拉下列示窗來選取：

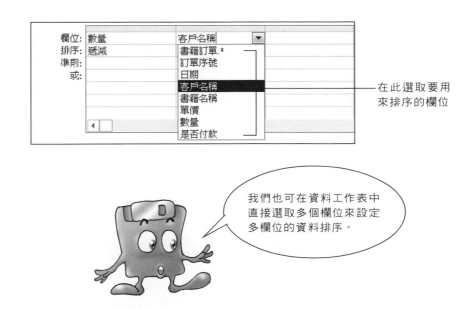

在此選取要用來排序的欄位

我們也可在資料工作表中直接選取多個欄位來設定多欄位的資料排序。

5-5 取消排序

取消排序很簡單,只要按下**排序與篩選**區的**取消所有排序**鈕,就可以取消排序:

按下此鈕即
可取消排序

另外,若是在**排序與篩選**區按**進階篩選選項**鈕執行『**進階篩選/排序**』命令後,也可依下面方法來取消排序:

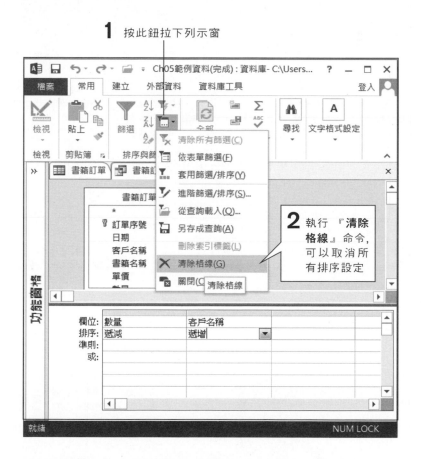

接著按**排序與篩選**區的**套用篩選**鈕,讓剛設定生效,即可取消排序。

　　若沒有取消排序設定,在關閉視窗時,Access 便會出現如下的交談窗,詢問您是否要將剛才所做的排序設定儲存起來:

按**是**鈕可以將排序
設定儲存起來,下次
再開啟此資料表時
可保有同樣的設定

若按**否**鈕則會忽略剛才的排序設定,
下次開啟時會回復成原本的資料表

排序和篩選有啥關係?

　看到這裡,您應該已發現排序和篩選其實有很密切的關係,因為它們都是在同一個表格中做設定:

此為設定排序或篩選的欄位

這裡是用來
設定排序

這裡是用來設定篩選條件

　　我們將篩選功能留到後面幾節才介紹,由於它們二個同樣是藉由 Access 的
" 查詢 " 功能來完成,所以被安排在一起來作設定。

什麼是 " 查
詢 " 啊?

別急! 以後您
就會知道了

5-6 依選取範圍篩選

利用『排序』或『尋找』的方法, 雖然都可以找到想要的資料, 但是若我們想要讓某些不想看到的資料, 在資料表中暫時消失, 那麼就非得用**篩選**功能了。

換句話說, 篩選就是將某些不符合條件的資料濾除, 只顯示出我們想要看的資料。要使用篩選功能, 最簡單的方法就是先選取要做為篩選條件的資料, 然後按**排序與篩選**區的**選取項目**鈕 ▼▾。例如我們只想保留與 "使用手冊" 有關的訂單, 那麼就可以這樣做:

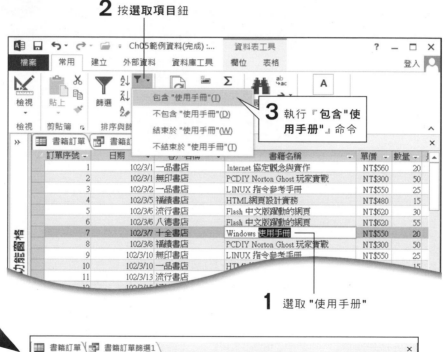

表示目前是在篩選狀況中

TIP 如果您想要以整個欄位的值做為篩選的條件, 那麼可以先選取整個欄位的值, 然後再按**排序與篩選**區的**選取項目**鈕。

TIP 在使用上述方式進行篩選時會有一個限制, 那就是您必須先找到一筆符合條件的記錄, 然後才能以此來設定篩選條件。

 選取範圍不同, 產生不同篩選條件

　　如果您只選取欄位中部份的值, 那麼依選取位置的不同, 會出現不同的篩選條件。接著以 **HTML 網頁設計實務**為例來說明：

- **選取欄位 " 最左邊 " 的值**：例如選取 "HTML", 則篩選條件會出現：

  - 開始於 "HTML"：表示要篩選出開頭為 "HTML"的資料

  - 不開始於 "HTML"：表示要剔除開頭為 "HTML"的資料

  - 包含 "HTML"：篩選出有包含 "HTML" 的資料

  - 不包含 "HTML"： 剔除有包含 "HTML" 的資料

- **選取欄位 " 最右邊 " 的值**：例如選取 " 設計實務 ", 則篩選條件會出現：

  - 包含 " 設計實務 "

  - 不包含 " 設計實務 "

  - 結束於 " 設計實務 "：表示要篩選出結尾為 " 設計實務 " 的資料

  - 不結束於 " 設計實務 "：表示要剔除結尾為 " 設計實務 " 的資料

- **選取欄位 " 中間 " 的值**：例如選取 " 網頁設計 ", 則篩選條件會出現：

  - 包含 " 網頁設計 "

  - 不包含 " 網頁設計 "

5-7 套用或停用篩選功能

在設定了篩選之後, 您可以切換是否要套用篩選功能。例如我們剛才設定的 "使用手冊" 篩選條件, 可以如下操作來切換篩選功能:

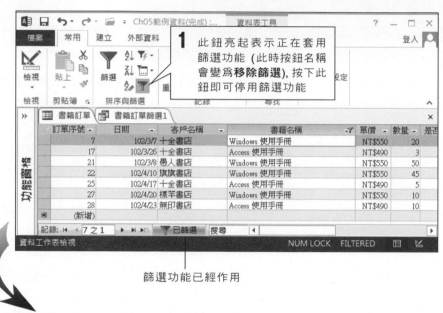

篩選功能已經作用

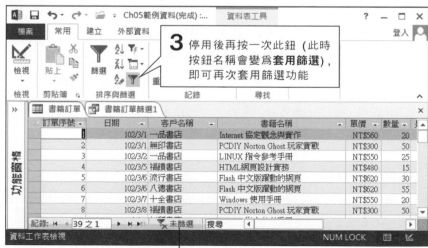

2 篩選功能已停用

但無論如何,我們所做的篩選設定都會一直存在,直到設定新的篩選條件,或是關閉資料工作表視窗為止。在關閉視窗時,Access 會詢問您是否要將所做的修改儲存起來:

選擇**是**鈕可將篩選設定儲存起來,下次再開啟時可保有同樣的設定

如果我們將篩選的條件儲存起來,那麼在下次開啟該資料工作表視窗時,只要按**排序與篩選**區的**套用篩選**鈕 ▽,即可看到篩選的結果了。若按鈕呈灰色,則表示目前並沒有設定任何的篩選條件。

連續設定多個篩選條件

在設定好一個篩選條件後,如果仍繼續用同樣的方法設定其他篩選條件,這些條件會累加起來。例如您又選取了 "十全書店", 然後按**選取項目**鈕執行『**包含**"十全書店"』命令:

只剩下 "十全書店" 訂購 "* 使用手冊" 的訂單了

然而,如果在 "停用篩選功能" 的情況下設定其他的篩選條件,那麼新的篩選條件就會覆蓋掉原來的條件。

刪除篩選設定

如果您要將前面所做的篩選
設定清除掉, 可如下操作:

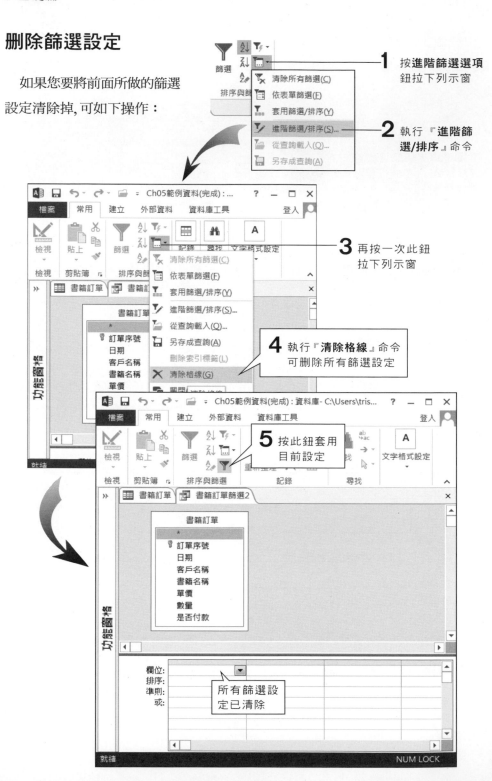

1 按**進階篩選選項**鈕拉下列示窗

2 執行『**進階篩選/排序**』命令

3 再按一次此鈕拉下列示窗

4 執行『**清除格線**』命令可刪除所有篩選設定

5 按此鈕套用目前設定

所有篩選設定已清除

5-8 依表單篩選

除了『依選取範圍篩選』外，Access 另外還提供一種『依表單篩選』的功能，可以更方便地來設定多個條件的篩選。請按**排序與篩選**區的**進階篩選選項**鈕，執行『**依表單篩選**』命令，即可開啟**依表單篩選**交談窗：

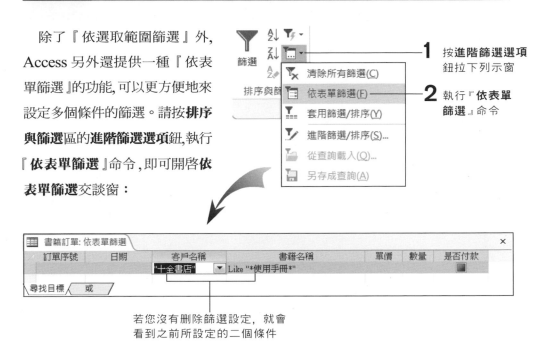

1 按**進階篩選選項**鈕拉下列示窗

2 執行『**依表單篩選**』命令

若您沒有刪除篩選設定，就會看到之前所設定的二個條件

使用這種方法，無論在設定或檢視篩選條件時是否都方便多了呢？此外，您還可以在任一個輸入欄中拉下列示窗：

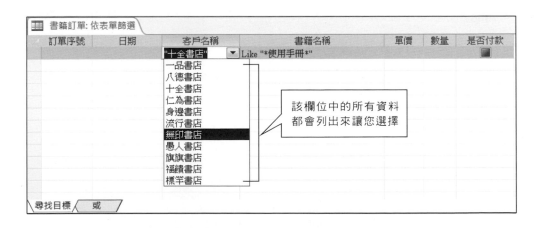

該欄位中的所有資料都會列出來讓您選擇

您只需要用滑鼠輕鬆地拉曳點選，即可完成複雜的篩選工作。

建立『或』的篩選條件

　　雖然我們可以用一個以上的條件來做篩選, 但這些條件是以 "且" 的方式組合, 例如我們在前面設定的篩選條件是:

> (客戶名稱是 " 一品書店 ")
> 且
> (書籍名稱是 "Internet 協定觀念與實作 ")

　　那如果我們要用 "或" 的方式篩選呢? 例如要找出符合以下條件的訂單:

> (客戶是 " 一品書店 " 且 購買 "Internet 協定觀念與實作 ")
> 或
> (客戶是 " 身邊書店 ")

　　使用**依表單篩選**功能即可輕鬆達成! 在**依表單篩選**交談窗的下方, 有一個**或**頁次, 請用滑鼠在上面按一下, 即可切換到**或**頁次中:

在**或**頁次中可以
設定 "或" 的條件

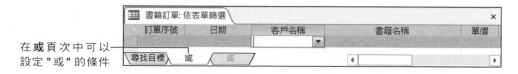

　　先前我們設定了篩選出 "十全書店" 和包含 "使用手冊" 的書籍名稱 (若您已刪除了該條件, 請參考 5-25 頁的第 2 張圖片加上這 2 個條件)。現在請依下圖輸入:

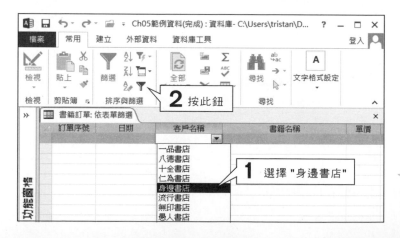

客戶是 " 身邊書店 " 的訂單也出現了

訂單序號 ▾	日期 ▾	客戶名稱 ▾	書籍名稱 ▾	單價 ▾	數量 ▾	是否付款 ▾
7	102/3/7	十全書店	Windows 使用手冊	NT$550	20	☐
16	102/3/22	身邊書店	PCDIY 電腦選購.組裝.維護	NT$450	5	☐
17	102/3/26	十全書店	Access 使用手冊	NT$490	3	☑
25	102/4/17	十全書店	Access 使用手冊	NT$490	5	☑
*	(新增)					☐

書籍訂單

記錄: I◀ ◀ 4 之 1 ▶ ▶I ▶✱   ▼ 已篩選   搜尋   ◀   ▶

建立多個『或』的篩選條件

每當我們在**或**頁次中輸入條件時, 交談窗下方會自動多加一個**或**頁次:

書籍訂單: 依表單篩選

訂單序號	日期	客戶名稱	書籍名稱	單價	數量	是否付款
		"身邊書店" ▼				▣

尋找目標 ╲ 或 ╱ 或 ╲ 或 ╱   ◀   ▶

多了一個**或**頁次, 若切換到此頁次進
行設定, 則右方會繼續新增**或**頁次

這就表示我們可以建立好多個 "或" 條件來做篩選！例如現在要找出符合以下條件的記錄:

> (客戶是 " 一品書店 " 且 購買 "Internet 協定觀念與實作 ")
> 　 或
> (客戶是 " 身邊書店 ")
> 　 或
> (客戶是 " 福饋書店 " 且 購買 "HTML 網頁製作教本 ")

就可以再加入一個 "或" 條件：

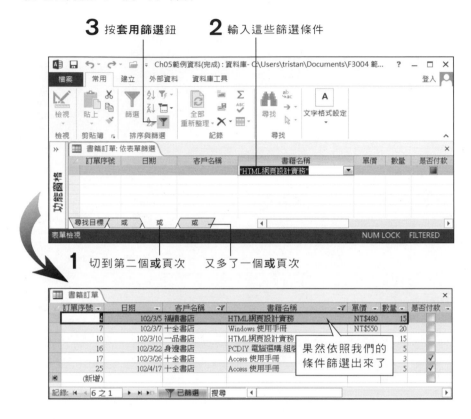

3 按**套用篩選**鈕   **2** 輸入這些篩選條件

1 切到第二個**或**頁次   又多了一個**或**頁次

果然依照我們的條件篩選出來了

刪除篩選條件

在表單篩選交談窗中, 您若想刪除某些不要的條件, 可如下操作：

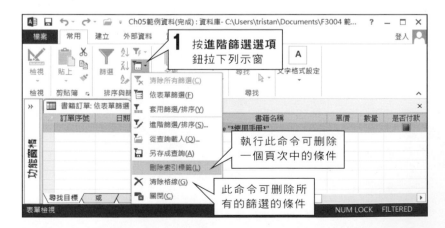

1 按**進階篩選選項**鈕拉下列示窗

執行此命令可刪除一個頁次中的條件

此命令可刪除所有的篩選的條件

刪除完之後, 為了方便後續的說明, 請直接按右上方的**關閉**鈕來關閉交談窗, 而不要按**套用篩選**鈕來讓篩選生效。

使用快顯功能表篩選資料

Access 的快顯功能表中, 可以讓我們直接篩選出想要的資料, 例如要找出所有 " 使用手冊 " 的資料, 可以如下操作 :

1 選取要篩選的資料, 此例為 " 使用手冊 "

2 按滑鼠右鈕執行 『**包含 " 使用手冊 "**』命令

果然篩選出 " 使用手冊 " 的資料了!

使用快顯功能表來篩選資料更為方便!

5-9 檢視或修改篩選設定

在 Access 中, 篩選的設定值是和排序設定值放在一起。例如上一節設定的篩選條件是:

> (客戶是 " 一品書店 " 且 購買 "Internet 協定觀念與實作 ")
>> 或
> (客戶是 " 身邊書店 ")
>> 或
> (客戶是 " 福饋書店 " 且 購買 "HTML 網頁製作教本 ")

現在請按**排序與篩選**區的**進階篩選選項**鈕, 執行『**進階篩選/排序**』命令, 開啓篩選交談窗來看看設定情形:

這是 5-6 節所設定的條件

如果要排序, 也可在此行設定

注意, 篩選視窗中同一行的篩選條件是以 "且" 做爲關聯, 而 "或" 條件則是寫在篩選條件行下面的**或**行:

不同行之間是
"或"的關係

同一行中的各欄之間是"且"的關係

我們也可直接在此修改條件, 例如要將前面的第 3 個條件的客戶名稱條件刪除不要, 即將下列條件中客戶名稱的條件刪除:

(客戶是 " 福饋書店 " 且購買 "HTML 網頁製作敎本 ")

那麼請如下修改:

刪除 "福饋書店", 只剩 "HTML
網頁製作敎本 " 條件

修改好之後, 請按**排序與篩選**區的**套用篩選**鈕, 讓所做的設定生效, 並自動將結果顯示在工作表視窗中：

不限定是 "福饋書店"時, 其他訂購 "HTML
網頁製作敎本 " 的書店也篩選出來了！

6

建立美觀的
資料輸入表單

- 利用表單精靈為資料表建立表單物件
- 表單視窗的操作方式
- 表單視窗的各種檢視模式
- 表單視窗的尋找、取代、排序和篩選功能
- 備忘資料欄位的操作方式
- 快速建立表單

　　在**資料工作表檢視**視窗中,雖然可以做新增、更改、刪除、排序、篩選等操作,但這樣的介面對使用者來說並不十分方便,而且也不美觀!在本章中,我們就來建立一個更具親和力的表單(Form)資料輸入介面。以下為本章的內容:

- 使用表單精靈建立美觀的表單

- 表單視窗的基本操作

- 如何切換表單的各種檢視模式

- 在表單視窗中尋找、取代、排序和篩選資料

- 備忘欄位的操作方式

- 如何快速建立表單

6-1　利用表單精靈為資料表建立表單物件

　　Access 提供好幾種可以快速建立表單的精靈,我們只要在連續的幾個精靈交談窗中用滑鼠點選各設定選項,就可以立刻產生精美的輸入表單。下面就是使用表單精靈來快速建立表單的步驟。

啟動表單精靈

　　請依照第 4-1 節的方法,將 "Ch06 範例資料 . accdb" 中的 "書籍訂單(Ch06)" 資料表匯入到**旗標**資料庫,並且取代原來的**書籍訂單**資料表。為了便於說明,我們在這個資料表中多加入了 1 個**備註**欄位。接著,我們就來新增一個表單:

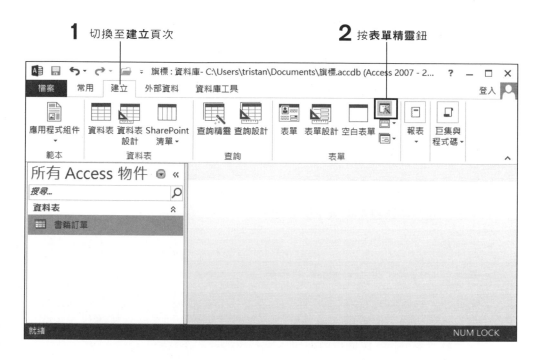

1 切換至**建立**頁次

2 按**表單精靈**鈕

稍待一會兒後, 表單精靈的第一個交談窗便出現了:

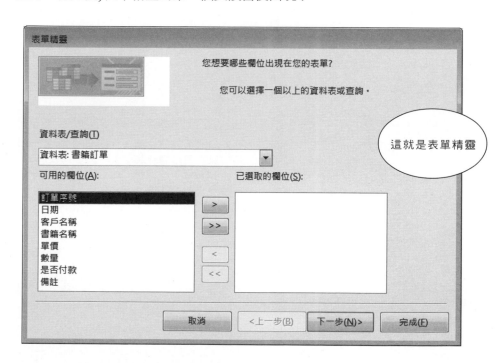

這就是表單精靈

和精靈打交道的技巧

Access 提供了相當多的精靈, 來幫助我們建立各種資料表、表單、查詢與報表等資料庫物件。一般來説, 每個精靈都會連續出現好幾個交談窗 (一個交談窗即是一個步驟), 來讓我們逐項填入資料或做一些選擇, 然後精靈便可依照我們所設定的來完成工作。

在每一個交談窗的底部, 通常會有 4 個命令鈕, 其作用如下:

● **下一步**鈕:按此鈕可進入下一步驟。

● **上一步**鈕:按此鈕可回到上一步驟修改設定。

● **取消**鈕:按下此鈕, 表示要關閉精靈。

● **完成**鈕:按下完成鈕, 表示與精靈的交談工作已完成, 讓精靈開始去達成設定完成的工作。若在與精靈交談的中途即按下完成鈕, 則會跳過後面未完成的設定步驟, 直接以精靈的預設值來完成設定工作。

命令鈕若有淡化的情形, 表示在這一步驟中無法使用。

此外, 您在精靈中所做的設定會被儲存起來, 而成爲下一次使用精靈時的預設值。

使用表單精靈

在此按鈕可將左框中選取的欄位移到右框中

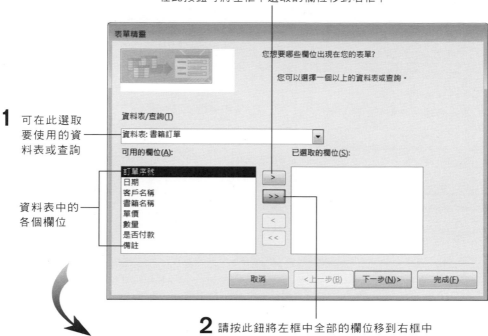

1 可在此選取要使用的資料表或查詢

資料表中的各個欄位

2 請按此鈕將左框中全部的欄位移到右框中

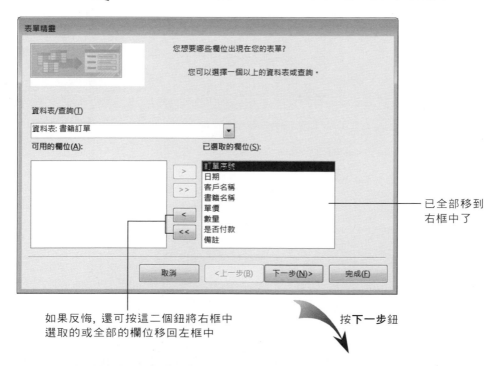

已全部移到右框中了

如果反悔, 還可按這二個鈕將右框中選取的或全部的欄位移回左框中

按**下一步**鈕

在此處可預
覽欄位配置
的樣子

您可以在各個
選項上按鈕來
預覽結果

3 請選擇第一項 (其
他各項的配置結果,
可參考 6-7 頁)

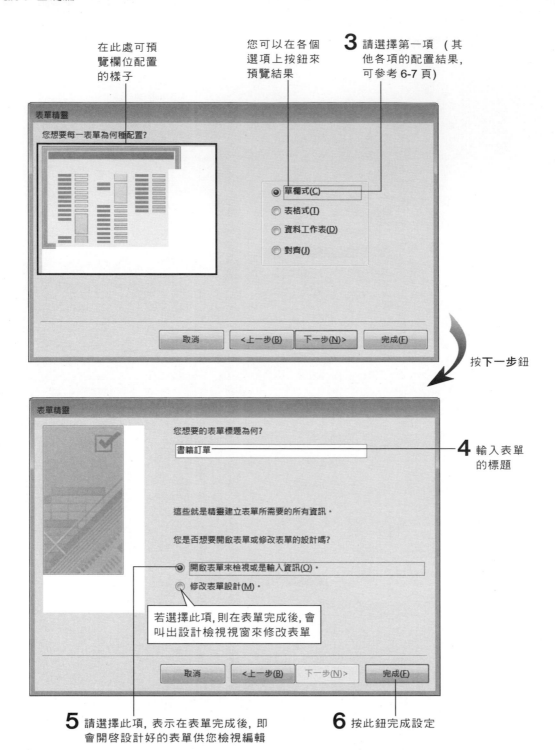

按**下一步**鈕

4 輸入表單
的標題

若選擇此項, 則在表單完成後, 會
叫出設計檢視視窗來修改表單

5 請選擇此項, 表示在表單完成後, 即
會開啟設計好的表單供您檢視編輯

6 按此鈕完成設定

稍待一會兒後,漂亮的表單就顯示在您眼前了:

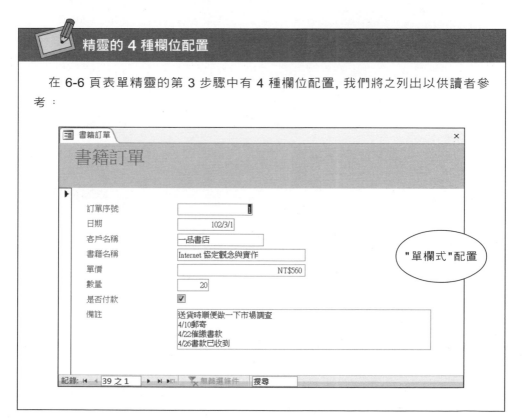

精靈的 4 種欄位配置

　在 6-6 頁表單精靈的第 3 步驟中有 4 種欄位配置,我們將之列出以供讀者參考:

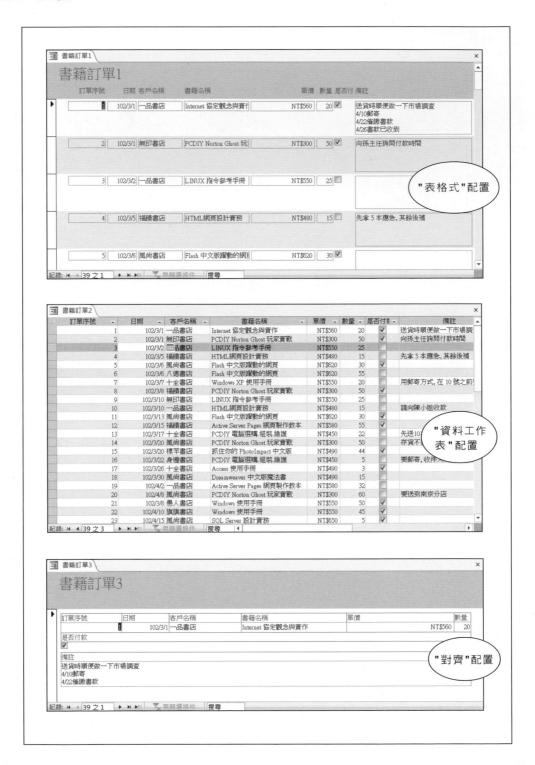

6-2 表單視窗的操作方式

我們在前文將開啟資料表時所見到的操作畫面稱爲**資料工作表視窗**,而本章開啟表單時所見到的操作畫面則稱爲**表單視窗**。接下來,就爲您介紹表單視窗的操作方式。

移動記錄

表單視窗的操作方式其實和資料表視窗差不多,我們先來看看最下方的記錄移動鈕:

也可直接在此輸入要到第
幾筆,然後按 Enter 鍵即可

在這裏輸入關鍵字,
表單會立即篩選出
包含關鍵字的資料

到第1筆記錄　　　　　到最後1筆記錄

記錄: ◄ 　39 之 1　 ► ►► ►* 　▼ 無篩選條件 　搜尋

到上1筆記錄　　到下1筆記錄　新增1筆

移動輸入焦點

在找到您想要操作的記錄時,只要直接用滑鼠在其上按一下,那麼該筆記錄便會成爲"目前記錄",而且輸入游標會出現在按下滑鼠的地方:

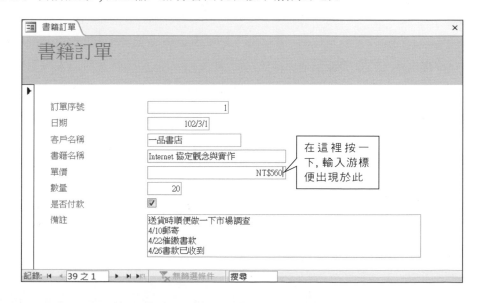

書籍訂單

訂單序號	1
日期	102/3/1
客戶名稱	一品書店
書籍名稱	Internet 協定觀念與實作
單價	NT$560
數量	20
是否付款	✔
備註	送貨時順便做一下市場調查 4/10郵寄 4/22催繳書款 4/26書款已收到

在這裡按一
下,輸入游標
便出現於此

記錄: ◄ 39 之 1 ► ►► ►* ▼ 無篩選條件 搜尋

TIP 當您在最下方的欄位上按 `Tab` 鍵時, 輸入焦點會移到下一筆記錄的第一個欄位。同理, 當您在最上方的欄位上按 `Shift` + `Tab` 鍵時, 則輸入焦點會移到上一筆記錄的最下方欄位。

TIP 在表單中也可以使用 `Ctrl` + `/` 與 `F2` 按鍵, 請參考 4-4 節。

當您想要移動到其他欄位或記錄時, 除了以滑鼠操作外, 也可以用按鍵來移動 (其中按上下方向鍵在欄位間移動的方式, 在輸入游標出現後就無效了):

按鍵	動作
`↑` 、 `Tab` 或 `Enter`	向上移動一個欄位
`↓` 、 `Shift` + `Tab`	向下移動一個欄位
`Page Up`	切換到上一筆記錄
`Page Down`	切換到下一筆記錄
`Home`	移到目前記錄的第一個欄位
`End`	移到目前記錄的最後一個欄位
`Ctrl` + `Home`	移到第 1 筆記錄的第 1 個欄位
`Ctrl` + `End`	移到最後 1 筆記錄的最後 1 個欄位

6-3 表單視窗的各種檢視模式

當我們開啟表單視窗時, 可利用**常用**頁次**檢視**區的**檢視**鈕, 來快速切換 3 種檢視模式:

1. **表單檢視模式**:若在**功能窗格**上, 以滑鼠左鈕雙按表單, 開啟時便會進入表單檢視模式。

2. **版面配置檢視模式**:此模式主要是用以設計、修改表單的外觀。

3. **設計檢視模式**:此模式主要是用以設定表單的格式、結構等。

以上 3 種是最基本的檢視模式, 若您產生表單時選用不同的配置方式, 則還會有不同的檢視模式, 例如:

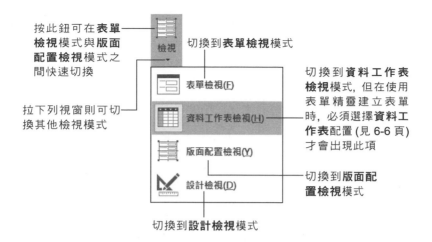

按此鈕可在**表單檢視**模式與**版面配置檢視**模式之間快速切換

拉下列視窗則可切換其他檢視模式

切換到**表單檢視**模式

切換到**資料工作表檢視**模式,但在使用表單精靈建立表單時,必須選擇**資料工作表**配置 (見 6-6 頁)才會出現此項

切換到**版面配置檢視**模式

切換到**設計檢視**模式

除了透過**檢視**區的**檢視**鈕來切換檢視模式,也可以利用視窗右下方的按鈕來切換檢視模式:

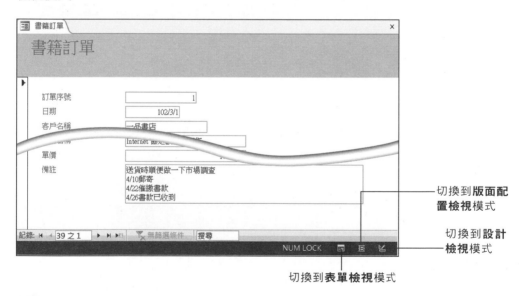

切換到**版面配置檢視**模式

切換到**設計檢視**模式

切換到**表單檢視**模式

> **TIP** 6-2 節已介紹過**表單檢視**模式外,下面我們分別說明另外 2 種檢視模式。

版面配置檢視模式

透過**版面配置檢視**模式可以調整表單的外觀設計,例如:字型、表單欄位的長寬、變更表單的樣式...等:

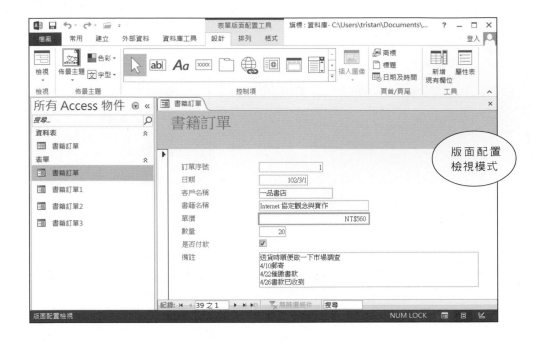

設計檢視模式

　　設計檢視模式和**版面配置檢視**模式,都是用來設計或修改表單之用。不過**版面配置檢視**模式功用在於修改表單的外觀設計,而**設計檢視**模式的功用在於修改表單的格式和結構:

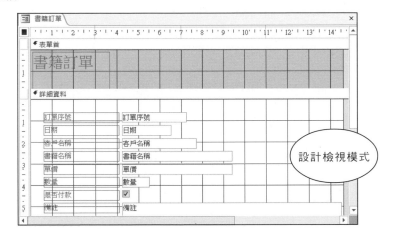

　　有關**版面配置檢視**模式和**設計檢視**模式的操作方式,將於第13章為您詳細介紹。

表單的資料工作表檢視模式

6-6 頁透過表單精靈建立表單時, 必須選擇資料工作表的配置方式才能切換到資料工作表檢視模式。資料工作表檢視模式可以一次顯示多筆記錄來觀察：

訂單序號	日期	客戶名稱	書籍名稱	單價
1	102/3/1	一品書店	Internet 協定觀念與實作	NT$560
2	102/3/1	無印書店	PCDIY Norton Ghost 玩家實戰	NT$300
3	102/3/2	一品書店	LINUX 指令參考手冊	NT$550
4	102/3/5	福讀書店	HTML網頁設計實務	NT$480
5	102/3/6	風尚書店	Flash 中文版躍動的網頁	NT$620
6	102/3/6	八德書店	Flash 中文版躍動的網頁	NT$620
7	102/3/7	十全書店	Windows XP 使用手冊	NT$550
8	102/3/8	福讀書店	PCDIY Norton Ghost 玩家實戰	NT$300
9	102/3/10	無印書店	LINUX 指令參考手冊	NT$550
10	102/3/10	一品書店	HTML網頁設計實務	NT$480
		風尚書店	Flash 中文版躍動的網頁	NT$620
12	102/3/15		Active Server Pages 網頁製作教本	NT$580
16	102/3/22	身邊書店		
17	102/3/26	十全書店	Access 使用手冊	NT$490
18	102/3/30	風尚書店	Dreamweaver 中文版魔法書	NT$490
19	102/4/2	一品書店	Active Server Pages 網頁製作教本	NT$580
20	102/4/8	風尚書店	PCDIY Norton Ghost 玩家實戰	NT$300

書籍訂單2

資料工作表檢視模式

記錄: 39 之 1　　無篩選條件　搜尋

這個視窗的操作方式就和之前介紹的資料表視窗完全一樣, 所以在此就不多做解釋了。不過, 您在這裡所做的設定, 例如調整欄位大小、搬移或凍結欄位等, 都會儲存在表單本身的設定中, 而不是儲存在資料表的設定中：

由**資料表**開啟資料工作表檢視模式 ──所做的設定儲存於──▶ 資料表

由**表單**切換到資料工作表檢視模式 ──所做的設定儲存於──▶ 表單

現在, 請練習在表單視窗中, 利用**檢視**區的**檢視**鈕切換到資料工作表檢視模式, 然後再切回表單視窗, 您會發現其實它們顯示的內容完全一樣, 只不過檢視的方法有所不同而已。也正因為如此, 在資料工作表檢視模式中的尋找、取代、排序和篩選功能, 都可以完全適用於表單視窗中。在下一節, 我們就針對表單的這 4 項功能來做說明。

6-4 表單視窗的尋找、取代、排序和篩選功能

尋找與取代資料

　　表單視窗和資料工作表視窗類似, 也都有尋找、取代的功能。首先為您介紹尋找的功能, 以下的範例中, 我們要找出表單中書店名為 "標X" 的訂購資料。操作方法如右:

1 按下**尋找**區的**尋找**鈕開啟**尋找及取代**交談窗

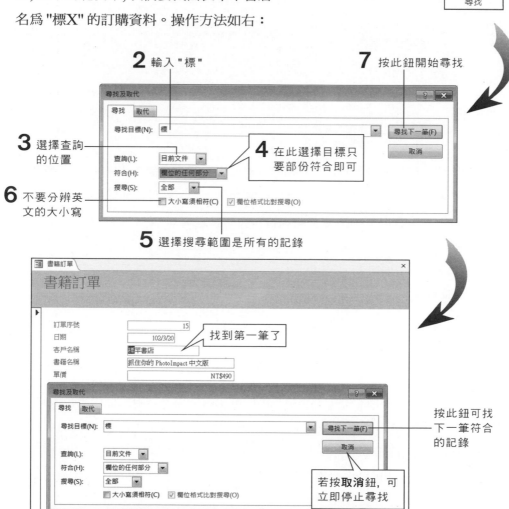

2 輸入 "標"

7 按此鈕開始尋找

3 選擇查詢的位置

4 在此選擇目標只要部份符合即可

6 不要分辨英文的大小寫

5 選擇搜尋範圍是所有的記錄

找到第一筆了

按此鈕可找下一筆符合的記錄

若按**取消**鈕, 可立即停止尋找

如果我們想將資料表中的某個字串全部換成另一個字串時,則可使用取代的功能。例如我們要將 "風尚書店" 改名為 "流行書店",則可以如右操作:

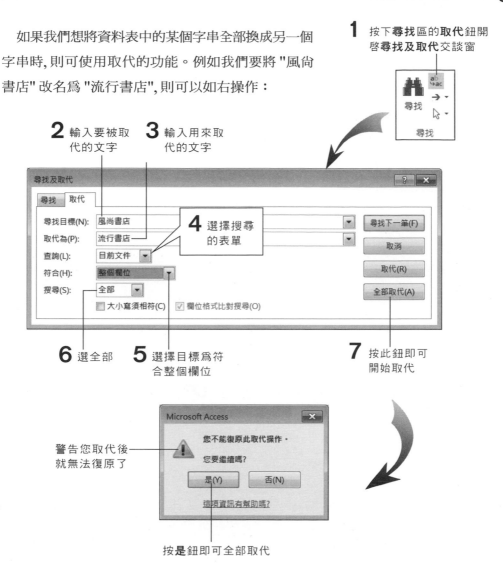

1 按下**尋找**區的**取代**鈕開啟**尋找及取代**交談窗

2 輸入要被取代的文字

3 輸入用來取代的文字

4 選擇搜尋的表單

6 選全部

5 選擇目標為符合整個欄位

7 按此鈕即可開始取代

警告您取代後就無法復原了

按**是**鈕即可全部取代

完成尋找或取代的工作之後,請按下**尋找及取代**交談窗的**取消**鈕來關閉交談窗。

排序記錄

在表單視窗中要設定排序,同樣是先選取要排序的欄位,或將輸入焦點移到該欄位中,然後再按**排序與篩選**區中的**遞增**或**遞減**鈕。以下我們用**客戶名稱**欄來排序:

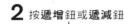

2 按**遞增**鈕或**遞減**鈕

1 將輸入焦點移到要排序的欄位

排序完成後,我們來看看是否真的有進行排序的動作:

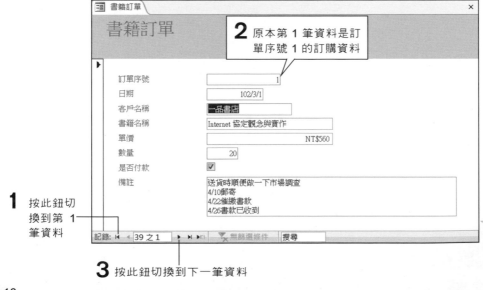

2 原本第 1 筆資料是訂單序號 1 的訂購資料

1 按此鈕切換到第 1 筆資料

3 按此鈕切換到下一筆資料

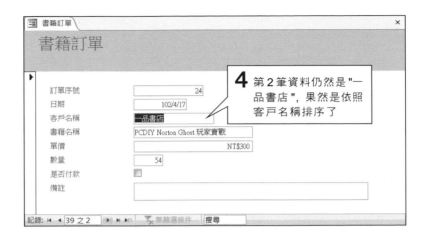

若想做比較複雜的排序 (例如多欄排序), 或是想觀看目前表單的排序設定, 那麼可以如右操作:

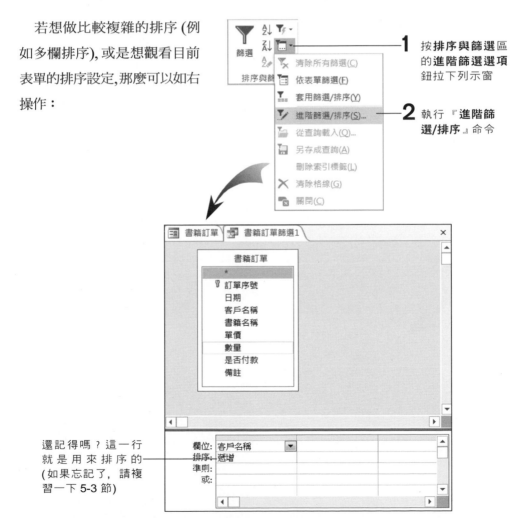

1 按**排序與篩選**區的**進階篩選選項**鈕拉下列示窗

2 執行『**進階篩選/排序**』命令

還記得嗎? 這一行就是用來排序的 (如果忘記了, 請複習一下 **5-3** 節)

篩選記錄

要在表單中篩選記錄,其操作方法和在資料表視窗中相同,讀者可自行練習看看。
例如我們只想觀看與 "使用手冊" 有關的訂單,那麼可以使用**選取項目**功能:

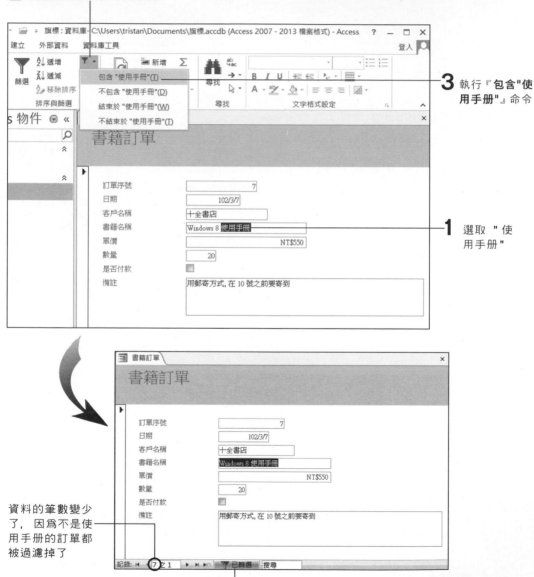

2 按**選取項目**鈕拉下列示窗

3 執行『**包含"使用手冊"**』命令

1 選取 " 使用手冊"

資料的筆數變少了, 因為不是使用手冊的訂單都被過濾掉了

表示目前是在篩選狀態中

　　另外, 在表單中使用 "依表單篩選" 時, 其欄位的排列方式和資料工作表略有不同。請先開啓表單檢視視窗, 然後選取書籍名稱中的 "使用手冊" 作爲要篩選的關鍵字, 接著如下操作：

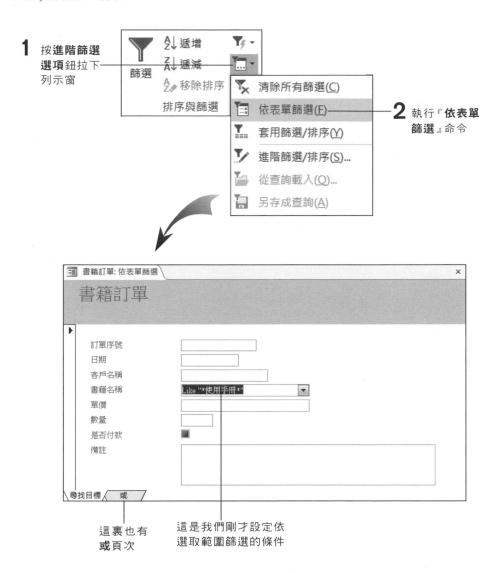

1 按**進階篩選選項**鈕拉下列示窗

2 執行『**依表單篩選**』命令

這裏也有**或**頁次

這是我們剛才設定依選取範圍篩選的條件

TIP　Like 可找出有包括指定字串的資料, 例如 Like "* 使用手冊 ", 即會找出包含 " 使用手冊 " 字串的資料。

您可在任一欄位中拉下列示窗來選取要篩選的值：

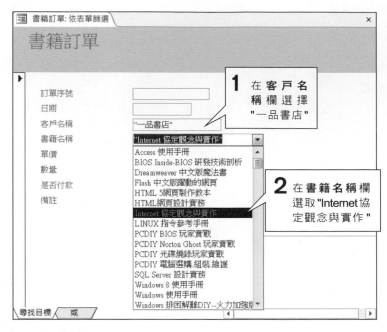

3 按功能區的**套用篩選**鈕

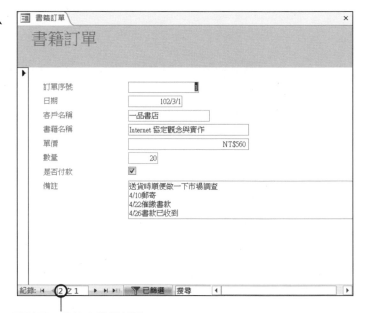

只剩下 2 筆符合的資料了

其實以上的操作就和資料工作表視窗的**依表單篩選**一樣,只不過各欄位是依照原"表單"中的擺設來安排而已。而資料工作表視窗的**依表單篩選**則是依照"工作表"的格式來排列:

6-5 備忘資料欄位的操作方式

在**備忘**資料類型的欄位中,我們可以輸入任意長度的字串,同時也可以按 Enter 鍵來換行,例如下圖的**備註**欄位便是使用**備忘**資料類型:

請輸入這幾行, 行尾處都有
換行符號, 但不會顯示出來

當插入點在**備忘**資料類型欄位中時, 您可用 ↑ 、 ↓ 、 ← 、 → 鍵來移動插入點。若按 Enter 鍵, 則插入點右側的文字會移到下一行而成為新的一行:

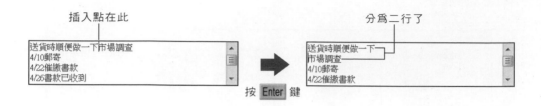

如果您想將二行合併為一行, 那麼可將插入點移到上一行的行尾, 然後按 Del 鍵將隱藏的換行符號刪除即可:

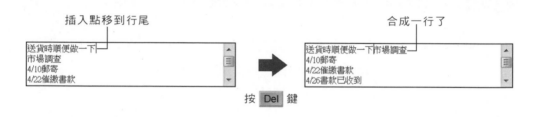

工作表中的備忘資料欄位

若您有建立表單的資料工作表, 請將檢視模式切換到**資料工作表檢視**模式; 若沒有, 請將 "Ch06範例資料.accdb" 中的 "書籍訂單(資料工作表)" 表單匯入, 以便進行下列的操作。在工作表檢視模式中, 備忘資料欄位的內容每次只能顯示一行:

日期	客戶名稱	書籍名稱	單價	數量	是否付…	備註
102/3/1	一品書店	Internet 協定觀念與實作	NT$560	20	✓	送貨時順便做一下市場調查
102/3/1	無印書店	PCDIY Norton Ghost 玩家實戰	NT$300	50	✓	向孫主任詢問付款時間
102/3/2	一品書店	LINUX 指令參考手冊	NT$550	25		
102/3/5	福爾書店	HTML 網頁設計實務	NT$480	15		先拿 5 本應急, 其餘後補
102/3/6	風尚書店	Flash 中文版躍動的網頁	NT$620	30	✓	
102/3/6	八德書店	Flash 中文版躍動的網頁	NT$620	55		
102/3/7	十全書店	Windows 8 使用手冊	NT$550	20		用郵寄方式, 在 10 號之前要寄到
102/3/8	福爾書店	PCDIY Norton Ghost 玩家實戰	NT$300	50	✓	
102/3/10	無印書店	LINUX 指令參考手冊	NT$550	25		
102/3/10	一品書店	HTML 網頁設計實務	NT$480	15		請向陳小姐收款
102/3/13	風尚書店	Flash 中文版躍動的網頁	NT$620	30	✓	
102/3/15	福爾書店	HTML 5網頁製作教本	NT$580	55	✓	
102/3/17	十全書店	PCDIY 電腦選購.組裝.維護	NT$450	22		先送10本至總店
102/3/20	風尚書店	PCDIY Norton Ghost 玩家實戰	NT$300	50		存貨不多了, 要趕快再版
102/3/20	標竿書店	抓住你的 PhotoImpact 中文版	NT$490	44	✓	
102/3/22	身漫書店	PCDIY 電腦選購.組裝.維護	NT$450	5		要郵寄, 收件人寫許大頭

記錄: ◄ ◄ 39 之 1 ► ►► ►* 無篩選件 搜尋 ◄

只有一行的顯示空間

當插入點在**備註**欄位中時, 如果該欄位有多行資料, 那麼您可以用 **↑**、**↓** 鍵來上下捲動其內容:

其他注意事項:

● 當捲動到資料的第一行時, 若按 ↑ 鍵則會跳到上一個備忘欄中。

● 當捲動到最後一行時, 若再按 ↓ 鍵則會跳到下一個備忘欄中。

● 如果您將行高加大, 那麼就可以看到多行的備忘資料了:

6-6 快速建立表單

除了前述的表單精靈外, Access 還提供了另一種更快速的自動建立表單功能, 請您選取要建立表單的資料表 (本例為書籍訂單資料表), 接著將功能表切換到**建立**頁次並如下操作:

1 按**表單**區的**表單**鈕

立即產生出一個陽春型的表單

書籍訂單			×
書籍訂單			

訂單序號	1	單價	NT$560
日期	102/3/1	數量	20
客戶名稱	一品書店	是否付款	✓
書籍名稱	Internet 協定觀念與實作	備註	送貨時順便做一下市場調查 4/10郵寄 4/22催繳書款

記錄: ◄ ◄ 39 之 1 ► ►I ►I 🕅 無篩選條件 搜尋 ◄

快速產生表單的功能主要是讓我們能以非常快速的方法,立即產生一個陽春型的表單。而建立好的表單預設會進入**版面配置檢視**模式,如果對這個表單不滿意,也可立即修改。由於這部份比較複雜,我們留到第 13 章再介紹。

當您要關閉這個表單視窗時,Access 也會詢問是否要將這個表單存檔:

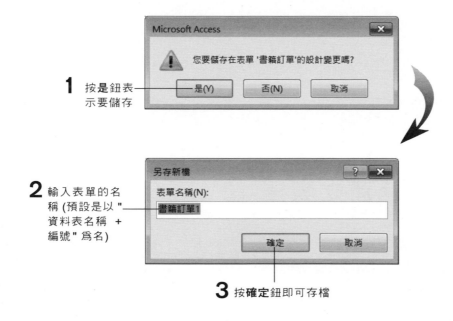

1 按**是**鈕表示要儲存

Microsoft Access
⚠ 您要儲存在表單 '書籍訂單'的設計變更嗎?
是(Y)　否(N)　取消

2 輸入表單的名稱 (預設是以 " 資料表名稱 + 編號 " 為名)

另存新檔　? ✕
表單名稱(N):
書籍訂單1
確定　取消

3 按**確定**鈕即可存檔

7

將資料列印出來

- 列印資料表的內容
- 預覽列印功能
- 以『表單』視窗的格式列印資料
- 利用『報表精靈』來建立報表
- 如何看懂報表的結構
- 快速建立報表
- 利用快速存取工具列啟動列印功能

在 Access 中, 資料庫的資料也可以利用報表的型式呈現, 如此可更方便傳遞或展示資料給其他人看。Access 除了提供將資料列印出來的各項功能外, 還可以設定各種列印樣式 (例如單欄式、表格式等)。本章內容包括:

- 以**資料工作表**的樣式列印資料

- 列印之前預覽列印結果

- 以**表單**視窗的樣式列印資料

- 建立**報表**物件以列印出漂亮的報表

7-1 　列印資料表的內容

Access 允許我們將資料表的內容, 依照目前設定的格式、字型、排序、篩選等列印出來。

例如要列印 102 年 3 月 15 日以後的書籍訂單資料, 並以**日期**及**客戶名稱**欄做排序, 但不要印出**備註**欄的資料, 則操作步驟大致如下:

1. **調整資料工作表的內容**: 將備註欄位隱藏起來, 並篩選出 3/15 日以後的資料, 最後以日期及客戶排序

2. **調整資料工作表的外觀**: 將字型放大, 並調整列高及欄寬以適合列印格式

3. **列印出來**: 最後在列印之前, 可以先設定印表機的屬性, 調整列印方向、紙張及分頁方式等, 便可以開始列印。

書籍訂單　　　　　　　　　　102/5/9

訂單序號	日期	客戶名稱	書籍名稱	單價
19	102/4/2	一品書店	HTML5 網頁製作教本	NT$580
24	102/4/17	一品書店	FCDIY Norton Ghost 玩家實戰	NT$300
33	102/5/8	一品書店	Internet 協定觀念與實作	NT$560
36	102/5/10	八德書店	BIOS Inside-BIOS 研發技術剖析	NT$560
38	102/5/13	八德書店	HTML5 網頁製作教本	NT$580
13	102/4/17	十全書店	FCDIY 電腦選購 組裝 維護	NT$450
17	102/4/26	十全書店	Access 使用手冊	NT$490
25	102/4/17	十全書店	Access 使用手冊	NT$490
34	102/5/8	十全書店	FCDIY Norton Ghost 玩家實戰	NT$320
26	102/4/20	仁為書店	Flash 中文版躍動的網頁	NT$620
31	102/5/1	仁為書店	Flash 中文版躍動的網頁	NT$620
35	102/5/10	仁為書店	FCDIY BIOS 玩家實戰	NT$450
16	102/3/22	身邊書店	FCDIY 電腦選購 組裝 維護	NT$450
14	102/3/20	風尚書店	FCDIY Norton Ghost 玩家實戰	NT$300
18	102/3/30	風尚書店	Dreamweaver 中文版魔法書	NT$490
20	102/4/8	風尚書店	FCDIY Norton Ghost 玩家實戰	NT$300
23	102/4/15	風尚書店	SQL Server 設計實務	NT$650
30	102/5/1	風尚書店	Internet 協定觀念與實作	NT$560
37	102/5/11	風尚書店	Windows 排困解難DIY--火力加強版	NT$480
28	102/4/23	無印書店	Access 使用手冊	NT$490
32	102/5/8	無印書店	FCDIY 光碟燒錄玩家實戰	NT$480
39	102/5/13	無印書店	BIOS Inside-BIOS 研發技術剖析	NT$560
29	102/4/25	愚人書店	LINUX 指令參考手冊	NT$550
22	102/4/10	旗旗書店	Windows 使用手冊	NT$550
15	102/3/20	標竿書店	抓住你的 PhotoImpact 中文版	NT$490
27	102/4/20	標竿書店	Windows 使用手冊	NT$550

> 這就是經過調整, 最後要列印出來的資料表

第1頁

　　首先匯入 "Ch07 範例資料.accdb" 的 **書籍訂單** 資料表到我們練習的 **旗標** 資料庫中, 然後開啟 **書籍訂單** 的資料工作表視窗, 我們要詳細說明上面的列印步驟。

1. 調整資料工作表的內容

　　首先, 我們先將不想列印的 **備註** 欄位隱藏起來, 然後設定一個篩選條件讓工作表只顯示 3 月 15 日以後的資料, 最後再以 **客戶名稱** 及 **日期** 欄做遞增排序:

1 選取**備註**欄

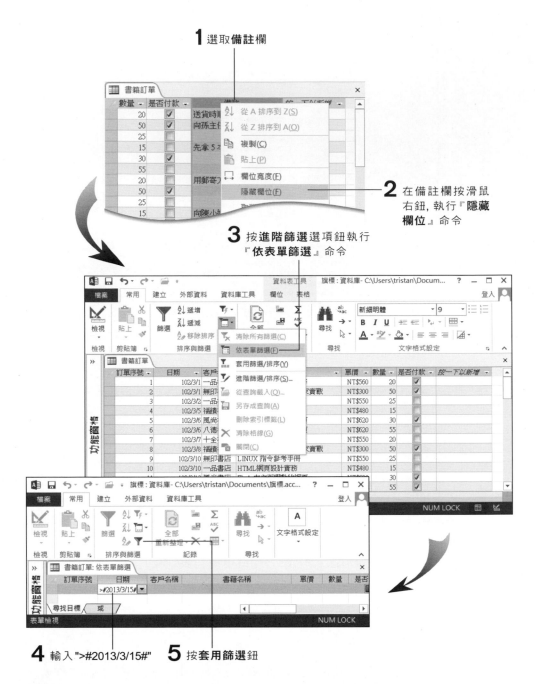

2 在備註欄按滑鼠右鈕, 執行『**隱藏欄位**』命令

3 按**進階篩選**選項鈕執行『**依表單篩選**』命令

4 輸入 "**>#2013/3/15#**"　**5** 按**套用篩選**鈕

TIP 日期資料前後必須以 "**#**" 符號包起來, 如果您在輸入時省略了 "**#**", 那麼在離開該儲存格時 Access 會自動幫您加上。注意! 在此處輸入日期必須使用西元日期格式, 如果輸入 #99/03/15#, 則會被視為 #1999/03/15#。

完成篩選後,接著要設定客戶名稱和日期的排序。請如下操作:

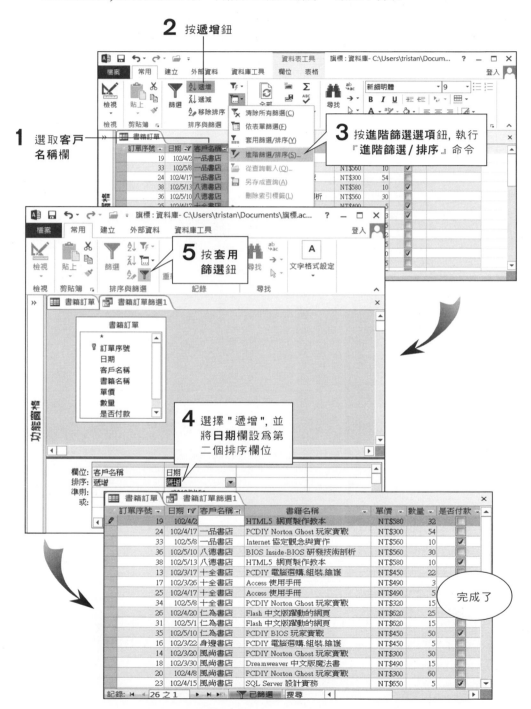

2. 調整資料工作表的外觀

接著, 我們要調整字型與各欄位的寬度來顯示完整的資料:

1 在**文字格式設定**區選擇 "12點" 大小

字型變大了

字型變大後, 卻又因儲存格太小, 文字無法顯示完整的資料。如果就這樣列印出來實在不怎麼美觀。所以在列印之前, 我們把列高和欄寬調整為適當的大小:

1 選取所有欄位

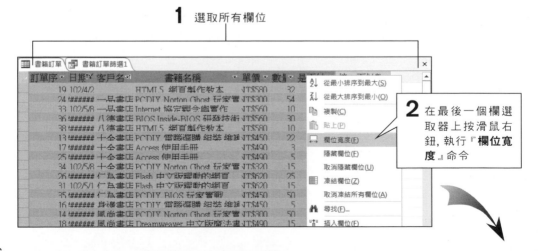

2 在最後一個欄選取器上按滑鼠右鈕, 執行『**欄位寬度**』命令

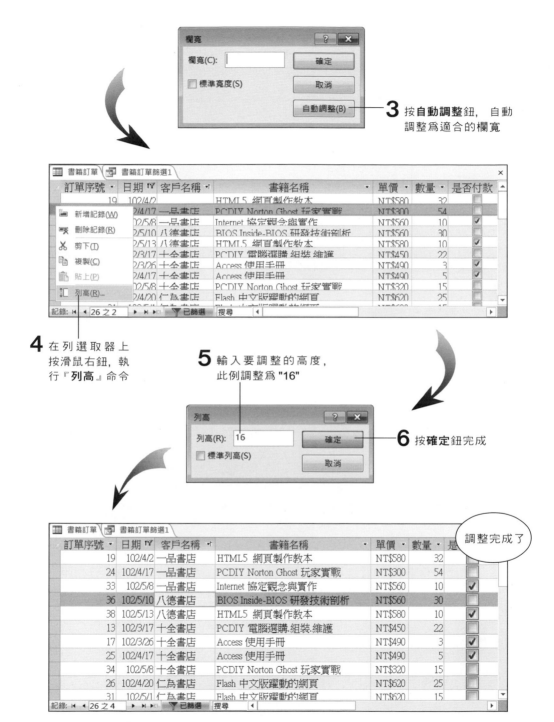

3 按**自動調整**鈕，自動調整為適合的欄寬

4 在列選取器上按滑鼠右鈕，執行『**列高**』命令

5 輸入要調整的高度，此例調整為 "16"

6 按**確定**鈕完成

調整完成了

3. 列印出來

調整好工作表的外觀後, 便可以將檔案列印出來。請您按**檔案**鈕, 執行『**列印/列印**』命令：

選擇印表機

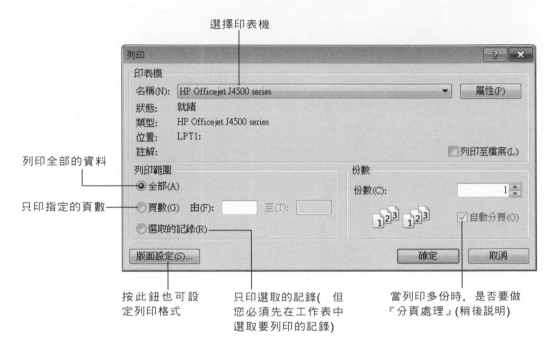

列印全部的資料

只印指定的頁數

按此鈕也可設定列印格式

只印選取的記錄(但您必須先在工作表中選取要列印的記錄)

當列印多份時, 是否要做『分頁處理』(稍後說明)

不過, 了解操作介面後, 請先按**取消**鈕暫時不要列印。下一節將告訴您如何在列印之前, 先從螢幕中預覽列印的結果, 以免對印出來的報表不滿意, 而浪費時間及紙張。

 如果您按**檔案**鈕, 執行 『**列印/快速列印**』命令, Access 並不會開啟**列印**交談窗, 而是直接以預設的設定值 (依照我們在前面設定的列印格式) 將全部資料印一份出來。

印表機的屬性鈕

若您按上圖**列印**交談窗中的**屬性**鈕, 就可以設定印表機的列印方式：

不同印表機
會有不同的
頁次及內容

可設定紙張
的列印方向

此處可設定紙張大小及
列印品質、雙面列印等

什麼是自動分頁？

什麼是『自動分頁』呢？當我們要列印多份文件時, 如果設定自動分頁, 則會先印完一份再印下一份。若是不做自動分頁, 則會先印出每一份的第一頁, 然後再印每一份的第二頁, 以此類推。例如我們要列印二份 3 頁的報表, 其差別如下所示：

方式	列印頁次
自動分頁	1 → 2 → 3 → 1 → 2 → 3
不自動分頁	1 → 1 → 2 → 2 → 3 → 3

利用自動分頁, 可以方便我們將印好的多份報表裝訂成冊。而不做自動分頁的好處, 是可以加快列印的速度, 因為每一頁資料只要傳送一次即可。

7-2　預覽列印功能

在紙價高漲的今天, 為了替自己或老闆省錢, 在開始列印之前, 我們應該先用**預覽列印**的功能, 在螢幕上預覽一下將要印出來的樣子。

在資料工作表視窗中要預覽列印, 請按**檔案**鈕執行『 **列印/預覽列印** 』命令, 便會看到如下的視窗：

按此鈕可列印文件

按此鈕可關閉預覽視窗

預覽列印出來的樣子

調整預覽方式

在預覽視窗中, 我們可以利用**顯示比例**區的按鈕來調整預覽方式：

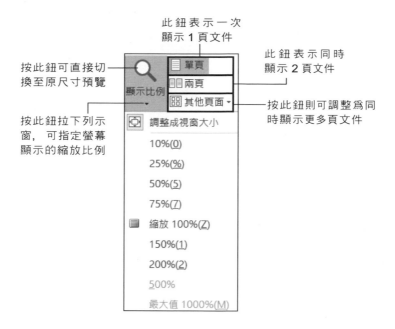

此鈕表示一次
顯示 1 頁文件

此鈕表示同時
顯示 2 頁文件

按此鈕可直接切
換至原尺寸預覽

按此鈕則可調整為同
時顯示更多頁文件

按此鈕拉下列示
窗，可指定螢幕
顯示的縮放比例

當螢幕放不下整頁的資料時,您可用垂直或水平捲動軸來捲動顯示的內容。如果印出的報表有好幾頁,那麼可利用視窗下方的按鈕來移動頁次:

到第一頁　　目前顯示的頁次

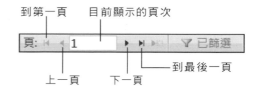

上一頁　　　下一頁

到最後一頁

另外,當您將滑鼠移到列印區時,指標會變成放大鏡的圖形:

放大鏡形狀
的滑鼠指標

若放大鏡中有個加號 (🔍),代表在某處按一下即會以該區為中心,將預覽的資料放大顯示。若放大鏡中是減號 (🔍),則代表在某處按一下則可將螢幕中放大的資料縮小,以便能觀看完整的內容。

版面設定

所謂『版面設定』就是告訴 Access 要如何把資料列印在紙張上,這包含了:紙張周圍留白區的大小、要直印或是橫印等資訊。請在預覽視窗如下操作:

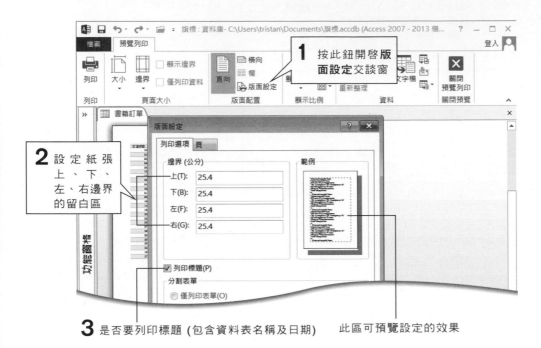

1 按此鈕開啟**版面設定**交談窗

2 設定紙張上、下、左、右邊界的留白區

3 是否要列印標題 (包含資料表名稱及日期)

此區可預覽設定的效果

在**列印選項**頁次中,我們保持預設值即可。接著請切換到**頁**頁次:

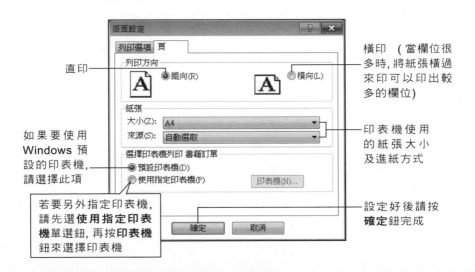

直印

橫印 (當欄位很多時, 將紙張橫過來印可以印出較多的欄位)

如果要使用 Windows 預設的印表機, 請選擇此項

印表機使用的紙張大小及進紙方式

若要另外指定印表機, 請先選**使用指定印表機**單選鈕, 再按**印表機**鈕來選擇印表機

設定好後請按**確定**鈕完成

預覽列印後如果覺得滿意了, 便可按**列印**鈕將資料列印出來:

7-3 以『表單』視窗的格式列印資料

在說明之前, 請先匯入 "Ch07 範例資料 .accdb" 的**書籍訂單**表單。如果您想要用表單的格式將資料列印出來, 可以如下操作:

1 在表單上雙按滑鼠左鈕以開啟表單

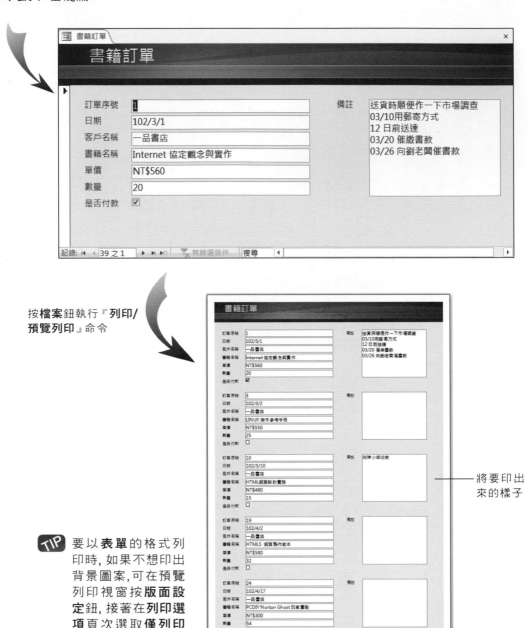

按**檔案**鈕執行『**列印/
預覽列印**』命令

將要印出
來的樣子

TIP 要以**表單**的格式列
印時, 如果不想印出
背景圖案, 可在預覽
列印視窗按**版面設
定**鈕, 接著在**列印選
項**頁次選取**僅列印
資料**項目即可。

如果您對預覽視窗中的列印格式不太滿意, 可以在預覽列印視窗按**版面設定**鈕, 來
修改紙張四周邊界的留白區、要直印或橫印等設定。最後按**列印**鈕即可印出來了, 請
觀看下面的列印結果:

書籍訂單

訂單序號	1
日期	102/3/1
客戶名稱	一品書店
書籍名稱	Internet 協定觀念與實作
單價	NT$560
數量	20
是否付款	☑

備註　送貨時順便作一下市場調查
03/10用郵寄方式
12 日前送達
03/20 催繳書款
03/26 向劉老闆催書款

訂單序號	3
日期	102/3/2
客戶名稱	一品書店
書籍名稱	LINUX 指令參考手冊
單價	NT$550
數量	25
是否付款	☐

備註

訂單序號	10
日期	102/3/10
客戶名稱	一品書店
書籍名稱	HTML網頁設計實務
單價	NT$480
數量	15
是否付款	☐

備註　向陳小姐收款

訂單序號	19
日期	102/4/2
客戶名稱	一品書店
書籍名稱	HTML5 網頁製作教本
單價	NT$580
數量	32
是否付款	☐

備註

訂單序號	24
日期	102/4/17
客戶名稱	一品書店
書籍名稱	PCDIY Norton Ghost 玩家實戰
單價	NT$300
數量	54

備註

以表單格式印出的結果

以下列出幾種不同表單配置的列印結果供讀者參考：

書籍訂單 (表格式)

訂單序號	日期	客戶名稱	書籍名稱	單價	數量	是否	備註
1	102/3/1	一品書店	Internet協定觀念與實	NT$560	20	☑	送貨時順便作一下市場調查 03/10用郵寄方式 12 日前送達 03/20 催繳書款
2	102/3/1	無印書店	PCDIY Norton Ghost玩	NT$300	50	☑	向孫主任詢問付款時間
3	102/3/2	一品書店	LINUX 指令參考手冊	NT$550	25	☐	
4	102/3/5	福纖書店	HTML網頁設計實務	NT$480	15	☐	先各 5 本應急,其餘後補
5	102/3/6	風尚書店	Flash 中文版躍動的網	NT$620	30	☑	
6	102/3/6	八維書店	Flash 中文版躍動的網	NT$620	55	☐	
7	102/3/7	十全書店	Windows 使用手冊	NT$550	20	☐	用郵寄方式,在 10 號前寄書達
8	102/3/8	福纖書店	PCDIY Norton Ghost玩	NT$300	50	☑	
9	102/3/10	無印書店	LINUX 指令參考手冊	NT$550	25	☐	
10	102/3/10	一品書店	HTML網頁設計實務	NT$480	15	☐	向陳小姐收款
11	102/3/13	風尚書店	Flash 中文版躍動的網	NT$620	30	☑	
12	102/3/15	福纖書店	HTML5 網頁製作教	NT$580	55	☑	
13	102/3/17	十全書店	PCDIY 顯輝選購,組裝	NT$450	22	☐	先送 10 本到總店
14	102/3/20	風尚書店	PCDIY Norton Ghost玩	NT$300	50	☐	

表格式表單

書籍訂單 (對齊式)

訂單序號	日期	客戶名稱	書籍名稱	單價	數量
1	102/3/1	一品書店	Internet 協定觀念與實作	NT$560	

是否付款 ☑

備註
送貨時順便作一下市場調查
03/10周董為式
12 日前送貨

訂單序號	日期	客戶名稱	書籍名稱	單價	數量
2	102/3/1	無印書店	PCDIY Norton Ghost 玩家實戰	NT$300	

是否付款 ☑

備註
向珠主任詢問付款時間

訂單序號	日期	客戶名稱	書籍名稱	單價	數量
3	102/3/2	一品書店	LINUX 指令參考手冊	NT$550	

是否付款 ☐

備註

訂單序號	日期	客戶名稱	書籍名稱	單價	數量
4	102/3/5	福隆書店	HTML網頁設計實務	NT$480	

是否付款 ☐

備註
先寄 5 本應急, 其餘後補

訂單序號	日期	客戶名稱	書籍名稱	單價	數量
5	102/3/6	風尚書店	Flash 中文版躍動的網頁	NT$620	

是否付款 ☑

備註

訂單序號	日期	客戶名稱	書籍名稱	單價	數量
6	102/3/6	八總書店	Flash 中文版躍動的網頁	NT$620	

是否付款

備註

對齊式表單

7-4 利用『報表精靈』來建立報表

以上介紹的都是套用固定的格式來列印,所以印出來的報表略嫌呆板,而且無法做其他的變化! 例如我們想要將每本書籍的銷售量,依照月份來分組列印出來:

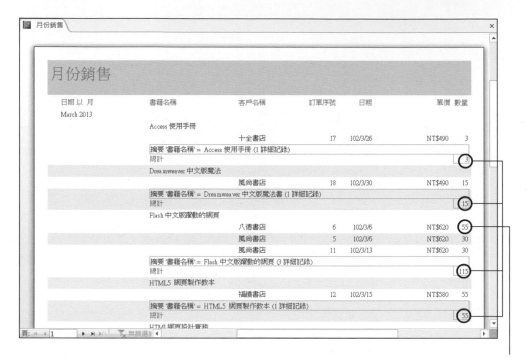

每本書當月的銷售量

那麼就非得使用『報表』(Report) 功能了。在報表中,可加入任意的文字及圖案、設定每個欄位的列印位置、將資料分組並做加總或平均等的計算。總之,它是非常有彈性的,可以讓您輕鬆地設計出精美且可讀性高的報表來。

接下來,就用『報表精靈』來為**書籍訂單**資料表建立一個月份銷售報表。請重新匯入 "Ch07 範例資料.accdb" 中的**書籍訂單**資料表到**旗標**資料庫中,然後依下列步驟來做。

1. 選擇要顯示的欄位

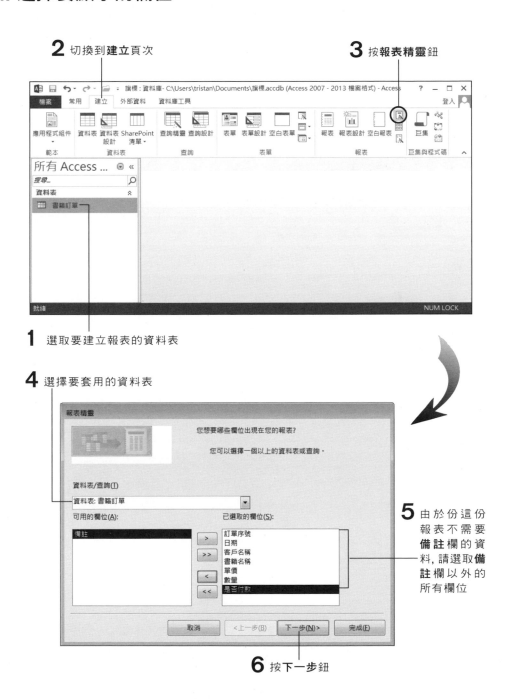

2 切換到**建立**頁次

3 按**報表精靈**鈕

1 選取要建立報表的資料表

4 選擇要套用的資料表

5 由於這份報表不需要**備註**欄的資料,請選取**備註**欄以外的所有欄位

6 按**下一步**鈕

2. 依項目分組

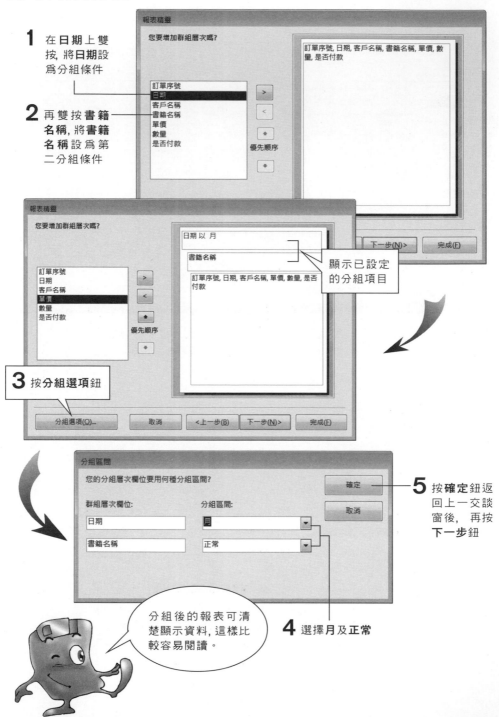

1 在**日期**上雙按, 將**日期**設為分組條件

2 再雙按**書籍名稱**, 將**書籍名稱**設為第二分組條件

3 按**分組選項**鈕

5 按**確定**鈕返回上一交談窗後, 再按**下一步**鈕

4 選擇**月**及**正常**

顯示已設定的分組項目

分組後的報表可清楚顯示資料, 這樣比較容易閱讀。

3. 設定記錄排序與摘要資訊

1 請選擇以**客戶名稱**來排序

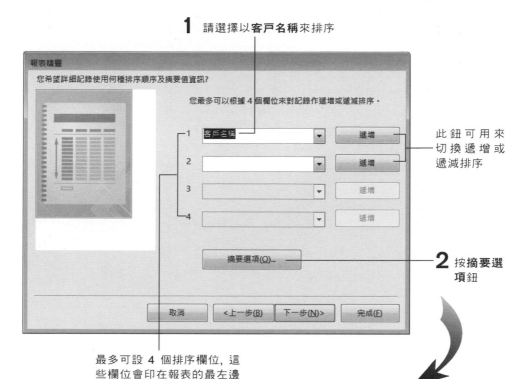

此鈕可用來切換遞增或遞減排序

2 按**摘要選項**鈕

最多可設 4 個排序欄位, 這些欄位會印在報表的最左邊

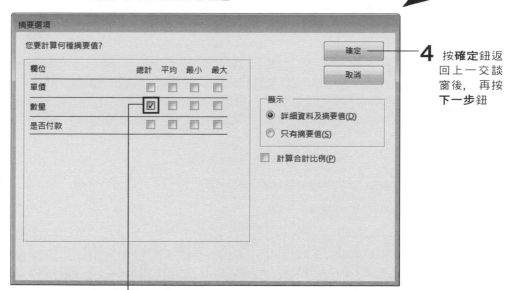

4 按**確定**鈕返回上一交談窗後, 再按**下一步**鈕

3 勾選此項目做分組數量總合的計算

4. 設定版面配置與樣式

1 選擇此項 (您也可選其他項目看看, 左側的預覽框會顯示出大略的配置圖)

2 由於欄位多, 所以請選用**橫印**方式

3 設定此項

4 按**下一步**鈕

5. 設定報表的標題並預覽

1 以 "月份銷售" 為名

2 選此項表示建好之後我們要預覽報表

3 按**完成**鈕, 稍待一會兒

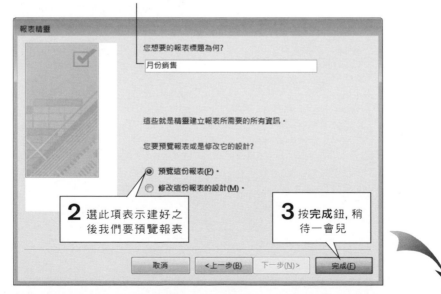

報表設計視窗

利用報表精靈製作出報表後, 您可能會對其外觀覺得不夠滿意。例如上圖, 其**書籍名稱**欄位的寬度不夠, 導致書名無法完整顯示出來。若是在電腦上觀看報表, 還可以移動指標看到完整的書名, 若是要列印出來, 這份報表恐怕無法令人滿意。這是因為報表精靈的主要任務是幫我們做出一個架構 (這通常是最花時間的部份), 因此細節的部份就需要切換到報表設計視窗, 自行調整報表的版面:

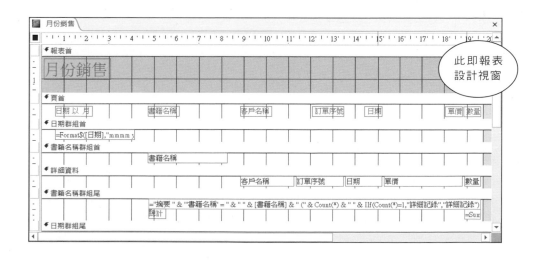

TIP 按**檢視**區的**檢視**鈕拉下列示窗, 執行 『**設計檢視**』 命令可切換到報表設計視窗。

關於報表設計窗的各項操作及功能介紹, 將於第 14 章詳細介紹。

在 "CH07 範例資料(完成)" 中的**月份銷售**報表已經由調整過版面, 請您將該報表匯入**旗標**資料庫中, 以下我們會以這份報表為您介紹報表的結構。

7-5 如何看懂報表的結構

接著要為您詳細說明這份報表的結構安排:

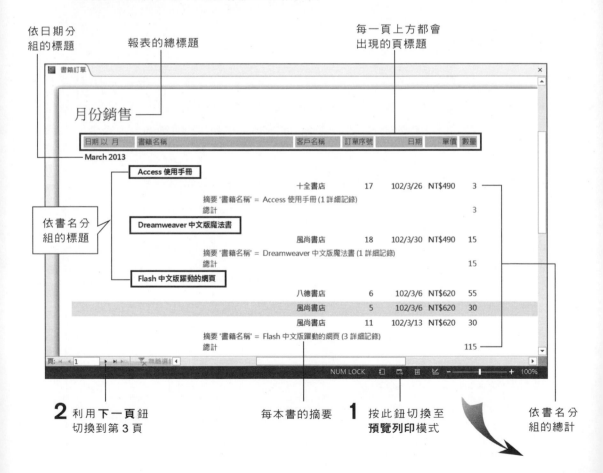

本月有多少筆記錄

本月份的總計

依月份 (3 月份) 分組的摘要

依日期 (4 月份) 分組的標題

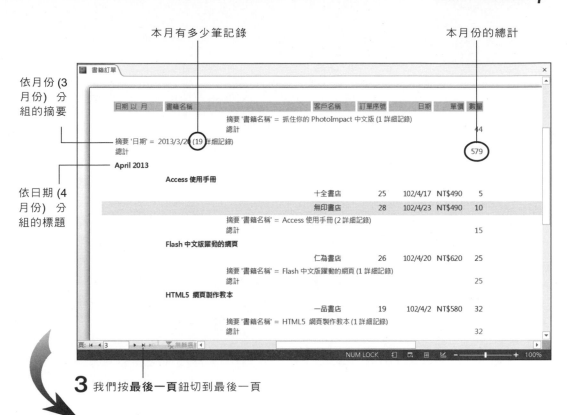

3 我們按**最後一頁**鈕切到最後一頁

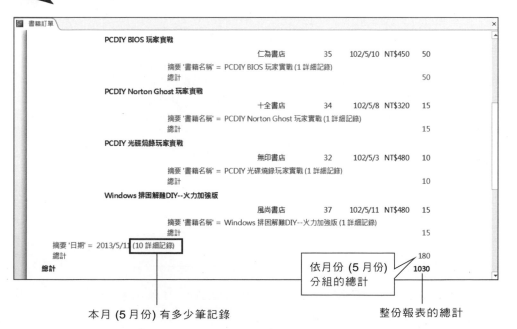

本月 (5 月份) 有多少筆記錄

依月份 (5 月份) 分組的總計

整份報表的總計

7-6 快速建立報表

除了使用上節介紹的報表精靈建立報表外, Access 還提供了一個快速建立報表功能, 讓我們可以在快速地建立一個簡單的報表。

請將功能窗格切換至**所有 Access 物件**項目, 接著如下操作:

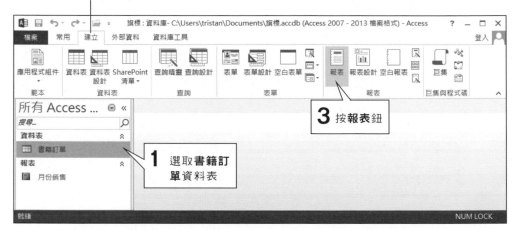

2 切換到**建立**頁次

3 按**報表**鈕

1 選取**書籍訂單**資料表

Access 馬上就根據選取的資料表來產生一個簡單報表, 並開啟**版面配置檢視**視窗供我們修改

這個報表的格式非常簡單, 完全是依照資料表的欄位所做出來的, 我們只要稍做修改 (例如加上標題、頁碼等), 便可以直接使用了。

當您關閉這個報表視窗時, Access 會詢問是否要將該報表存檔:

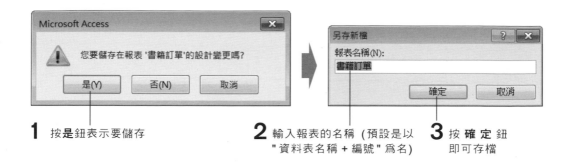

1 按**是**鈕表示要儲存

2 輸入報表的名稱 (預設是以 "資料表名稱 + 編號" 爲名)

3 按 **確 定** 鈕 即可存檔

TIP 您也可以按**檔案**鈕執行『**儲存檔案**』命令, 即會開啓同樣的視窗供您存檔, 但並不會關閉目前的視窗。

7-7 利用快速存取工具列啓動列印功能

如果常常用到**列印**或**預覽列印**的功能, 我們可以將相關的鈕按新增到快速存取工具列中。操作方法如下:

1 按此鈕拉下列示窗

按鈕新增完成

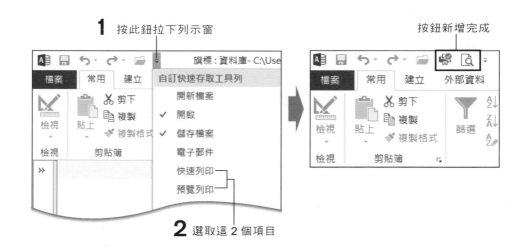

2 選取這 2 個項目

在快速存取工具列新增了列印及預覽列印鈕後,爾後要列印各種資料表、報表...
等,都相當地方便。以下為介紹各種物件的列印方式:

● **快速列印或預覽列印資料表**

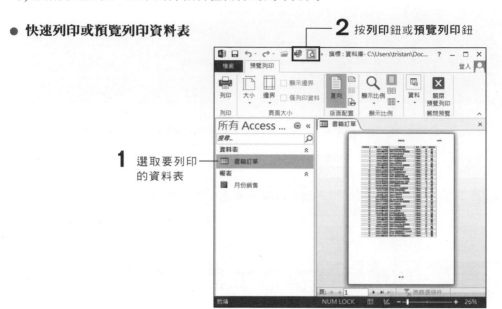

2 按列印鈕或預覽列印鈕

1 選取要列印
的資料表

當我們利用上述的方法來列印時,先前對該資料表所做的任何**篩選**設定並不會反
應在印出的文件中。這是因為**篩選**設定雖然和欄位隱藏、搬移、排序等設定一樣,可
以儲存在資料表之中,但每當我們重新開啟**資料工作表**視窗時,**篩選**功能並不會自
動生效,而必須按**套用篩選**鈕後才會生效。

● **快速列印或預覽列印表單**

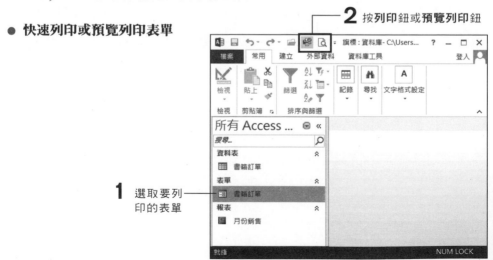

2 按列印鈕或預覽列印鈕

1 選取要列
印的表單

● **快速列印或預覽列印報表**

2 按**列印**鈕或**預覽列印**鈕

1 選取要列印的報表

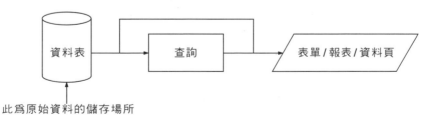

報表的資料哪裡來？

　　請注意！當您儲存報表時, 並不是將報表中看到的資料都儲存在報表, 而只是儲存報表的結構及屬性而已。

　　其實所有的資料都是儲存在**資料表**中, 而無論是**表單**、**報表**或是在後面章節會介紹的**查詢**和**資料頁**, 它們都只是提供不同的介面, 用來將資料表中的資料取出來供我們檢視或編輯：

```
  ┌─────┐         ┌──────┐         ╱──────────────────╲
  │資料表│ ───────→│ 查詢 │ ───────→│ 表單 / 報表 / 資料頁 │
  └─────┘         └──────┘         ╲──────────────────╱
     ↑
 此為原始資料的儲存場所
```

　　因此, 若您將作為來源的資料表刪除或變更名稱, 那麼開啟該報表時便會出現錯誤訊息。

MEMO

8

建立關聯式資料庫

- 收集完整的資料集並轉成欄位
- 設計不良的資料表會造成什麼問題
- 分割資料表
- 認識關聯式資料庫
- 資料關聯的種類
- 使用『資料表分析精靈』來分析或分割現有資料表

本章的重點是經由介紹何謂關聯性資料庫, 進而引導各位設計出一個方便使用、正確又有效率的資料庫, 其內容包括以下幾點:

● 收集完整的資料集且去蕪存菁, 並將之轉成資料表的欄位

● 看一個錯誤示範所造成的問題

● 資料表要怎樣做最佳化的分割

● 什麼是『關聯式資料庫』?

● 資料表間的關聯有哪幾種?

● 使用『資料表分析精靈』來分析或分割現有資料表

8-1 收集完整的資料集並轉成欄位

經由前面幾章的介紹, 不難發現在 Access 中建構簡單的資料庫系統, 例如通訊錄、名片管理等, 其實非常容易。無論是資料表、表單、報表等, 都可以透過精靈或視覺化的設計工具來快速產生。

但是當我們面對一個比較複雜的系統時, 事前的資料庫規劃就顯得非常重要了。例如您要設計一個**人事薪資**系統, 那麼面對各類的員工資料、職級、薪資、出勤、休假、獎金、勞健保等資料, 就需要仔細考量了。

我們一般在規劃資料庫時, 通常都會依照下面兩個步驟來進行:

1. 收集完整的資料集 (complete set) 並轉換成欄位的形式。

2. 將這些欄位做適當的分類後, 歸入不同的資料表中並建立彼此的關聯。

在本節中, 我們先介紹第 1 個步驟。至於第 2 個步驟, 留到 8-2 節以後再陸續詳細解說。

收集必要而完整的資料項目

在設計資料庫之前, 我們應該先收集所有需要存入資料庫的資料, 以建立一個完整的資料集。若資料庫中的資料不完整, 那麼就無法對使用者提供充份的資訊了。例如在一個訂單系統中, 若沒有產品的**訂價**或**訂購數量**等資料項目, 就無法算出貨品的總價了。

因此, 資料庫設計的先決條件, 就是要將必要且完整的資料存入資料庫中！另外, 不同的應用系統所需的資料項目是不同的, 例如圖書館系統和零售商銷貨系統所需的資料就完全不一樣。所以我們的目的, 就是要將所有 "必要" 的資料項目, 都 "完整" 地收錄於資料庫中。

 收集資料項目最快、最有效率的方法, 就是從現有的各種手寫表單來尋找。通常這些表單中的項目, 即是我們需要的資料項目。

將資料項目轉成資料表的欄位

收集好完整的資料集後, 我們先將重複的資料過濾掉以免浪費空間, 然後便可開始將之轉成資料表的欄位了。底下以我們前面使用的**書籍訂單**系統為例, 其實體訂單如下所示：

訂單編號: 20　　**日期:** 102/03/05
客戶名稱: 一品書店
書籍名稱: 抓住你的 PhotoImpact 中文版
單價: 490 元
數量: 12 本
是否付款: 否

我們由實體訂單的內容決定要建立的欄位及每個欄位的資料類別、特性,最後再將其轉換成資料表:

書籍訂單資料表

欄位名稱	欄位資料類型	資料長度
訂單序號	自動編號	
日期	日期／時間	
客戶名稱	簡短文字	20 個字元
書籍名稱	簡短文字	30 個字元
單價	貨幣	
數量	數字 (整數)	
是否付款	是／否	
備註	長文字	

TIP 這個資料表的結構其實還需要再修正,才能達到最佳化的存取效率。

8-2 設計不良的資料表會造成什麼問題

我們在前面所使用的**書籍訂單**資料表,其實並不是一個很好的設計,因為在實際使用時可能會面臨到許多的問題:

訂單序號	日期	客戶名稱	書籍名稱	單價	數量	是否付款	備註
1	102/3/1	一品書店	Internet 協定觀念與實作	NT$560	20	✔	送貨時順便作一下市場調
2	102/3/1	無印書店	PCDIY Norton Ghost 玩家實戰	NT$300	50	✔	向孫主任詢問付款時間
3	102/3/2	一品書店	LINUX 指令參考手冊	NT$550	25		
4	102/3/5	福讀書店	HTML網頁設計實務	NT$480	15		先拿 5 本應急,其餘後補
5	102/3/6	風尚書店	Flash 中文版躍動的網頁	NT$620	30	✔	
6	102/3/6	八德書店	Flash 中文版躍動的網頁	NT$620	55		
7	102/3/7	十全書店	Windows 使用手冊	NT$550	20		用郵寄方式,有10號前要
8	102/3/8	福讀書店	PCDIY Norton Ghost 玩家實戰	NT$300	50	✔	
9	102/3/10	無印書店	LINUX 指令參考手冊	NT$550	25		
10	102/3/10	一品書店	HTML網頁設計實務	NT$480	15		

此為之前所使用的**書籍訂單**資料表

● **客戶名稱欄**：您每次都必須辛苦地輸入完整的書店名稱, 而且萬一打錯字也不知道 (例如『一品』打成『壹品』), 這時就會造成資料查閱或計算的錯誤, 而且又很難去找出這個錯誤 (假設已經有一萬筆資料了, 您要怎麼找呢？)。

● **書籍名稱欄**：這裡的問題和**客戶名稱**欄一樣, 而且由於書籍名稱較長, 所以打錯字的機會也更大。

● **單價欄**：由於每本書的單價都是固定的, 真有需要每次都輸入單價嗎？而且萬一同一本書輸入了不同的單價, 那可就天下大亂了。

● 如果我們想要將客戶的地址、電話也記錄在資料表中, 以方便聯絡, 那麼要將這些新欄位也插入到目前的資料表中嗎？但這樣一來, 以後在輸入訂單時, 都要一再輸入重複的資料, 這樣做合理嗎？

　　以上看到的都只是很明顯的問題, 若再由 "系統效益" 來看, 重複鍵入資料, 不僅操作的人累, 而且還會浪費許多的電腦資源, 例如佔用較多的儲存空間、減緩搜尋速度等, 所以一個設計不良的資料庫還真是 "損人不利己" 呢！

　　那麼, 要怎麼樣才能夠將這樣的資料表做最佳的規劃呢？方法很簡單, 那就是分割資料表。

8-3　分割資料表

　　如果您以前學過有關資料庫方面的課程, 那麼應該對資料表的『正規化理論』(Normalization Theory) 不陌生。而這個理論就是分割資料表的最佳利器。不過, 由於正規化理論解釋起來比較枯燥、又不容易了解, 所以我們改用另一種比較直覺的方式, 來教各位分割資料表。首先, 我們來看看目前**書籍訂單**資料表的結構：

```
┌──────────────┐
│  書籍訂單     │
├──────────────┤
│  訂單序號     │
│  日期        │
│  客戶名稱     │
│  書籍名稱     │
│  單價        │
│  數量        │
│  是否付款     │
│  備註        │
└──────────────┘
```

為了方便說明, 我們只將重要的欄位列出如下:

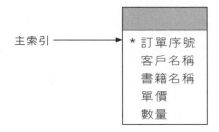

以下我們分為 3 個主題來說明:

1. 分割『與主索引無關』的欄位

2. 分割『欄位值一再重複』的欄位

3. 判斷欄位是否真的需要分割

1. 分割『與主索引無關』的欄位

前面說過, 每一個資料表都應該要有一個主索引, 而這個主索引的值可以做為整筆記錄的代表 (也就是說, 記錄中的每一個欄位都相依於主索引)。然而, 若是在其他欄位之間也有類似主索引的關係, 且具有更強的相依性, 以致當某個欄位的值被修改時, 也必須同時去修改另一個相關的欄位, 此時便需要分割。例如:

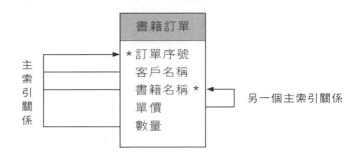

我們可看出在這個資料表中,每一筆訂單會包括數個欄位。但是我們發現到,**單價**是由**書籍名稱**所決定的,而非由**訂單序號**來決定(即**單價**不會因為**訂單序號**不同而改變),因此**單價**與**書籍名稱**有更強的相關程度,反而與**訂單序號**主索引沒關係。因此,我們應該將**書籍名稱**、**單價**二欄分割出來,成為另外一個資料表:

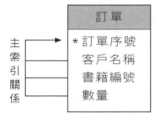

訂單序號	日期	客戶名稱	書籍編號	單價	數量
1	102/4/2	一品書店	5	490	50
2	102/4/13	無印書店	6	550	20
3	102/4/15	一品書店	9	560	30
4	102/4/18	福讀書店	4	450	15
5	102/4/18	風尚書店	1	480	20
6	102/5/5	福讀書店	10	500	60

訂單(8-3_1)

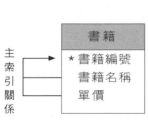

書籍(8-3_1)

書籍編號	書籍名稱	單價
1	PCDIY 電腦選購.組裝.維護	NT$450.00
2	Dreamweaver 中文版魔法書	NT$490.00
3	HTML 網頁設計實務	NT$480.00
4	Excel 使用手冊	NT$450.00
5	FrontPage 魔法書	NT$500.00
6	Flash 中文版躍動的網頁	NT$520.00

單價是隨書籍名稱而定

在分割時, 我們多加了一個**書籍編號**做為中介欄位, 因此在訂單中要查詢所訂的**書籍名稱**及**單價**時, 可以依照**書籍編號**到**書籍**資料表中尋找:

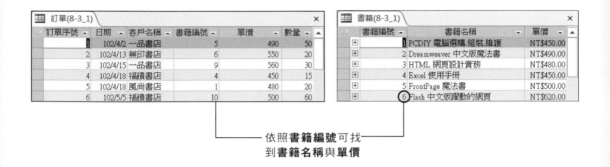

依照**書籍編號**可找
到**書籍名稱**與**單價**

以 "編號" 做為主索引有許多好處, 例如:

1. 當您發現在**書籍**資料表中的書名打錯了, 直接改正即可, 而不必再去更改**訂單**資料表。

2. 由於編號欄的長度短, 所以做為**書籍**資料表的主索引, 可以節省索引資料所佔的空間, 並加快搜尋速度。

2. 分割『欄位值一再重複』的欄位

將**書籍訂單**資料表分割成二個之後, 就可以大幅減少一再輸入重複的書名、單價資料的時間, 也可避免發生同一個書名卻輸入不同單價的情形了。不過, 在新的**訂單**資料表中還有一個問題, 那就是**客戶名稱**欄也是要一再輸入重複的值 (客戶總是那幾家), 所以還是很麻煩, 而且萬一打錯字了還會被老闆修理!

當某欄位中的資料值只有幾種, 而且會一再重複出現時 (例如**客戶名稱**欄), 那我們就可以考慮將之分割出去:

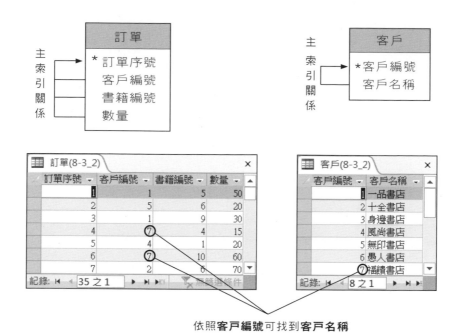

依照**客戶編號**可找到**客戶名稱**

這樣一來, 當我們只想看看目前有哪些客戶時, 只要開啟**客戶**資料表便一目了然了。另外, 若是客戶的名稱改了, 或是又有新的客戶加入, 也只須在**客戶**資料表中做更改即可。

我在輸入訂單時, 怎麼記得客戶、書籍的編號是多少呀。

Don't worry！下一章會教您用 "查閱" 的方式來輸入。

3. 判斷欄位是否眞的需要分割

在分割資料表時, 當然也不能矇著眼睛隨意分割, 還是必須視實際的情況來判斷是否有分割的必要。請看看下面這個**通訊錄**資料表:

雖然**性別**欄也會一再出現重複的資料, 但它只有 "男"、"女" 二項可選, 而且欄位長度很短, 那麼是不是需要再將之分割出去, 就有待考慮。另外, **郵遞區號**的值其實是由**地址**欄決定的, 而與**編號**主索引的關係不大, 但由於**地址**欄的值重複出現的機率低, 因此我們也不必自找麻煩地將之分割出去了。

8-4 認識關聯式資料庫

所謂『關聯式資料庫』(relational database) 的 "關聯", 是指藉由資料表的行與列關係, 來找出資料的方法。例如我們想從下圖查『 Windows 使用手冊 』的價格, 就可由橫的一列 (記錄) 與縱的一行 (欄位), 交叉之處即是兩者的關聯:

書籍名稱	單價	ID
⊞ PCDIY 電腦選購.組裝.維護	NT$450.00	1
⊞ Dreamweaver 中文版魔法書	NT$490.00	2
⊞ HTML 網頁設計實務	NT$480.00	3
⊞ Excel 使用手冊	NT$450.00	4
⊞ FrontPage 魔法書	NT$500.00	5
⊞ Flash 中文版躍動的網頁	NT$620.00	6
⊞ Windows 使用手冊	NT$550.00	7
⊞ PCDIY 光碟燒錄玩家實戰	NT$480.00	8

此即爲行與列關聯而得的資料

　　除了每一個資料表中行與列的關聯之外, 數個資料表之間也可以因為欄位的關係
而產生關聯性, 例如:

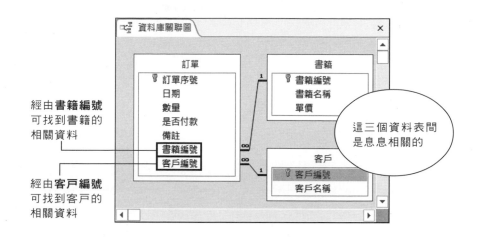

經由**書籍編號**
可找到書籍的
相關資料

經由**客戶編號**
可找到客戶的
相關資料

這三個資料表間
是息息相關的

　　由上面的例子我們可以看出, "關聯" 必須經由二個資料表中相同意義、相同資
料類型的欄位來實現 (但欄位名稱不一定要相同, 雖然我們通常會設為相同), 例如
書籍編號或**客戶編號**。以下是另外 2 個 "關聯" 的例子:

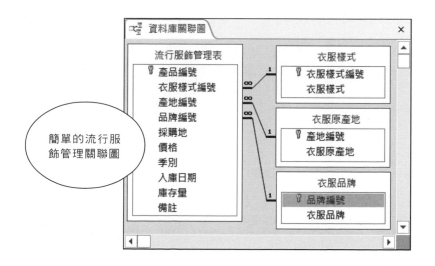

簡單的流行服
飾管理關聯圖

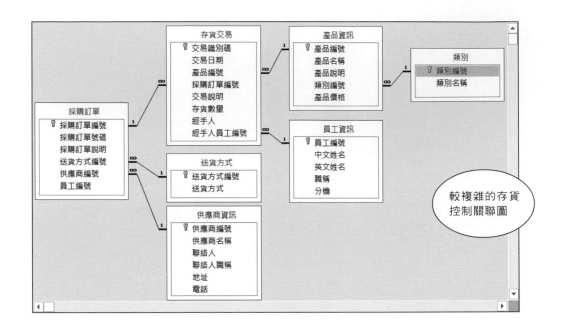

較複雜的存貨控制關聯圖

也許有人會說：『我直接使用 Excel 的試算表, 也可以做成資料庫！』其實這個觀念是不正確的, 因為在 Excel中, 我們無法建立『試算表之間的關聯性』。所以, 關聯式資料庫的強大資料處理功能是完全來自於**關聯**二字, 也就是先將一堆複雜的資料分類存放, 然後再 "建立關聯性" 將資料連接起來, 並靈活應用。

8-5 資料關聯的種類

資料表間的關聯有 "一對多" 與 "一對一" 二種, 以下我們分別討論。

一對多關聯

這是最常見的一種關聯, 用來表示在某資料表中的一筆記錄, 可以對應到另一資料表中的多筆記錄。例如：

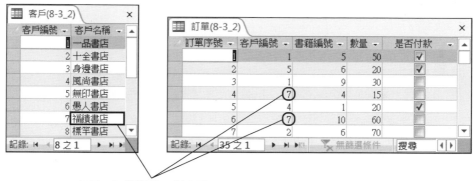

客戶、訂單間的一對多關聯

在**客戶**資料表中每個客戶都只有一筆記錄, 但可以對應到**訂單**資料表中的多筆記錄, 這便是一對多的關聯。利用這種關聯, 我們可以得到以下的好處：

● 從客戶資料中, 可找出任一個客戶的所有訂單資料。

● 從訂單資料中, 可找出該訂單所屬客戶的相關資料。

一對一關聯

一對一關聯是指在某資料表中的一筆記錄, 只能對應到另一資料表中的一筆記錄。例如對『員工資料』來說, 我們可以將之分為 "可公開" 與 "機密" 二類, 然後分別存放在二個資料表中：

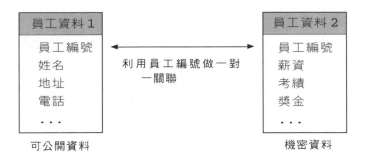

這樣一來, 在平時只需要用到 "可公開" 的資料, 若有特殊需要時, 例如計算這個月的薪資, 那麼就可以利用一對一關聯, 由這二個資料表中找出員工的完整資料了。

 『多對多』關聯?

我們前面介紹了 "一對一" 及 "一對多" 關聯, 那麼應該也有 "多對多" 關聯才對。沒錯, 的確有 "多對多" 的關聯。例如 "書籍" 與 "客戶" 之間, 書籍可以賣給不同的客戶, 而客戶也可以買許多不同的書, 它們之間就是『多對多』的關係。

然而, 由於多對多關聯在處理資料時會很混亂, 所以我們通常不會讓他們產生直接的關聯, 而會在這二個資料表之間再加入一個中介資料表 (例如訂單) 來隔開兩者:

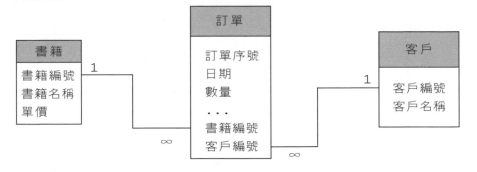

換句話說, 我們是用二個 "一對多" 關聯及一個中介資料表來解決 "多對多" 的問題。

8-6 使用『資料表分析精靈』來分析或分割現有資料表

　　前面所談的, 都是在規劃資料庫時的注意事項。不過, 如果我們已經建立好資料庫, 並且也使用了一段時間, 此時還能不能將資料庫的關聯性補強一下？答案是可以的。只要利用**資料表分析精靈**即可輕鬆辦到。

　　資料表分析精靈是個非常聰明的小幫手, 它可以處理已儲存資料的資料表, 其服務項目包括：

1. 分析目前資料表中有哪些欄位應該分割出來, 以加強資料庫的效能。

2. 讓您決定使用 "自動" 或 "手動" 的方式分割資料表, 並建立雙方的關聯。

3. 幫您處理資料表分割後的 "善後" 問題 (例如讓先前已經設計好的畫面、報表仍然可用)。

　　我們希望將**書籍訂單**資料表先分割成 3 個資料表, 並且建立它們之間的關聯, 如下所示：

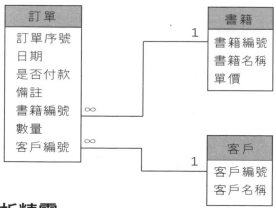

使用資料表分析精靈

　　接下來, 我們就要實際使用資料表分析精靈來分割**書籍訂單**資料表了(如果您目前的資料庫中沒有這個資料表, 請將 "Ch08範例資料.accdb" 中的**書籍訂單(Ch08)**資料表匯入, 並改名為**書籍訂單**)。

A. 執行精靈來做分析

首先我們要執行**資料表分析精靈**, 請精靈幫我們做分析, 並提出分割資料表的建議:

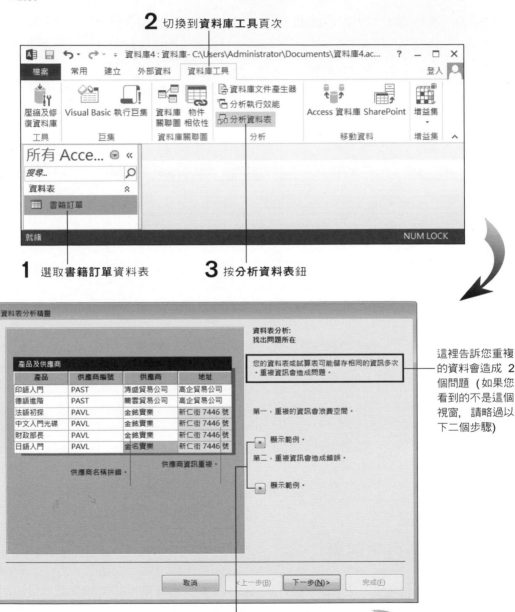

2 切換到**資料庫工具**頁次

1 選取**書籍訂單**資料表

3 按**分析資料表**鈕

這裡告訴您重複的資料會造成 2 個問題 (如果您看到的不是這個視窗, 請略過以下二個步驟)

按任一個鈕即可開啟詳細的範例說明視窗

按**下一步**鈕

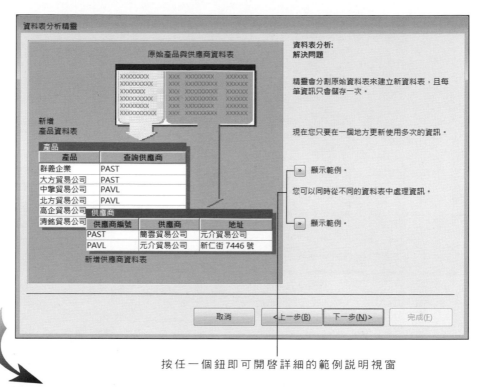

按下一步鈕

按任一個鈕即可開啟詳細的範例說明視窗

注意這裡的說明

4 在此選擇要分析或分割的資料表

按下一步鈕

此多選鈕決定在下次執行本精靈時, 是否要出現前面二個用來說明的畫面

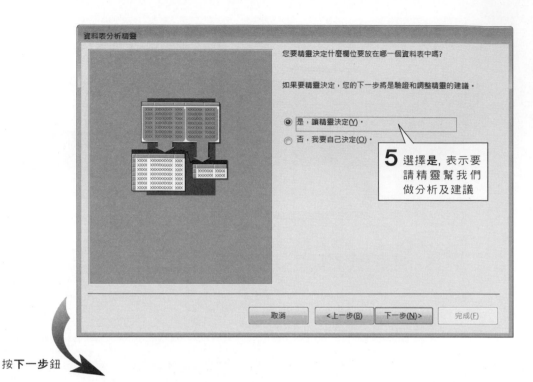

5 選擇是, 表示要
請精靈幫我們
做分析及建議

按下一步鈕

代表"一"的一方

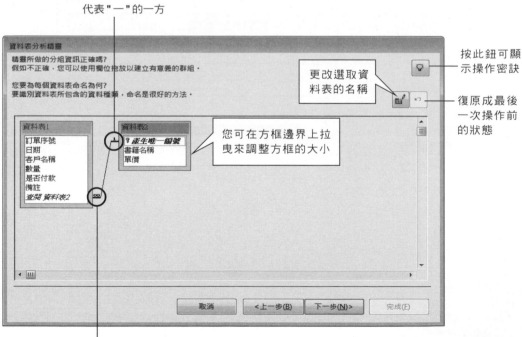

按此鈕可顯
示操作密訣

更改選取資
料表的名稱

復原成最後
一次操作前
的狀態

您可在方框邊界上拉
曳來調整方框的大小

代表"多"的一方

B. 調整分割的資料表

接著,您可以指定分割後新資料表的名稱,並用手動方式分割資料表:

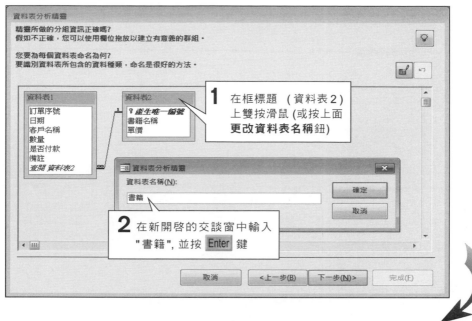

1 在框標題 (資料表 2) 上雙按滑鼠 (或按上面 **更改資料表名稱**鈕)

2 在新開啟的交談窗中輸入 "書籍",並按 Enter 鍵

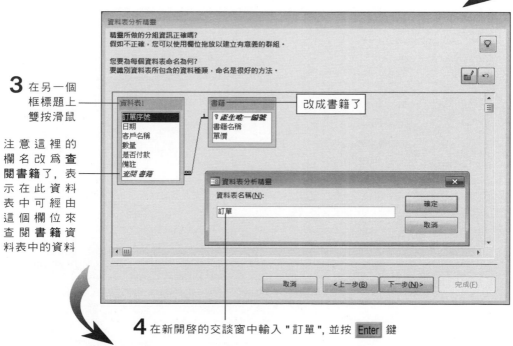

3 在另一個 框標題上 雙按滑鼠

注意這裡的 欄名改為**查 閱書籍**了,表 示在此資料 表中可經由 這個欄位來 查閱**書籍**資 料表中的資料

改成書籍了

4 在新開啟的交談窗中輸入 "訂單",並按 Enter 鍵

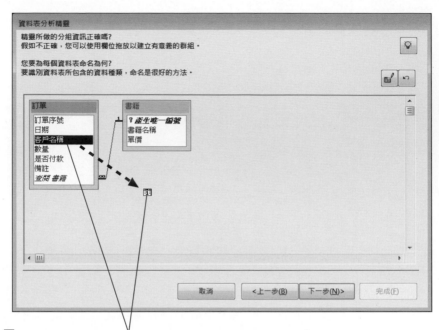

5 選取**客戶名稱**欄並拉曳到視窗的空白處放開

6 在新開啟的交談窗中輸入 "客戶", 並按 Enter 鍵

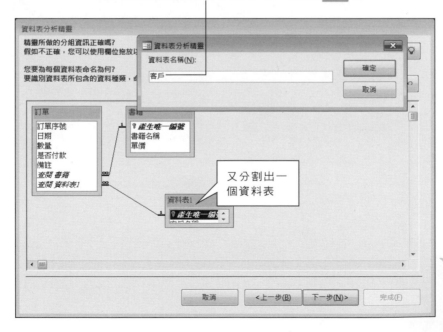

又分割出一
個資料表

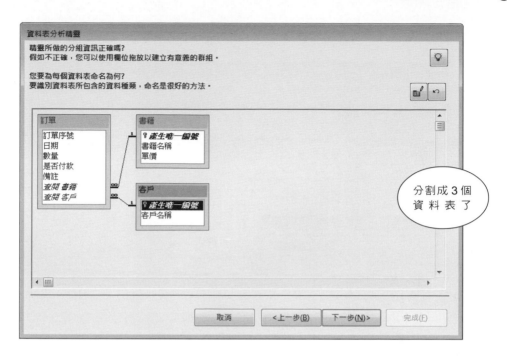

完成之後, 請按**下一步**鈕, 進入下一個交談窗。

C. 設定各資料表的主索引

用精靈來分割資料表時, 精靈會自動在新資料表中加入一個具有『產生唯一編號』的欄位, 以做為關聯欄位並設為主索引。如果不想加入這個欄位, 只要把主索引設成其他欄位即可, 精靈會自動將新增的欄位移除。

設定主索引的方法, 就是先選取要設定的欄位, 然後按交談窗右上方的按鈕:

此鈕會設定選取　　　　　　　　　　　　按此鈕會請精靈幫我們
的欄位為主索引 —————  ————— 加入一個『產生唯一編
　　　　　　　　　　　　　　　　　　　號』的欄位做為主索引

例如我們在**客戶**資料表中若要將主索引改為**客戶名稱**欄,則可這樣做:

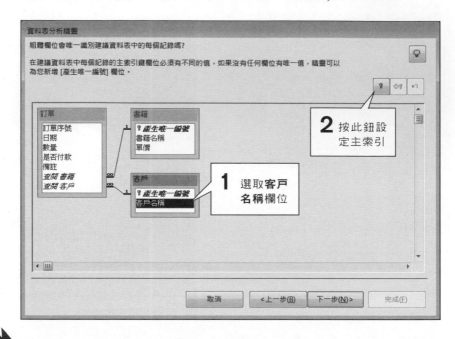

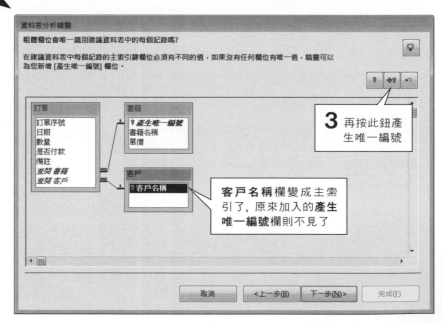

以上的步驟只是讓您做練習, 其實並沒有變動原來的索引設定。接著, 請練習將 **訂單**資料表中的**訂單序號**設為主索引, 並按**下一步**鈕:

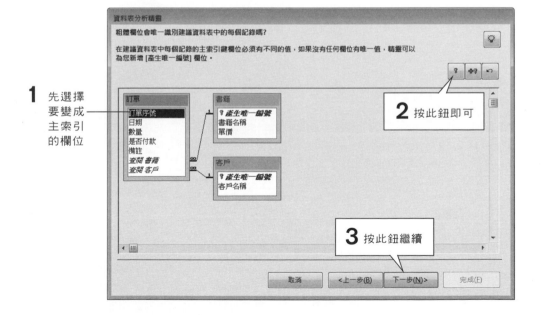

1 先選擇要變成主索引的欄位

2 按此鈕即可

3 按此鈕繼續

TIP 如果對資料表的分割反悔了, 沒關係! 您隨時可以按**上一步**鈕回到前面去做修改。

D. 更正資料表內的錯誤資料

　　精靈除了可以分析及分割資料表、設定主索引及關聯外,還會幫您檢查資料表的內容,找出有可能是輸入錯誤的資料,並將之列出,讓您決定是否要將所有同樣的錯誤都更正:

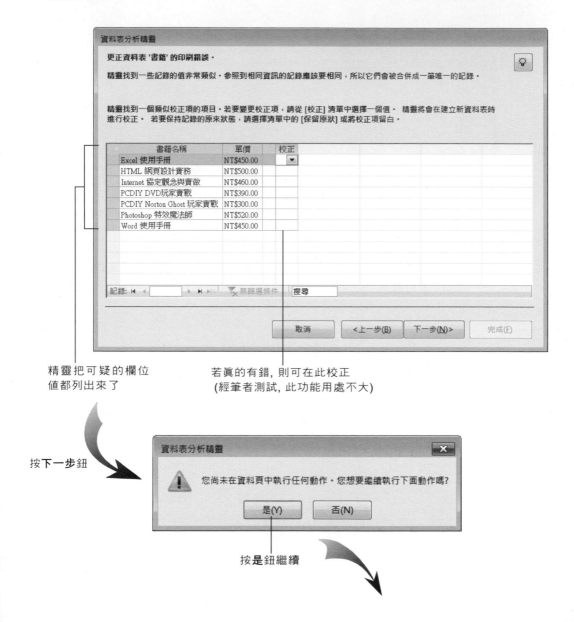

精靈把可疑的欄位值都列出來了

若真的有錯, 則可在此校正
(經筆者測試, 此功能用處不大)

按下一步鈕

按是鈕繼續

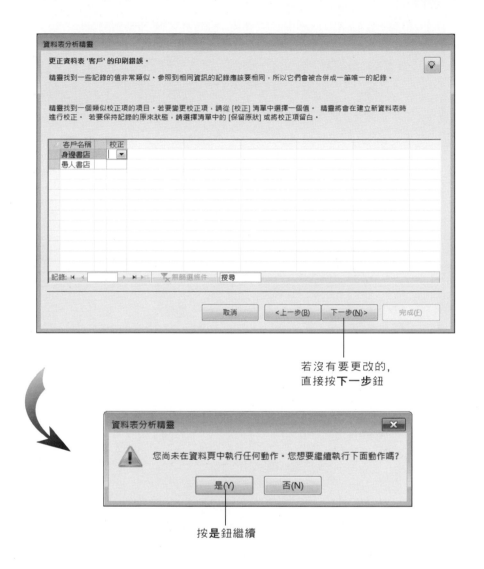

若沒有要更改的,
直接按**下一步**鈕

按**是**鈕繼續

E. 是否要為原資料表製造一個替身

在產生分割資料表時, 可選擇是否要產生一個原資料表的查詢 (我們在下一章會詳細介紹)。若是要產生查詢, 則會建立一個與原資料表同名且資料內容相同的查詢, 並在原資料表的名稱後面加上 "_舊", 例如 "書籍訂單_舊"。若不產生查詢, 則仍保留原資料表:

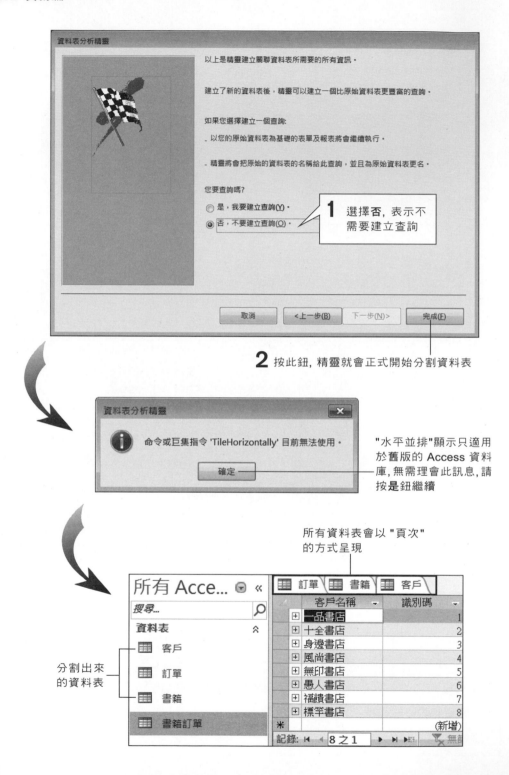

資料表分析精靈

以上是精靈建立關聯資料表所需要的所有資訊。

建立了新的資料表後,精靈可以建立一個比原始資料表更豐富的查詢。

如果您選擇建立一個查詢:

- 以您的原始資料表為基礎的表單及報表將會繼續執行。

- 精靈將會把原始的資料表的名稱給此查詢,並且為原始資料表更名。

您要查詢嗎?

○ 是,我要建立查詢(Y)。

● 否,不要建立查詢(O)。

1 選擇**否**,表示不需要建立查詢

取消　　　< 上一步(B)　　　下一步(N)>　　　完成(F)

2 按此鈕,精靈就會正式開始分割資料表

資料表分析精靈

ⓘ 命令或巨集指令 'TileHorizontally' 目前無法使用。

確定

"水平並排"顯示只適用於舊版的 Access 資料庫,無需理會此訊息,請按**是**鈕繼續

所有資料表會以 "頁次" 的方式呈現

所有 Acce...

搜尋...

資料表

客戶

訂單

書籍

書籍訂單

分割出來的資料表

| 訂單 | 書籍 | 客戶 |

客戶名稱	識別碼
⊞ 一品書店	1
⊞ 十全書店	2
⊞ 身邊書店	3
⊞ 風尚書店	4
⊞ 無印書店	5
⊞ 愚人書店	6
⊞ 福讀書店	7
⊞ 標竿書店	8
＊	(新增)

記錄: 8 之 1　無篩

檢視分割後的資料表

此時,我們可以瀏覽一下各資料表的結構及內容。首先來看看**訂單**資料表:

是否付款欄變成以 "-1"、
"0" 來表示 " 是 "、" 否 "

精靈建立的『查閱欄』, 可經
由**書籍編號**到**書籍**資料表中
查出**書籍名稱**及**單價**

精靈建立的『查閱欄』, 可經由**客戶
編號**到**客戶**資料表中查出**客戶名稱**

由於分割出的資料表中並不會保留原來的欄位屬性設定,因此您在上圖的**是否付
款**欄中看到奇怪的資料 (變成以"-1", "0" 來表示"是"、"否")。另外,『查閱欄』
是一種特別的欄位, 可以經由關聯的欄位去查閱到其他資料表中的資料。因此, 我
們在輸入資料時可以拉下列示窗來選取:

按右側的向下箭頭即可
拉下列示窗選取客戶

接下來我們繼續瀏覽其他兩個

資料表：

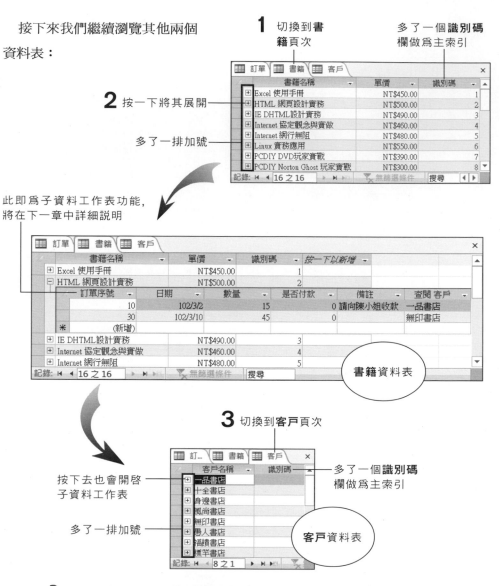

此即為子資料工作表功能，
將在下一章中詳細說明

　　資料表分析精靈只會幫我們分析及分割資料表，在分割完之後，還有許多後續的工作要靠我們自己來完成，例如：檢視各欄位的名稱及屬性是否需要重設或修改、視情況新增或刪除一些欄位、查看並調整各資料表間的關聯等。不過請您不要急著馬上去做，因為其中還有許多觀念尚未介紹，您可以等到看完下一章後再回過頭來做練習。

9

查詢與關聯

- 準備本章的範例資料表
- 什麼是『查詢』？
- 『查詢』的用途
- 以手動方式建立查詢
- 什麼是子資料工作表？
- 認識資料表間的『永久性關聯』
- 善用『查閱欄位』及『查閱精靈』
- 在『資料庫關聯圖』視窗中設定永久性關聯
- 測試設定永久性關聯後的效果

上一章介紹了關聯式資料庫的原理及規劃方法,在本章中則要告訴各位如何利用『查詢』來發揮關聯式資料庫的效能。內容包括:

● 『查詢』是做什麼用的?

● 如何建立簡單的查詢

● 子資料工作表

● 認識資料表間的永久性關聯

● 善用『查閱欄位』及『查閱精靈』

● 在『資料庫關聯圖』視窗中設定永久性關聯

9-1 準備本章的範例資料表

前幾章所使用的**書籍訂單**資料表範例並不適合本章的應用,所以我們又重新規劃了一個新的**書籍訂單**資料庫,在其中建立了 4 個資料表並填入許多的資料,以便做正確的示範。這些資料表的結構及關聯如下圖所示:

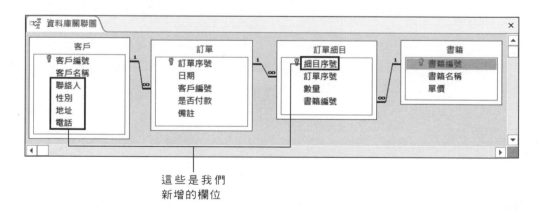

這些是我們
新增的欄位

現在,請讀者另外建立一個新的**書籍訂單**資料庫,然後將書附光碟 "Ch09範例資料.accdb" 中的資料表匯入此資料庫。請在啟動 Access 程式時如下操作:

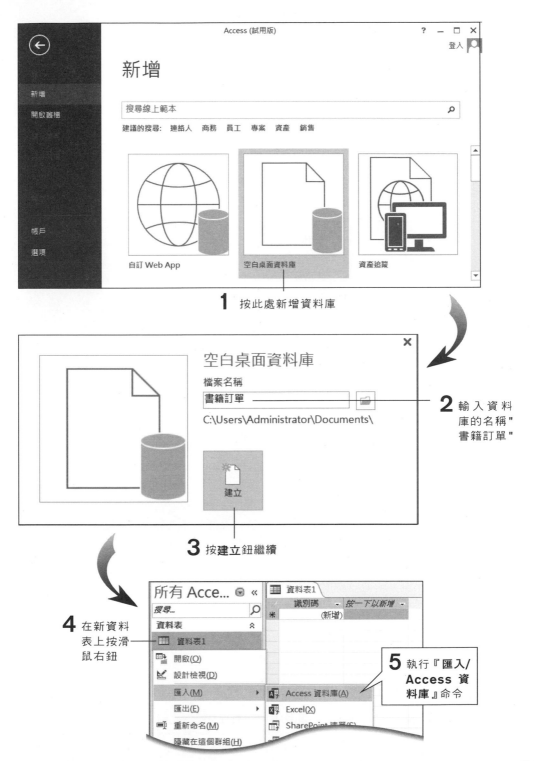

1 按此處新增資料庫

2 輸入資料庫的名稱"書籍訂單"

3 按**建立**鈕繼續

4 在新資料表上按滑鼠右鈕

5 執行『匯入/Access 資料庫』命令

接下來, 請您將 **Ch09 範例資料.accdb** 的 4 個資料表全部匯入。匯入資料表的方式和 4-4 頁的內容相同, 若您不熟悉匯入的方法, 請自行參考該頁。

成功匯入資料表後, 我們所來看看這 4 個資料表的內容:

客戶編號	客戶名稱	聯絡.	性別	地址	電話
1	一品書店	孫小小	男	台北市民生東路一段30號	(02) 2321-8095
2	十全書店	許子元	男	台北市建國北路一段33巷50號2F	(02) 2781-0835
3	身邊書店	侯梨花	女	台北市天母東路一段55巷2號	(02) 2333-5689
4	風尚書店	林家紋	男	新北市中和區得和路66號	(02) 2589-8691
5	無印書店	陳傑民	男	台北市仁愛路一段165號	(02) 2698-7549
6	愚人書店	林阿吉	男	台北市師大路67號	(02) 2548-8793
7	福讀書店	邱露營	女	新北市三重力行路165號	(02) 2587-4729
8	標竿書店	許永績	女	台北市龍江路10號	(02) 2785-3694
9	旗旗書店	范曉薇	女	台北市和平東路二段76號	(02) 2478-9514
10	八德書店	趙東海	男	新北市板橋區民生路285號	(02) 3521-8546
11	仁為書店	賴小吉	男	新北市新莊區民安路二段36號	(02) 2552-8745

記錄: 11 之 1　無篩選條件　搜尋

客戶資料表

訂單序號	日期	客戶編號	是否付款	備註
1	102/3/1	1	✔	送貨時順便做一下市場調查
2	102/3/1	5	✔	向孫主任詢問付款時間
3	102/3/2	1		
4	102/3/5	7		先拿 5 本應急, 其餘後補
5	102/3/6	4	✔	
6	102/3/6	10		
7	102/3/7	2		用郵寄方式, 在 10 號之前要寄到
8	102/3/8	7	✔	
9	102/3/10	5		
10	102/3/10	1		請向陳小姐收款

記錄: 42 之 1　無篩選條件　搜尋

訂單資料表

細目序	訂單序	數量	書籍編號
1	1	20	16
2	2	50	10
3	3	25	11
4	4	15	3
5	5	30	5
6	6	55	5
7	7	20	6
8	8	50	10
9	9	25	11
10	10	15	3

記錄: 182 之 1　無篩選

訂單細目資料表

書籍編號	書籍名稱	單價
1	PCDIY 電腦選購.組裝.維護	NT$450.00
2	Dreamweaver 中文版魔法書	NT$490.00
3	HTML 網頁設計實務	NT$480.00
4	FrontPage 魔法書	NT$500.00
5	Flash 中文版躍動的網頁	NT$620.00
6	Windows 使用手冊	NT$550.00
7	PCDIY 光碟燒錄玩家實戰	NT$480.00
8	Active Server Pages 網頁製作教本	NT$580.00
9	Access 使用手冊	NT$490.00
10	PCDIY Norton Ghost 玩家實戰	NT$300.00

記錄: 23 之 1 無篩選條件 搜尋

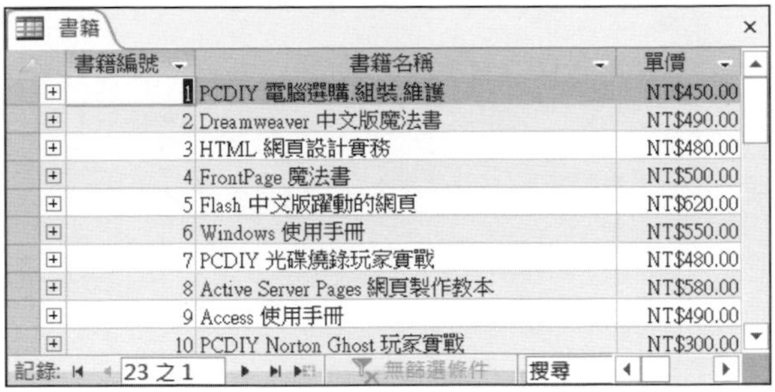

書籍資料表

注意！這些匯入的資料表目前尚未建立任何關聯, 稍後會介紹如何建立『暫時性』及『永久性』的關聯。

9-2 什麼是『查詢』？

『查詢』(query) 就是一種萃取資料的方法, 它可以將我們想要的各種資料, 由一或多個資料表中選取出來, 必要時並做一些排序、計算或統計, 然後將結果放入虛擬的資料表中供我們使用。

單一資料表的查詢

查詢可以只從一個資料表中萃取資料, 像前面使用過的排序、篩選功能, 其實都是利用查詢來完成的。以下是由**書籍**資料表中萃取資料的查詢：

書籍編號	書籍名稱	單價
1	PCDIY 電腦選購.組裝.維護	NT$450.00
2	Dreamweaver 中文版魔法書	NT$490.00
3	HTML 網頁設計實務	NT$480.00
4	FrontPage 魔法書	NT$500.00
5	Flash 中文版躍動的網頁	NT$620.00
6	Windows 使用手冊	NT$550.00
7	PCDIY 光碟燒錄玩家實戰	NT$480.00
8	Active Server Pages 網頁製作教本	NT$580.00
9	Access 使用手冊	NT$490.00
10	PCDIY Norton Ghost 玩家實戰	NT$300.00
11	LINUX 指令參考手冊	NT$550.00
12	Internet 協定觀念與實作	NT$560.00
13	抓住你的 PhotoImpact 中文版	NT$490.00

記錄: 23 之 1 無篩選條件 搜尋

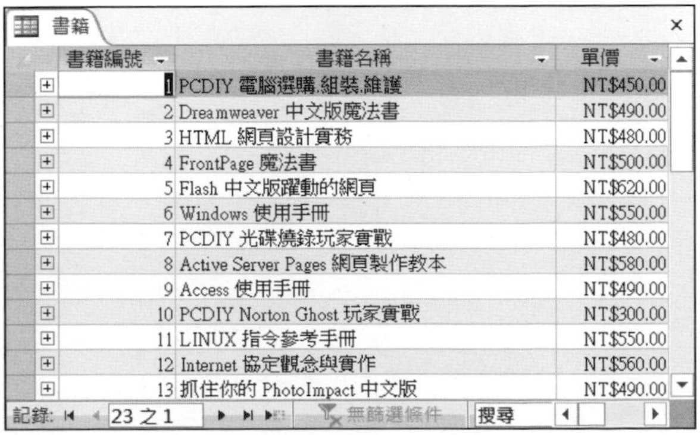

選取查詢
(單價<500)

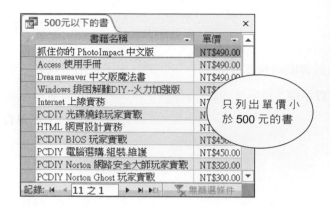

只列出單價小於 500 元的書

多個資料表的查詢

經由資料表間的關聯,我們也可以利用查詢從多個資料表中萃取出相關的資料,例如:

訂單資料表

客戶資料表

(利用查詢)

9-3 『查詢』的用途

查詢出來的結果, 可以被當成是一個『資料表』來看, 所以我們可以對其中的記錄做新增、修改與刪除等動作, 也可以將查詢用來做爲**表單**、**報表**或**資料頁**的資料來源, 甚至還可再拿來做爲另一個查詢的對象呢!

由此觀之, 經由查詢功能, 我們可以**將資料庫中的各類資料加以萃取、計算**, 然後再以各式各樣不同的面貌呈現出來。

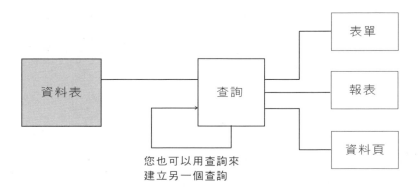

您也可以用查詢來
建立另一個查詢

 查詢本身不存放資料

查詢其實是一個『虛擬』的資料表, 所以當我們對它做編輯時, 所做的更動是自動地存回資料表中, 而不是存放在查詢中! 換句話說, 查詢只是一個功能而已, 它本身並不存放任何的資料。

因此, 當我們每次啓動查詢時, 系統都會重新到資料表中去取出資料, 如此才能反應出最新的資料內容。

9-4 以手動方式建立查詢

雖然 Access 提供好幾種查詢精靈來幫我們建立各式各樣的查詢, 但為了讓各位能實際體會, 接下來我們要利用最基本的方式, 來分別建立『單一資料表』與『多資料表』的查詢。

建立單一資料表的查詢

首先我們來看看如何建立查詢來找出單價小於 500 元的書籍, 並將結果依單價做遞增排序:

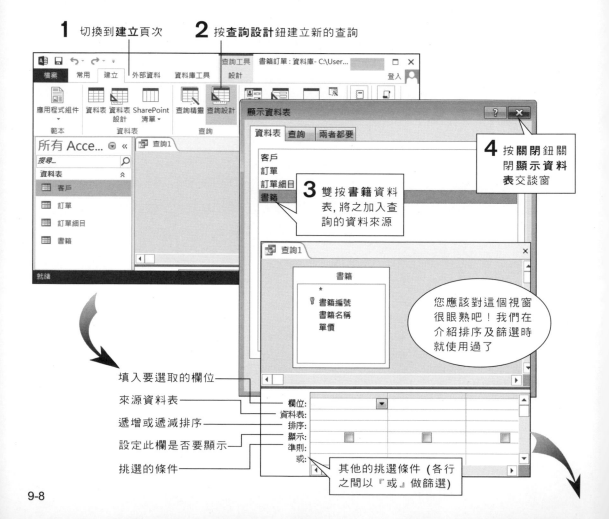

1 切換到**建立**頁次

2 按**查詢設計**鈕建立新的查詢

3 雙按**書籍**資料表, 將之加入查詢的資料來源

4 按**關閉**鈕關閉**顯示資料表**交談窗

您應該對這個視窗很眼熟吧! 我們在介紹排序及篩選時就使用過了

填入要選取的欄位

來源資料表

遞增或遞減排序

設定此欄是否要顯示

挑選的條件

其他的挑選條件 (各行之間以『或』做篩選)

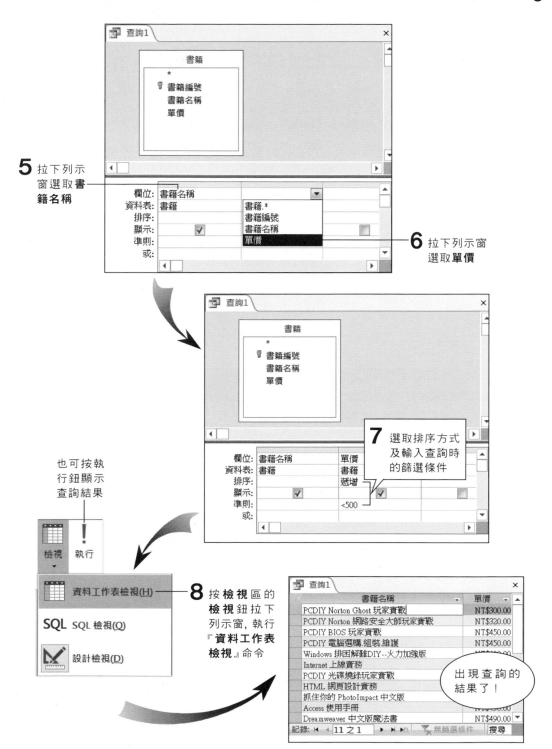

5 拉下列示窗選取 **書籍名稱**

6 拉下列示窗選取 **單價**

7 選取排序方式及輸入查詢時的篩選條件

也可按執行鈕顯示查詢結果

8 按 **檢視** 區的 **檢視** 鈕拉下列示窗，執行 『**資料工作表檢視**』命令

出現查詢的結果了！

請注意, **檢視**鈕的功能會隨著您目前操作的資料庫物件而變化。例如操作查詢時即用來切換查詢的**設計檢視**、**資料工作表檢視**及**SQL 檢視**視窗；而當我們在操作資料表時, 則變成用來切換資料表的**設計檢視**及**資料工作表檢視**視窗。

此外, **檢視**鈕的圖示也會隨著不同功能而變換唷！當您在切換視窗時可以注意一下它的變化。事實上, 我們也可以直接按**檢視**鈕來做快速切換, 而**檢視**鈕中的圖示即表示按一下會切換到的視窗種類, 包括：

圖例	功能
☑	切換到**設計檢視**視窗
▦	切換到**資料工作表檢視**視窗
SQL	切換到 **SQL 檢視**視窗

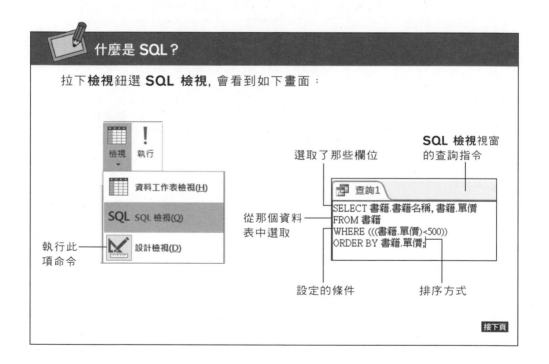

什麼是 SQL？

拉下**檢視**鈕選 **SQL 檢視**, 會看到如下畫面：

以上視窗中顯示的就是 SQL (Structured Query Language) 指令, SQL 是一種應用在關聯式資料庫中的語言, 它的語法非常簡單並且容易使用, 而 Access 的查詢設計便是使用這種語言來描述的。此外, Access 使用的 SQL 語言和 MS SQL Server 所使用的 SQL 語言十分類似 (想更了解 SQL 語法可參考**旗標**出版的『SQL Server 2012 設計實務』一書)。

其實在 Access 中, 我們幾乎可以不用去了解 SQL 語法, 因為 Access 已經用『查詢設計視窗』將之包裝起來了, 我們只要用滑鼠拉曳點選, 就可輕鬆地完成查詢的設計, 所以幾乎是感覺不到 SQL 的存在!

接著, 請按**資料工作表檢視**視窗右上方的**關閉**鈕, 則會出現如下視窗:

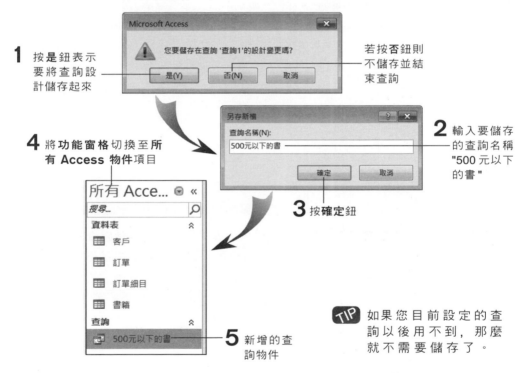

1 按**是**鈕表示要將查詢設計儲存起來

若按**否**鈕則不儲存並結束查詢

4 將**功能窗格**切換至**所有 Access 物件**項目

2 輸入要儲存的查詢名稱 "500 元以下的書"

3 按**確定**鈕

5 新增的查詢物件

TIP 如果您目前設定的查詢以後用不到, 那麼就不需要儲存了。

『篩選』和『排序』其實都可算是查詢的一種, 只不過篩選和排序的設定是儲存在資料表中, 而查詢則是存成獨立的物件, 因此不會影響到其所使用到的資料表。

由於查詢也可以當成一般資料表來操作, 所以在查詢的**資料工作表檢視**視窗中一樣可以設定各種排序、篩選的條件, 而且這些設定也可以儲存在查詢的版面設定中, 以便下次開啟時能產生同樣的效果。

建立多資料表的查詢

由於我們的訂單資料和客戶資料是分放在兩個不同的資料表中,因此在查看**訂單**資料表時,無法看到相關的客戶名稱及聯絡人姓名。以下就來建立一個可同時觀看訂單及相關客戶資料的查詢:

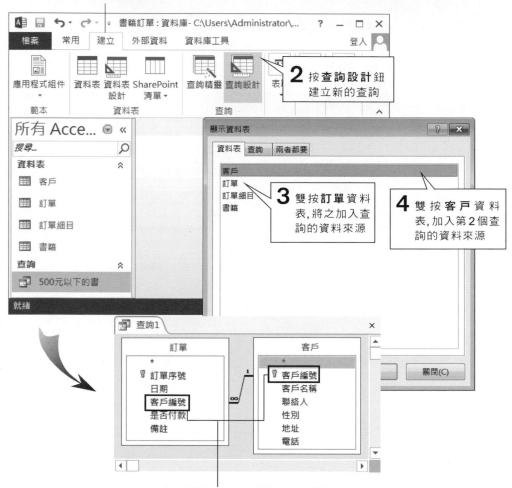

1 切換到**建立**頁次

2 按**查詢設計**鈕建立新的查詢

3 雙按**訂單**資料表,將之加入查詢的資料來源

4 雙按**客戶**資料表,加入第2個查詢的資料來源

Access 自動以**客戶編號**欄建立了關聯

Access 是非常聰明的,當我們在查詢視窗中加入資料表時,便會自動尋找各資料表間是否有相同名稱及資料類型的欄位,若找到了而且其中有一個欄位是主索引,那麼 Access 便會以此欄位來設定關聯。

TIP 注意, 欄位的『自動編號』資料類型和數字的『長整數』資料類型相同, 所以這二種資料類型的欄位在 Access 中可以相互建立關聯。

接著, 請分別在兩個資料表中選取要顯示的欄位:

1 分別在這三個欄位上雙按滑鼠, 將它們加入下方的表格中

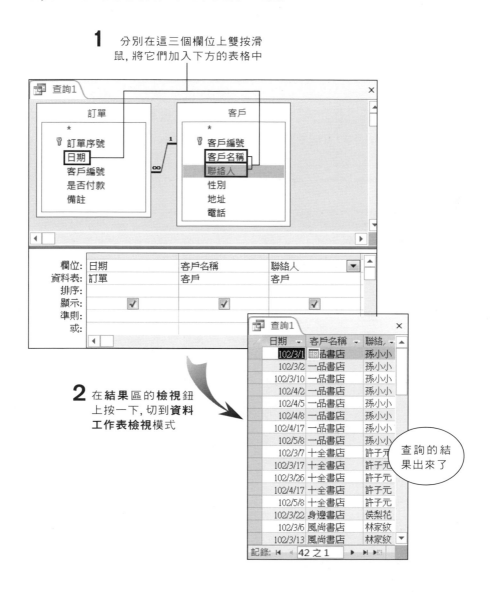

2 在**結果**區的**檢視**鈕上按一下, 切到**資料工作表檢視**模式

查詢的結果出來了

看到這裡, 您應該可以體會到查詢最大的好處, 就是**可以將分散於各資料表中的資料整合起來, 而成為一份有意義的資訊**!

9-5 子資料工作表

本節我們要介紹『父子資料表』的觀念, 以及配合**子資料工作表**功能, 來進行一些資料表關聯的操作。

何謂父子資料表

當我們為兩個資料表建立關聯時, 通常有一方是**父資料表**, 而另一方則是**子資料表** (需依賴父資料表才有意義), 我們將這種資料表關聯稱為 "父和子的資料表" 關係, 例如:

父資料表	關聯	子資料表	依賴性
客戶	一對多	訂單	要依賴父資料表才知道客戶是誰

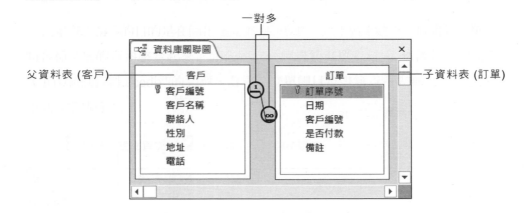

父資料表	關聯	子資料表	依賴性
訂單	一對多	訂單細目	要依賴父資料表才知道日期、客戶及是否付款

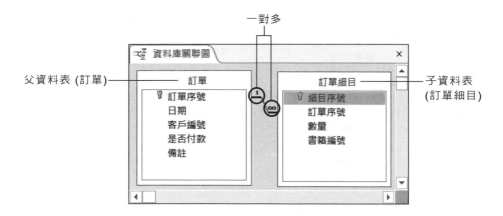

通常在一對多的資料表關聯中, "一" 的這一方是 "父資料表", 而 "多" 的這一方則是 "子資料表"。這一點請您要牢記下來, 對接下來要介紹的子資料工作表會有很大的幫助。

何謂子資料工作表

若要檢視父、子資料表的資料, 比較直覺的想法就是分別開啟這兩個資料表來觀看。不過, Access 提供了一個好用的功能, 那就是 "子資料工作表", 更能表現出父、子資料表之間的關係。

"子資料工作表" 和 "子資料表" 不同的地方在於：子資料工作表可直接在其父資料表上開啟。並且開啟的子資料工作表, 就像一般的資料工作表一樣, 可以進行各種工作表的操作。

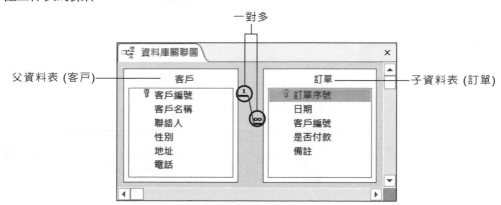

開啟**客戶**資料表看看是否有設定子資料工作表：

有加號表示有子資料工作表且可以展開

按一下
加號

此即為子資
料工作表,
其實就是**訂
單**資料表

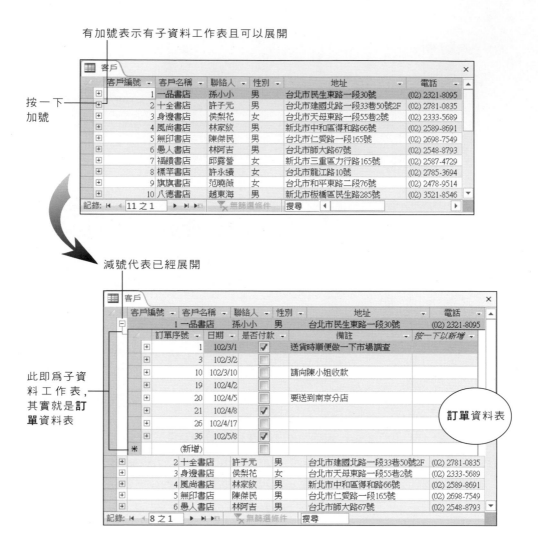

減號代表已經展開

訂單資料表

相信大家已經注意到在子資料工作表中還有加號, 這表示**訂單**資料表也有它的
子資料工作表, 由於子資料工作表, 支援顯示多層的資料工作表, 所以就算是關聯性較
複雜的資料表, 也能從其中一個資料表去瞭解它和其他資料表間的關係。

在這裡按一下即會展開第2層子資料工作表

這是**訂單細目**資料表, 為**訂單**資料表的子資料表

下面是這三個資料表的關聯圖:

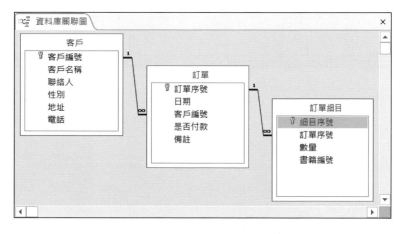

這種類型的資料表關聯就會產生多層的子資料工作表

操作子資料工作表

Access 提供我們刪除、完全展開及插入子資料工作表等功能, 接著就來看看如何操作。

刪除子資料工作表

首先,開啟**客戶**資料表,然後依下圖操作:

1 按**記錄**鈕拉下列示窗

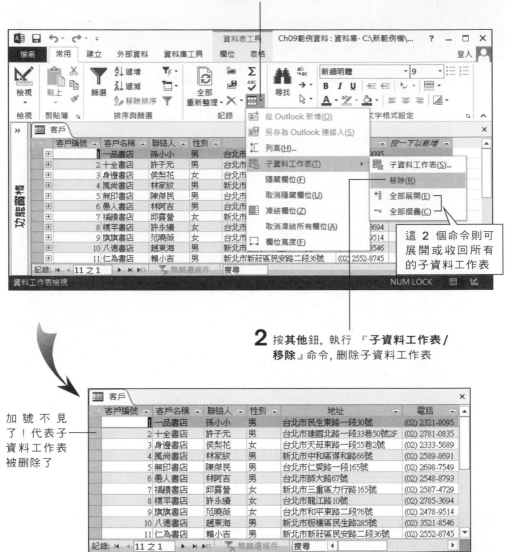

這 2 個命令則可
展開或收回所有
的子資料工作表

2 按**其他**鈕,執行 『**子資料工作表/
移除**』命令,刪除子資料工作表

加號不見
了!代表子
資料工作表
被刪除了

TIP 不管在那一層資料工作表中, 都可以利用這種方式來刪除該層的子資料工作表。

插入子資料工作表

雖然前面子資料工作表被刪除了,但 Access 也提供插入子資料工作表的功能,來看看怎麼做:

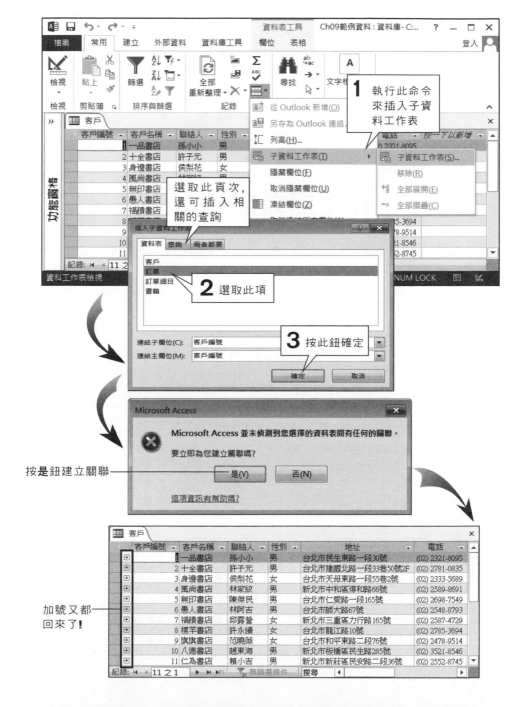

9-6 資料表間的『永久性關聯』

我們在 9-4 節的查詢範例中所設定的關聯, 只會作用在該查詢之中, 所以我們稱這樣的關聯為『暫時性』關聯。如果希望這些表格之間的關聯還可運用到其他的物件上, 那麼就可以在這些表格間建立『永久性』關聯, 讓它們之間的友誼永遠存在, 這樣做會有兩個好處:

1. 當我們在建立新的查詢、表單或報表時, 只要是選用到有永久關聯的資料表, Access 便會直接幫我們套上已經建立好的『永久性』關聯。

2. Access 可以依照我們所設定的規則, 來幫忙維護資料庫中『資料的參考完整性』。

資料的參考完整性

什麼是資料的參考完整性呢?簡言之, 就是當兩個資料表間有關聯時, 這個關聯的狀態是要完整的, 而不是支離破碎的。例如在**訂單**資料表中, 有一筆訂單資料的客戶編號在**客戶**資料表中找不到, 那麼這筆訂單就成了一個『孤兒』訂單了。這裡指的『孤兒』訂單, 就是一筆找不到父親的子資料。而**所謂維護『資料參考的完整性』, 便是要在資料庫中防範孤兒資料的發生。**

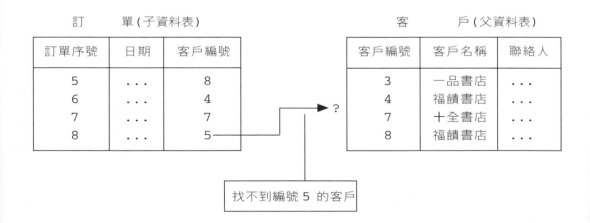

如何維護資料的參考完整性

那麼我們要如何來防範資料庫中『參考不完整』的情形發生呢？以下是幾個要點：

1. **在子資料表中輸入資料時, 要檢查輸入的正確性：**

    例如在輸入訂單時, 可以限制使用者只能輸入在**客戶**資料表中有登記的客戶編號。我們可以利用查閱欄來達成這樣的功能 (稍後會詳細介紹)：

只能從現存的客戶資料中挑選

2. **管制在父資料表中修改關聯欄位的值：**

    如果有人任意將『一品書店』的編號由 3 改成 30, 那麼所有客戶編號 3 的訂單資料都變成孤兒了。因此, 像這樣的危險操作必須加以管制才行, 其方法有二：

    a. **不允許更改**：這是最省時省力的方法。

    b. **要改就一起改**：這是比較有彈性的作法, 就是當在父資料表中做修改時, 則子資料表中相關的欄位也要跟著修改, 那麼它們之間的關聯仍可保存。

3. **管制刪除父資料表中的記錄：**

    例如我們刪除了編號 3 的客戶, 那麼所有客戶編號 3 的訂單資料也都變成孤兒了。管制刪除的方法也是有二種：

    a. **不允許刪除。**

    b. **要刪就連關聯的子資料一起刪。**

以上的3項防範措施,都可以藉由設定永久性關聯來達成。設定永久性關聯的方法有二種,第一是建立查閱欄位,第二則是直接在資料庫的關聯視窗中設定,以下二節我們分別介紹這二種方法。

9-7 善用『查閱欄位』

經由『查閱欄位』,我們可以在一個資料表中查閱到另一個關聯資料表中的資料:

在**訂單**資料表中查閱**客戶**資料表中的**客戶名稱**欄

	訂單序號 ▾	日期 ▾	查閱客戶 ▾	是否付款 ▾	備註 ▾
⊞	1	102/3/1	一品書店 ▾	☑	送貨時順便做一下市場調查
⊞	2	102/3/1	一品書店	☑	向孫主任詢問付款時間
⊞	3	102/3/2	十全書店	☐	
⊞	4	102/3/5	身邊書店	☐	先拿5本應急,其餘後補
⊞	5	102/3/6	風尚書店	☑	
⊞	6	102/3/6	無印書店	☐	
⊞	7	102/3/7	愚人書店	☐	用郵寄方式,在 10 號之前要寄到
⊞	8	102/3/8	福讀書店	☑	
⊞	9	102/3/10	標竿書店	☐	
⊞	10	102/3/10	旗旗書店	☐	請向陳小姐收款
⊞	11	102/3/13	八德書店	☑	
⊞	12	102/3/15	仁為書店	☑	
⊞	13	102/3/17	十全書店	☐	先送10本至總店
⊞	14	102/3/20	風尚書店	☐	存貨不多了,要趕快再版

記錄: ◀ ◀ 42 之 1 ▶ ▶ ▶▣   ✖ 無篩選條件   搜尋 ◀ ▶

建立查閱欄位的好處如下:

1. Access 會將查閱所用到的關聯設為永久性關聯。

2. 輸入資料時直接由查閱的列示窗中選取即可,免除鍵盤輸入的麻煩。

3. 必要時可以限制使用者只能由列示窗中選取,而無法另外輸入其他的值,如此可避免產生孤兒。

4.　在瀏覽資料表時, 可以看到比較有意義的資料, 例如瀏覽**訂單**資料表時, 可以直接看到下單的**客戶名稱**, 而非沒意義的**客戶編號**。

使用查閱精靈來建立查閱欄位

『查閱精靈』可以方便我們建立查閱欄位, 我們以**訂單**資料表為例來練習。由於 9-19 頁插入子資料工作表時, 建立了**客戶**和**訂單**資料表的關聯, 將會導致無法變更**訂單**資料表的資料類型, 因此請先從**Ch09範例資料.accdb** 資料庫重新匯入**客戶**和**訂單**這 2 個資料表, 並取代原本的**客戶**及**訂單** (此時會詢問是否刪除關聯, 請選擇**是**) 以回復沒有關聯的狀態。接著請開啟**訂單**資料表的設計檢視, 然後依照下面的步驟操作:

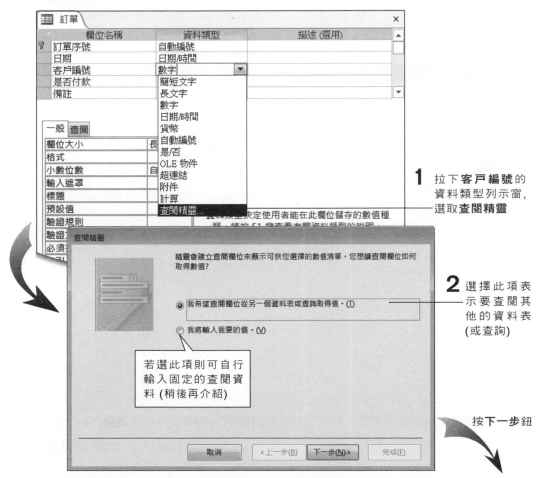

1 拉下**客戶編號**的資料類型列示窗, 選取**查閱精靈**

2 選擇此項表示要查閱其他的資料表 (或查詢)

若選此項則可自行輸入固定的查閱資料 (稍後再介紹)

按**下一步**鈕

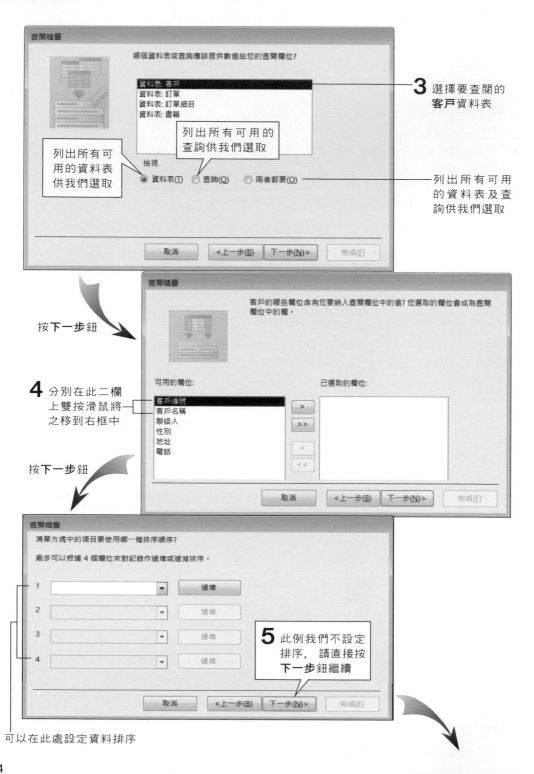

查閱精靈

哪個資料表或查詢應該提供數值給您的查閱欄位？

資料表: 客戶
資料表: 訂單
資料表: 訂單細目
資料表: 書籍

3 選擇要查閱的 **客戶**資料表

列出所有可用的查詢供我們選取

列出所有可用的資料表供我們選取

檢視
◉ 資料表(T)　○ 查詢(Q)　○ 兩者都要(O)

列出所有可用的資料表及查詢供我們選取

取消　<上一步(B)　下一步(N)>　完成(F)

按**下一步**鈕

查閱精靈

客戶的哪些欄位含有您要納入查閱欄位中的值？您選取的欄位會成為查閱欄位中的欄。

可用的欄位:
客戶編號
客戶名稱
聯絡人
性別
地址
電話

已選取的欄位:

4 分別在此二欄上雙按滑鼠將之移到右框中

\>
\>>
<
<<

取消　<上一步(B)　下一步(N)>　完成(F)

按**下一步**鈕

查閱精靈

清單方塊中的項目要使用哪一種排序順序？

最多可以根據 4 個欄位來對記錄作遞增或遞減排序。

1 ▼　遞增

2 ▼　遞增

3 ▼　遞增

4 ▼　遞增

5 此例我們不設定排序，請直接按 **下一步**鈕繼續

取消　<上一步(B)　下一步(N)>　完成(F)

可以在此處設定資料排序

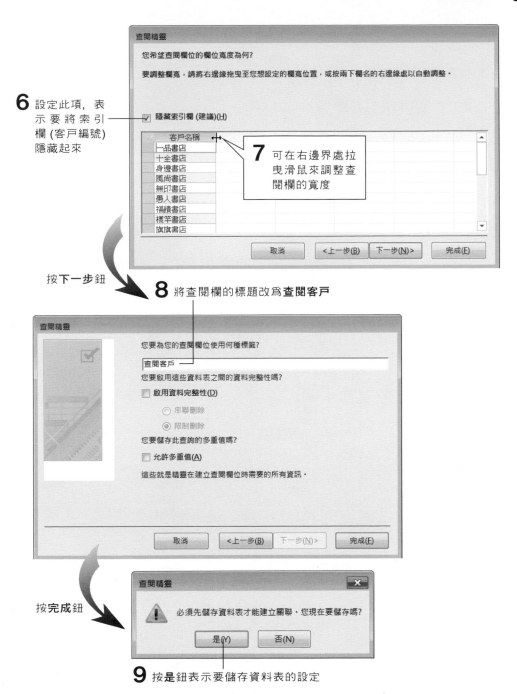

6 設定此項, 表示要將索引欄 (客戶編號) 隱藏起來

7 可在右邊界處拉曳滑鼠來調整查閱欄的寬度

按下一步鈕

8 將查閱欄的標題改為**查閱客戶**

按**完成**鈕

9 按**是**鈕表示要儲存資料表的設定

TIP 請特別注意, 雖然**訂單**資料表的**客戶編號**欄變成查閱欄了, 但它所儲存的資料仍是客戶編號, 只不過在瀏覽或編輯時是以查閱的資料來顯示罷了。

完成前面的步驟後, **查閱精靈**一共幫我們做了二件事:

1. 在**客戶編號**欄建立了一個查閱欄位。

2. 建立**訂單**與**客戶**資料表間的永久性關聯。

檢視查閱欄位

建立好查閱欄之後我們就來看看成果吧!請按**檢視**區的**檢視**鈕, 切換到**資料工作表檢視**模式:

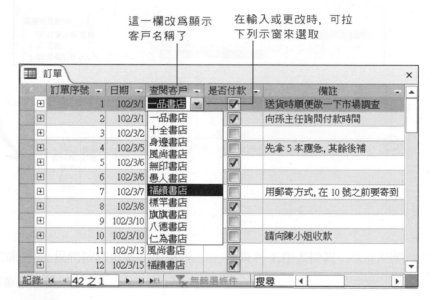

這一欄改為顯示客戶名稱了

在輸入或更改時, 可拉下列示窗來選取

哇!不用再背客戶編號, 太棒了!

是啊, 而且再也不怕打錯字被老闆刮了!

接著,我們再切換回設計視窗,看看查閱欄的相關設定:

欄位名稱改爲我們在前面所設定的**查閱客戶**了

請在此按一下切換到**查閱**頁次

本查閱欄共有二欄

第一欄隱藏起來了(寬度 0)

此欄的編輯方式由『文字方塊』改爲『下拉式方塊』了

查閱的資料來源也是一個SQL查詢指令唷!

欄位名稱最長可達 64 個字元,包含空格。請按 F1 鍵查看欄位名稱的相關說明。

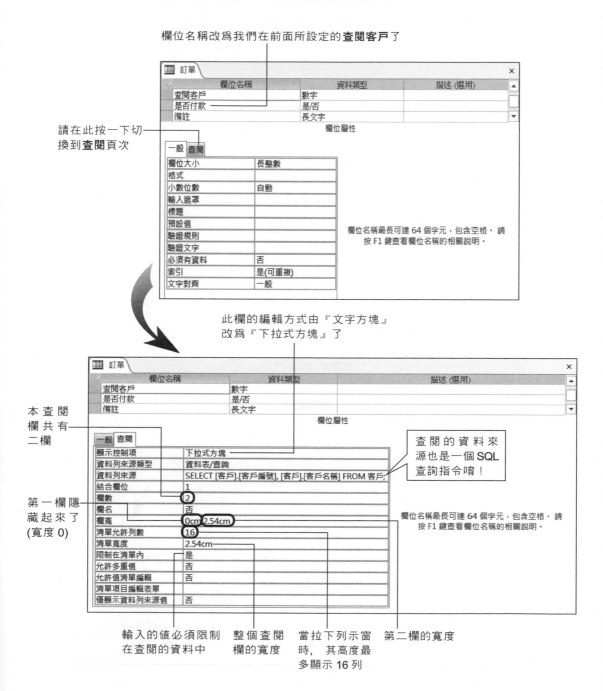

輸入的值必須限制在查閱的資料中

整個查閱欄的寬度

當拉下列示窗時, 其高度最多顯示 16 列

第二欄的寬度

其實查閱欄位和一般欄位在設定上的不同處就是在於**查閱**頁次：

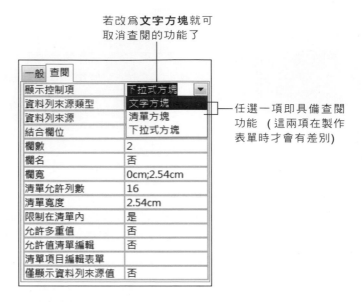

若改為**文字方塊**就可取消查閱的功能了

任選一項即具備查閱功能（這兩項在製作表單時才會有差別)

練習：在訂單細目中設定查閱欄位

接下來, 請讀者自行練習將**訂單細目**資料表中的**書籍編號**欄改成查閱欄位, 不過這次要查閱的資料包括**書籍**資料表中的**書籍名稱**及**單價**二欄。整個操作步驟和前面查閱客戶的例子差不多：

要包含**書籍名稱**及**單價**二欄

並在最後一個交談窗中依下圖填入標題：

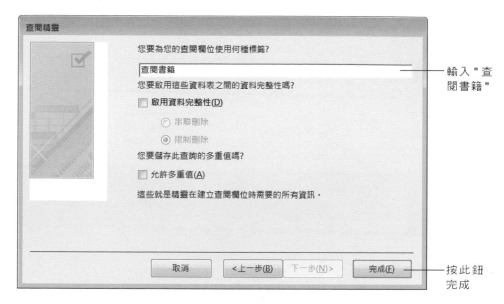

輸入 " 查
閱書籍 "

按此鈕
完成

建立好之後的效果如下：

此欄顯示出查閱到的書籍名稱

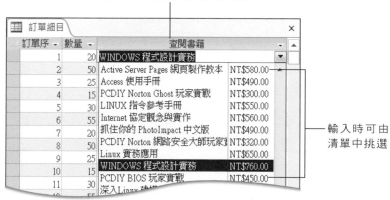

輸入時可由
清單中挑選

查閱固定的資料集

　　如果某個欄位值只有固定的幾個項目可以選，例如**性別**欄只能輸入 " 男 " 或
" 女 "，那麼我們也可以利用**查閱精靈**來建立一個『查閱固定資料集』的查閱
欄，以便直接使用下拉式選單內的值，而不必自己一筆一筆輸入。

　　請開啟**客戶**資料表的設計視窗，然後在**性別**欄的資料類型選擇**查閱精靈**：

接下頁

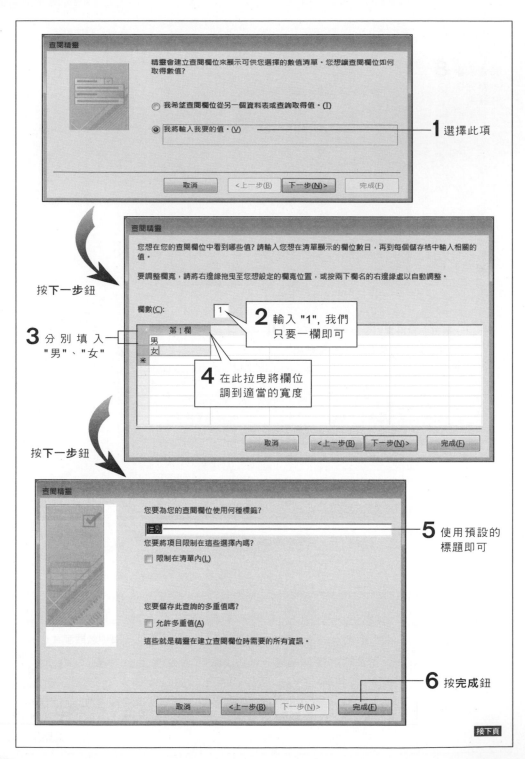

設定好之後, 我們切到資料工作表檢視視窗中看看結果:

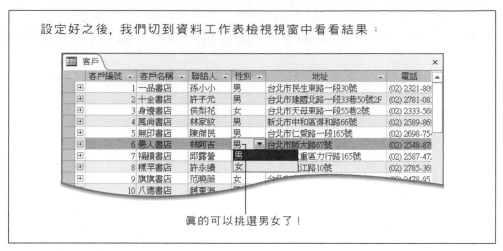

真的可以挑選男女了!

9-8 在『資料庫關聯圖』視窗設定永久性關聯

資料庫關聯圖視窗主要是用來建立、檢視及修改各資料表間的永久性關聯。開啟**資料庫關聯圖**視窗的方式如下:

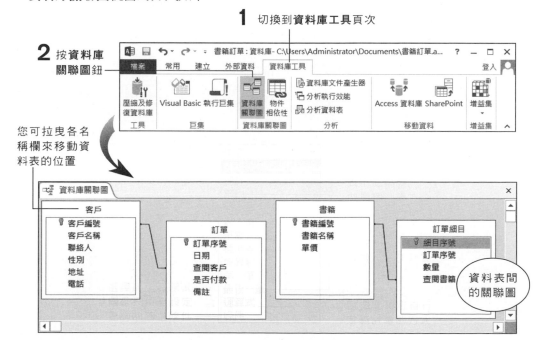

1 切換到**資料庫工具**頁次

2 按**資料庫關聯圖**鈕

您可拉曳各名稱欄來移動資料表的位置

資料表間的關聯圖

我們在前面說過,當查閱精靈建立查閱欄位時會自動建立一個永久性的關聯,若看不到關聯圖,請再按**功能區**的**所有關聯**鈕,即可看到先前未顯示出來的關聯圖了(見右圖)。

資料庫關聯圖視窗可以儲存各資料表在視窗中的位置,以及是否顯示等資訊,以便下次再開啟時可以看到同樣的版面配置。

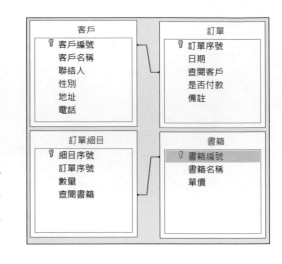

建立新的永久性關聯

現在,我們要來建立**訂單**資料表與**訂單細目**資料表間的永久性關聯,請用滑鼠將**訂單**資料表中的**訂單序號**欄,拉曳到**訂單細目**中的**訂單序號**欄上面:

拉曳,當指標由 ⊘ (表示無效)變成 🖰 (表示有效) 時放開滑鼠

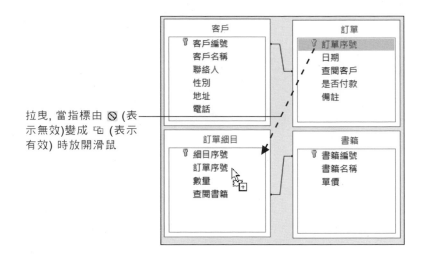

放開滑鼠後,便會出現**編輯關聯**交談窗,用來設定兩個資料表要如何關聯:

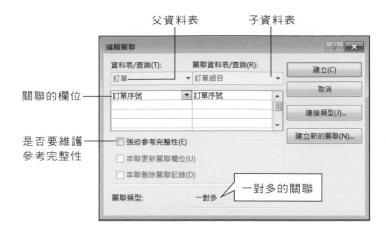

父資料表　　子資料表

關聯的欄位

是否要維護
參考完整性

一對多的關聯

由於我們希望要維護參考完整性, 所以請如下設定:

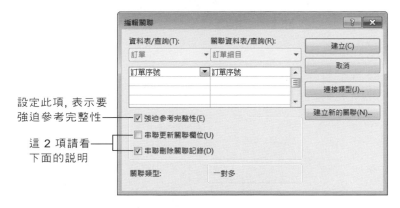

設定此項, 表示要
強迫參考完整性

這 2 項請看
下面的說明

當您選取**強迫參考完整性**多選鈕時, 其下的另外兩項才允許您設定, 這兩項的作用如下:

● **串聯更新關聯欄位:**

不設定 (勾選) 時	表示關聯欄位不允許更新
設定 (勾選) 時	表示更改父資料的關聯欄位時, 子資料表的關聯欄位也要一併更改

● **串聯刪除關聯記錄:**

不設定 (勾選) 時	表示父資料表中的記錄不允許刪除
設定 (勾選) 時	表示刪除父資料表的記錄時, 子資料表的相關記錄也要一併刪除

另外, 您也可以按**連接類型**鈕來設定兩個關聯資料表的『連接屬性』, 不過一般使用預設值即可, 所以您不用去更改它。

 什麼是『連接屬性』?

當我們要同時取用兩個關聯資料表中的資料時, 『連接屬性』可用來定義這兩個資料表的資料要如何做合併。請按**連接類型**鈕, 開啟如下交談窗:

這是預設值, 只有當兩個關聯欄位的值相同時, 才會將資料取出並合併

以下我們將資料表加以簡化來說明這 3 個單選鈕的效果, 假設有下面 2 個資料表:

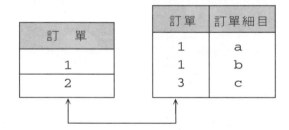

選擇第 1 個單選鈕時, 將會選出:

訂單	訂單細目
1	a
1	b

接下頁

選擇第 2 個單選鈕時, 將會選出: 　　選擇第 3 個單選鈕時, 將會選出:

訂單	訂單細目
1	a
1	b
2	

訂單	訂單細目
1	a
1	b
	c

最後按**編輯關聯**交談窗的**建立**鈕, 便可關閉**關聯**視窗而完成設定:

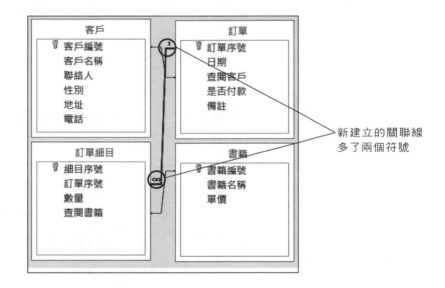

新建立的關聯線
多了兩個符號

　　在上圖中, 我們會發現新建立的關聯線和其他兩條不一樣, 在線的兩端多了 1 和 ∞ 符號, 這就表示其為 1 對多關聯, 而且要**強迫參考完整性**。

修改關聯設定

　　接下來, 我們想將原來的兩個關聯也設定為要**強迫參考完整性**, 該怎麼設定呢 ? 只要在關聯線上雙按滑鼠, 或是按**工具**區的**編輯關聯**鈕, 便可開啟**編輯關聯**交談窗:

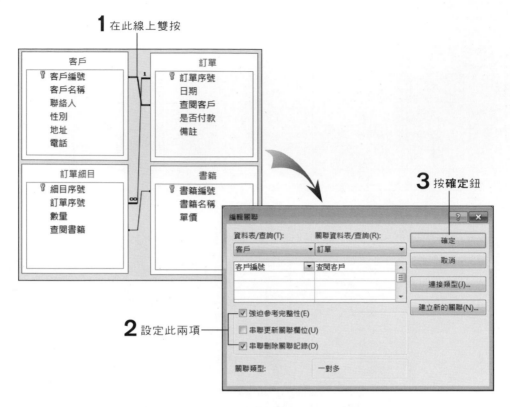

1 在此線上雙按

3 按**確定**鈕

2 設定此兩項

同樣的, 我們在**書籍**與**訂單細目**資料表間的關聯線上雙按:

2 按**確定**鈕

1 設定此項

TIP 設定**強迫參考完整性**時, 其有效範圍僅限於父資料表中與子資料表 " 有關聯到 " 的記錄及欄位。若是沒有關聯到的記錄及欄位, 則可以任意更改或刪除而不會受到約束。

由於書籍資料是固定的, 所以我們要強迫參考完整性, 而且也不允許串聯更新或刪除。

刪除關聯和資料表

如果您想要刪除關聯, 那麼可以在該關聯線上按滑鼠左鈕, 然後按 Del 鍵:

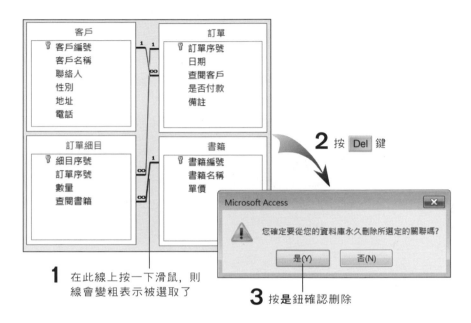

2 按 Del 鍵

1 在此線上按一下滑鼠, 則
線會變粗表示被選取了

3 按**是**鈕確認刪除

如果想要移除資料表, 也是相同的操作。底下我們示範將**書籍**資料表移除 (假設
您已刪除了它的所有關聯線):

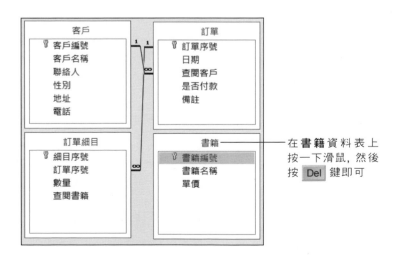

在**書籍**資料表上
按一下滑鼠, 然後
按 Del 鍵即可

加入新的資料表或查詢

如果您想在**資料庫關聯圖**視窗中加入其他的資料表, 可按**資料庫關聯圖**區的**顯示資料表**鈕 ▦ (或是在**資料庫關聯圖**視窗的空白處按右鈕, 並執行『**顯示資料表**』命令), 則會開啟**顯示資料表**交談窗：

在您要的資料
表上雙按滑鼠,
即可將之加入

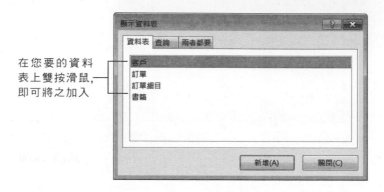

另外, 查詢可以被當成一般的資料表來操作, 因此我們也可以把查詢加入資料庫關聯圖視窗中並設定關聯：

1 如果要加入查詢, 可在此
按一下, 切換到**查詢**頁次

2 可雙按挑選
要的查詢

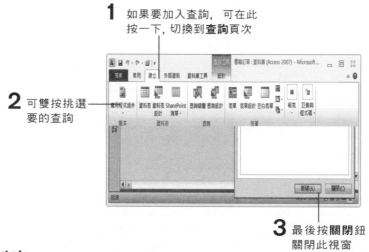

3 最後按**關閉**鈕
關閉此視窗

隱藏資料表

如果您覺得**資料庫關聯圖**視窗中的資料表及關聯太多太亂了, 可將某些比較不重要的資料表隱藏起來, 以方便閱覽。以下我們將**訂單**資料表隱藏起來：

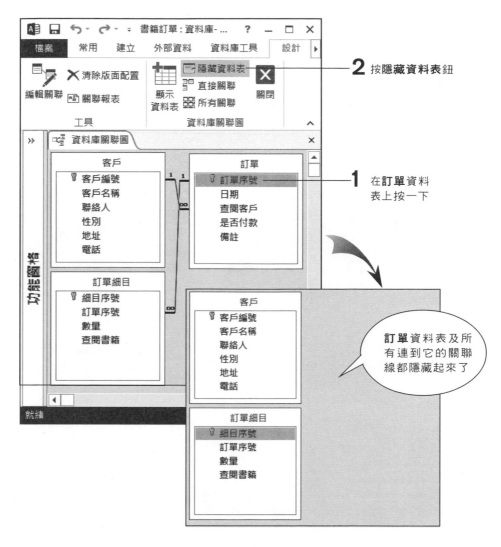

如果您要將全部的資料表都隱藏起來,那麼可以這樣做:

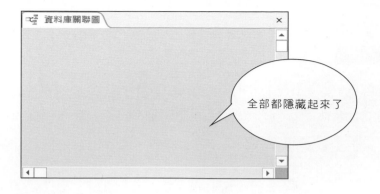

那麼, 我們要如何將隱藏的資料表回復呢 ? 最快的方法就是 :

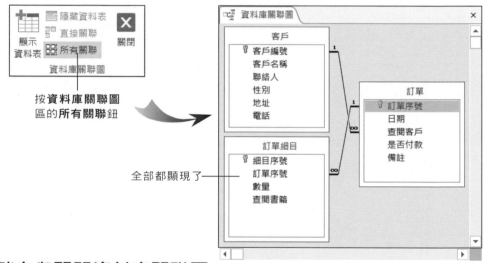

儲存與關閉資料庫關聯圖

最後, 我們按**資料庫關聯圖**視窗右上角的**關閉**鈕, 則會出現如下交談窗 :

TIP 在空白處按右鈕, 執行『**儲存版面配置**』命令, 也可以做到。

9-9 測試設定永久性關聯後的效果

如果我們想要看一下所有訂單的詳細資料, 包含訂單的**日期**、**是否付款**、**客戶名稱**與**書籍名稱**四項資料, 那麼可以依照下面的步驟建立一個查詢:

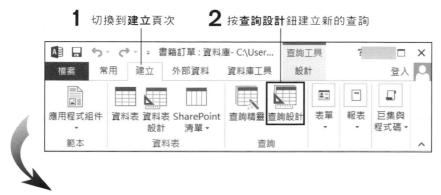

1 切換到**建立**頁次　　**2** 按**查詢設計**鈕建立新的查詢

3 雙按**書籍**資料表, 將之加入查詢的資料來源

4 按**關閉**鈕關閉**顯示資料表**交談窗

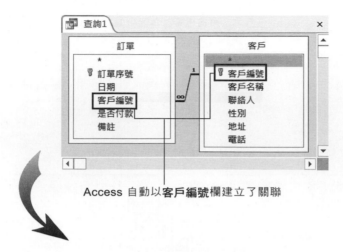

Access 自動以**客戶編號**欄建立了關聯

已幫我們套上在前面設
定好的永久性關聯了

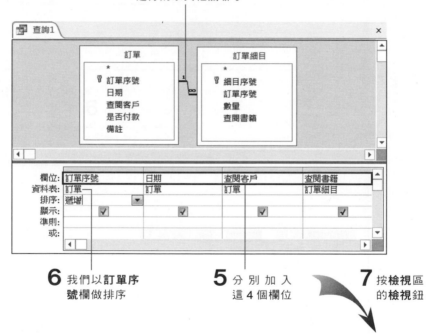

6 我們以**訂單序**
號欄做排序

5 分別加入
這 4 個欄位

7 按**檢視區**
的**檢視**鈕

我們要的資料都出現了

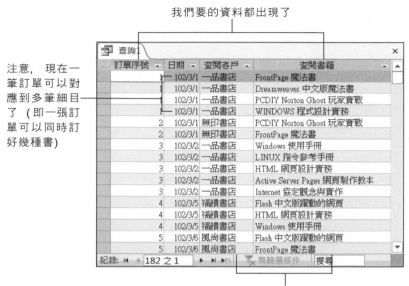

注意, 現在一筆訂單可以對應到多筆細目了 (即一張訂單可以同時訂好幾種書)

這兩欄是自動沿用了前面
在資料表中建立的查閱欄

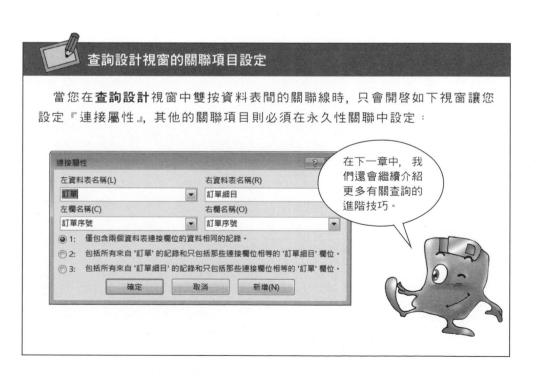

查詢設計視窗的關聯項目設定

當您在**查詢設計**視窗中雙按資料表間的關聯線時, 只會開啟如下視窗讓您設定『連接屬性』, 其他的關聯項目則必須在永久性關聯中設定:

在下一章中, 我們還會繼續介紹更多有關查詢的進階技巧。

MEMO

10

進階的查詢應用

- 使用『簡單查詢精靈』
- 在查詢中建立『計算欄位』
- 替查詢的欄位取別名
- 運算式的使用技巧
- 以『簡單查詢精靈』作統計分析工作
- 建立參數式的查詢
- 建立『交叉資料表查詢』
- 『交叉資料表查詢』的進階應用

在上一章我們介紹了查詢的基本功能及操作, 也瞭解查詢可將分散的資料加以整合。其實它還有很多進階的設定及功能, 例如統計分析...等。本章將再深入探討查詢的進階功能, 內容包括:

● 以『簡單查詢精靈』建立查詢

● 在查詢中建立『計算欄位』

● 運算式的使用技巧

● 使用『分組式查詢』做統計分析

● 建立參數式的查詢

● 建立『交叉資料表查詢』

10-1 使用『簡單查詢精靈』

簡單查詢精靈的目的是在簡化建立查詢的步驟。以下就來建立一個**書籍訂單**查詢, 將各種分散的資料整合起來。請先建立一個**書籍訂單**資料庫, 然後將書附光碟中 "Ch10範例資料.accdb" 的**客戶、訂單、訂單細目**及**書籍**資料表匯入。接著, 按照下列步驟執行:

1 切換到**建立**頁次　　**2** 按**查詢**區的**查詢精靈**鈕

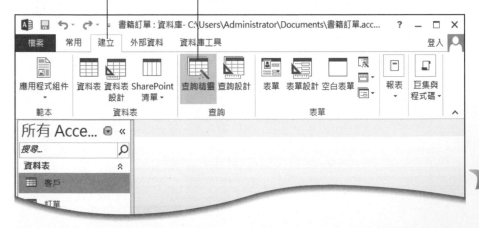

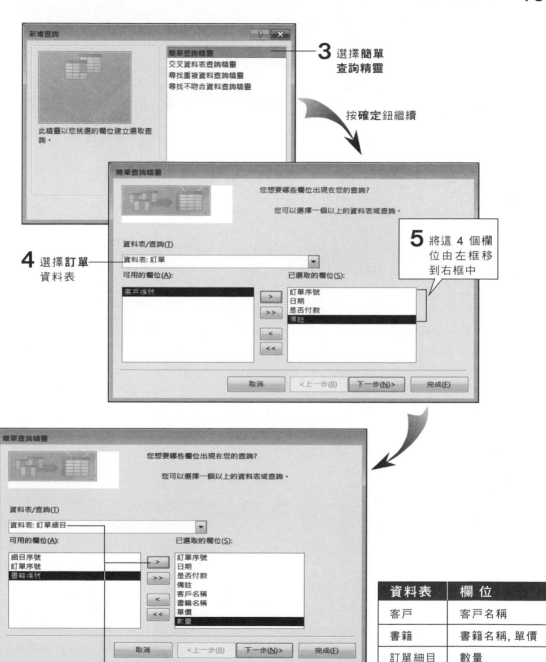

3 選擇**簡單查詢精靈**

按**確定**鈕繼續

4 選擇**訂單**資料表

5 將這 4 個欄位由左框移到右框中

資料表	欄 位
客戶	客戶名稱
書籍	書籍名稱, 單價
訂單細目	數量

6 依照前面的方法, 將右表中各資料表的欄位加入右框中

按**下一步**鈕

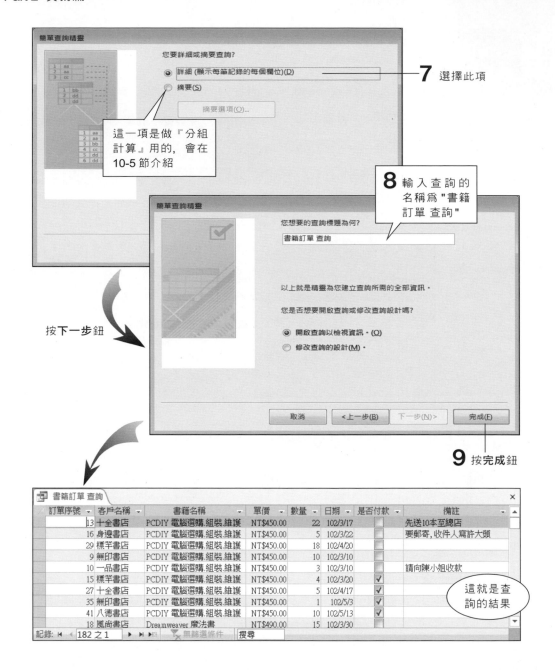

最後請將這個視窗關閉, 若出現詢問交談窗請按**是**鈕, 將查詢及所做的版面修改儲存起來。

10-2 在查詢中建立『計算欄位』

查詢欄位的資料來源除了可從其他資料表或查詢取得外,也可從『運算式』取得。例如在前面的**書籍訂單 查詢**中,我們想多增加一個**金額小計**欄,來統計每筆訂單細目的銷售總額:

單價 * 數量 = 金額小計

書籍訂單 查詢						
訂單序號	客戶名稱	書籍名稱	單價	數量	金額小計	日期
13	十全書店	PCDIY 電腦選購.組裝.維護	NT$450.00	22	NT$9,900.00	102/3/17
16	身邊書店	PCDIY 電腦選購.組裝.維護	NT$450.00	5	NT$2,250.00	102/3/22
29	標竿書店	PCDIY 電腦選購.組裝.維護	NT$450.00	18	NT$8,100.00	102/4/20
9	無印書店	PCDIY 電腦選購.組裝.維護	NT$450.00	10	NT$4,500.00	102/3/10
10	一品書店	PCDIY 電腦選購.組裝.維護	NT$450.00	3	NT$1,350.00	102/3/10
15	標竿書店	PCDIY 電腦選購.組裝.維護	NT$450.00	4	NT$1,800.00	102/3/20
27	十全書店	PCDIY 電腦選購.組裝.維護				102/4/17
35	無印書店	PCDIY 電腦選				

這時就必須使用計算欄位了。以下我們就來看看如何修改**書籍訂單 查詢**吧!請先開啓**書籍訂單 查詢**後,按**常用**頁次**檢視**區的**檢視**鈕,執行『**設計檢視**』命令,開啓**書籍訂單 查詢**的設計檢視視窗,然後依下面的方式操作:

您可以在工作表檢視視窗中任意搬移欄位、改變排序方式或進行篩選,來顯示出您想要的資訊

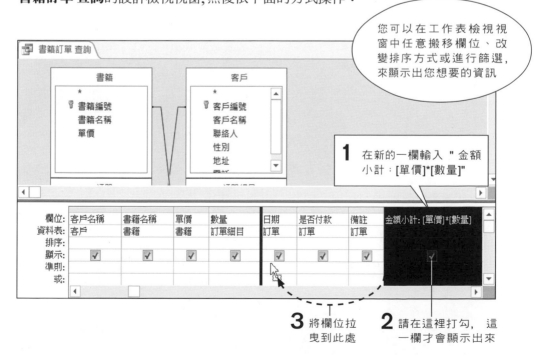

1 在新的一欄輸入 " 金額小計:[單價]*[數量]"

欄位:	客戶名稱	書籍名稱	單價	數量	日期	是否付款	備註	金額小計: [單價]*[數量]
資料表:	客戶	書籍	書籍	訂單細目	訂單	訂單	訂單	
排序:								
顯示:	✓	✓	✓	✓	✓	✓	✓	✓
準則:								
或:								

3 將欄位拉曳到此處

2 請在這裡打勾,這一欄才會顯示出來

將非必要的**是否付款**及**備註**欄取消顯示, 並設定以**訂單序號**做遞增排序, 然後按**結果**區的**檢視**鈕, 執行『**資料工作表檢視**』命令, 切換到工作表檢視視窗:

多了一個**金額小計**欄

訂單序號 ▾	客戶名稱 ▾	書籍名稱 ▾	單價 ▾	數量 ▾	金額小計 ▾	日期 ▾
1	一品書店	PCDIY Norton Ghost 玩家實戰	NT$300.00	40	NT$12,000.00	102/3/1
1	一品書店	FrontPage 魔法書	NT$500.00	40	NT$20,000.00	102/3/1
1	一品書店	Dreamweaver 魔法書	NT$490.00	9	NT$4,410.00	102/3/1
1	一品書店	WINDOWS 程式設計實務	NT$760.00	20	NT$15,200.00	102/3/1
2	無印書店	PCDIY Norton Ghost 玩家實戰	NT$300.00	50	NT$15,000.00	102/3/1
2	無印書店	FrontPage 魔法書	NT$500.00	20	NT$10,000.00	102/3/1
3	一品書店	Flash 特效大全	NT$480.00	15	NT$7,200.00	102/3/2
3	一品書店	LINUX 指令參考手冊	NT$550.00	25	NT$13,750.00	102/3/2
3	一品書店	Internet 協定觀念與實作	NT$560.00	22	NT$12,320.00	102/3/2
3	一品書店	Active Server Pages 網頁製作教本	NT$580.00	10	NT$5,800.00	102/3/2
3	一品書店	Windows 使用手冊	NT$550.00	20	NT$11,000.00	102/3/2

記錄: ◄ 182 之 1 ► ►► ► 無篩選條件 搜尋

TIP 當您更改了查詢的結構設計後, 之前在工作表檢視視窗中所做的排序及篩選等設定都會自動被清除掉。

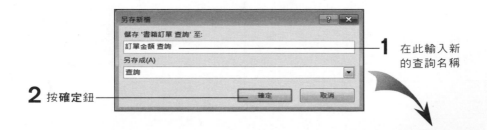

為什麼要輸入 " 金額小計 : ..." ?

待會兒再告訴你!

最後, 請按 **檔案**鈕, 執行『**另存新檔/另存物件為**』命令, 我們將這個新的查詢以 "訂單金額 查詢" 為名存檔。請按照下面步驟操作:

另存新檔

儲存 '書籍訂單 查詢' 至:

訂單金額 查詢 ——————**1** 在此輸入新的查詢名稱

另存成(A)

查詢

2 按**確定**鈕—— 確定　取消

查詢視窗的名稱也自動更改了　　　　　　　　　　　　**3** 按**關閉**鈕關閉視窗

訂單序號	客戶名稱	書籍名稱	單價	數量	金額小計	日期
1	一品書店	PCDIY Norton Ghost 玩家實戰	NT$300.00	40	NT$12,000.00	102/3/1
1	一品書店	FrontPage 魔法書	NT$500.00	40	NT$20,000.00	102/3/1
1	一品書店	Dreamweaver 魔法書	NT$490.00	9	NT$4,410.00	102/3/1
1	一品書店	WINDOWS 程式設計實務	NT$760.00	20	NT$15,200.00	102/3/1
2	無印書店	PCDIY Norton Ghost 玩家實戰	NT$300.00	50	NT$15,000.00	102/3/1
2	無印書店	FrontPage 魔法書	NT$500.00	20	NT$10,000.00	102/3/1
3	一品書店	Flash 特效大全	NT$480.00	15	NT$7,200.00	102/3/2
3	一品書店	LINUX 指令參考手冊	NT$550.00	25	NT$13,750.00	102/3/2
3	一品書店	Internet 協定觀念與實作	NT$560.00	22	NT$12,320.00	102/3/2
3	一品書店	Active Server Pages 網頁製作教本	NT$580.00	10	NT$5,800.00	102/3/2
3	一品書店	Windows 使用手冊	NT$550.00	20	NT$11,000.00	102/3/2

記錄: 182 之 1　　無篩選條件　搜尋

10-3 替查詢的欄位取別名

Access 允許我們在查詢的欄位名稱前加上一個別名, 來賦予欄位一個比較有意義或比較適當的名字, 例如:

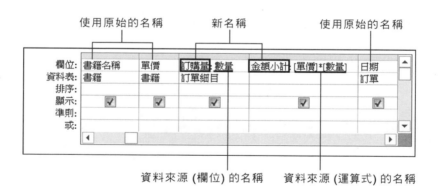

使用原始的名稱　　　新名稱　　　使用原始的名稱

欄位:	書籍名稱	單價	訂購量: 數量	金額小計: [單價]*[數量]	日期
資料表:	書籍	書籍	訂單細目		訂單
排序:					
顯示:	✓	✓	✓	✓	✓
準則:					
或:					

資料來源 (欄位) 的名稱　　　資料來源 (運算式) 的名稱

這些都是別名

訂單序號	客戶名稱	書籍名稱	單價	訂購量	金額小計	日期
1	一品書店	PCDIY Norton Ghost 玩家實戰	NT$300.00	40	NT$12,000.00	102/3/1
1	一品書店	FrontPage 魔法書	NT$500.00	40	NT$20,000.00	102/3/1
1	一品書店	Dreamweaver 魔法書	NT$490.00	9	NT$4,410.00	102/3/1
1	一品書店	WINDOWS 程式設計實務	NT$760.00	20	NT$15,200.00	102/3/1
2	無印書店	PCDIY Norton Ghost 玩家實戰	NT$300.00	50	NT$15,000.00	102/3/1
2	無印書店	FrontPage 魔法書	NT$500.00	20	NT$10,000.00	102/3/1
3	一品書店	Flash 特效大全	NT$480.00	15	NT$7,200.00	102/3/2
3	一品書店	LINUX 指令參考手冊	NT$550.00	25	NT$13,750.00	102/3/2

記錄: 182 之 1　　無篩選條件　搜尋

當我們要使用查詢的計算欄位時, 若不指定別名, Access 會自動幫我們取一個別名：Expr?, 其中 "?" 代表一個數字, 例如：

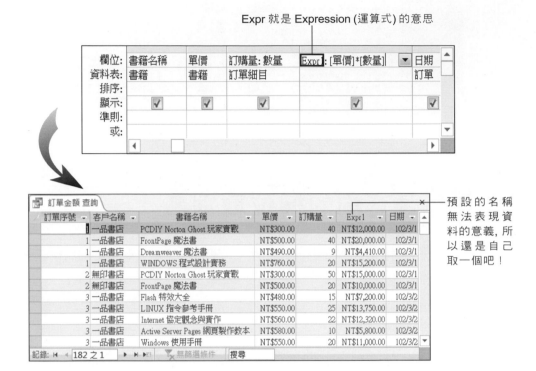

Expr 就是 Expression (運算式) 的意思

預設的名稱無法表現資料的意義, 所以還是自己取一個吧！

10-4 運算式的使用技巧

運算式的構造

在說明之前, 先介紹運算式的兩大組成單元：**運算子**及**運算元**。

運算子

運算子是一種符號, 用來作為資料項目之間的計算方式, 在 Access 中常用的大致可分為幾類：**算術運算子**(+、-、*、/)、**連結運算子**(+、&)、**邏輯運算子**(and、or)、及**比較運算子**(>、=、<、between...and...) 等等。

運算元

運算元是指運算子處理的資料項目, 一般來說, 只要能提供值, 就可以當作運算元。包括數字、字串...等。例如:

```
日期:如 #102/05/01#
字串:如 " 旗標 "
數字:如 55.8
函數:如 Month ( )  ◄──── 可求得日期資料中的月份
. . .
```

Access 的函數

在 Access 中已經內建了許多函數, 可用來幫我們做一些複雜的運算, 減少撰寫程式碼, 例如 :

```
Int ( )     可求取數值的整數部份
Date ( )    傳回今天的日期
Year ( )    可求得日期資料中的年份
Month ( )   可求得日期資料中的月份
UCase ( )   可將字串中小寫的英文字轉成大寫
. . .
```

運算式

運算式則是由運算元及運算子所組成, 它能進行各種資料的運算, 在 Access 中應用的非常廣泛, 包括一些篩選準則的設定、條件判斷、欄位計算...等, 都是運用運算式來設定。例如:

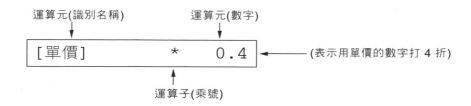

什麼地方可以用運算式

我們在上一節所提到的**金額小計**欄位及篩選的條件 (如：<500) 都算是運算式。所有需要經過比較或計算後才能得到結果的欄位都可使用運算式。以查詢為例：

若要使用計算欄位, 就可使用運算式

欄位:	訂單序號	客戶名稱	書籍名稱	單價	訂購量: 數量	金額小計: [單價]*[數量]	日期
資料表:	訂單	客戶	書籍	書籍	訂單細目		訂單
排序:	遞增						
顯示:	✓	✓	✓	✓	✓	✓	✓
準則:					>=20		
或:							

篩選的條件也是一個運算式哦!(但不用輸入欄位名稱)

TIP 請注意！運算式的**識別名稱**是指資料庫物件或欄位的名稱。以資料表及查詢的欄位名稱為例, 這些名稱要以方括弧括起來, 例如：[單價]、[數量]。若資料庫中有好幾個資料表或查詢物件, 則還要指明所屬的資料表或查詢, 例如：[書籍].[單價]、[訂單細目].[數量], 中間以句點作為連接。

其他像在資料表、表單、報表等物件的設計視窗中, 也都有許多欄位可輸入運算式, 這些我們以後再介紹。

運算式建立器

運算式建立器可方便我們建立運算式。您只要將在設計視窗中的輸入焦點移到要輸入運算式的地方, 然後按**查詢設定**區的**建立器**鈕即可：

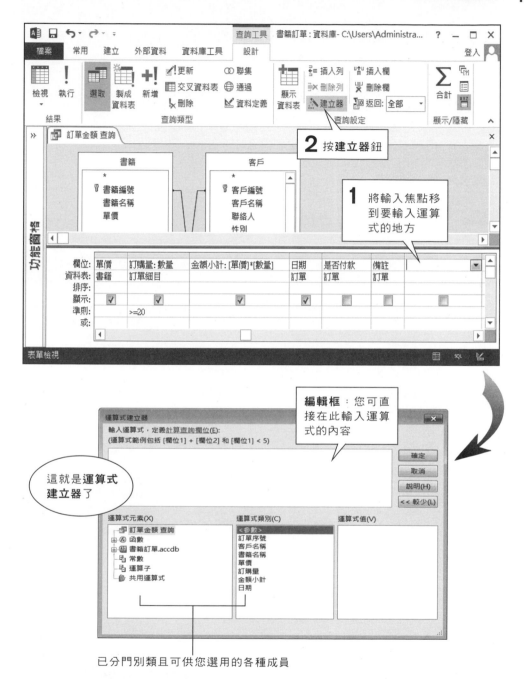

已分門別類且可供您選用的各種成員

　　在上圖的**編輯框**中可直接輸入或編輯運算式的內容。或使用**編輯框**下方的項目來加入成員 (操作方法後述)。

　　舉個例子來說, 假設我們又要在**訂單金額 查詢**中多加一個欄位, 來計算每筆交易的利潤, 可以輸入下面這個運算式:

```
Int( 數量 * (單價*0.4 - 80) )
```

TIP 在小括弧中的資料將優先計算, 而且愈內層小括弧愈先計算。

請依照下面的步驟操作:

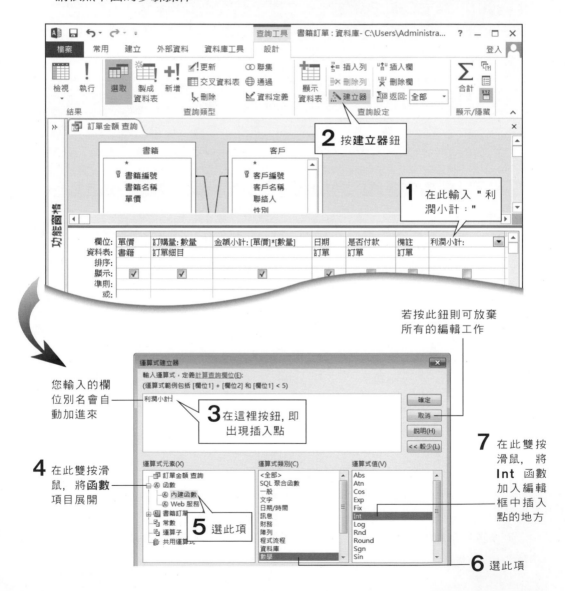

8 在<<Expr>>上按一下將之選取, 並按 Del 鍵刪除

TIP 在 << >> 之間的部分表示可加入的內容, 例如<<Expr>>表示可加入其他的運算式;<<number>>表示要加入數值。如果不需要代換成運算式或數值, 則可刪除。

9 在此按一下, 則<<number>>被選取

10 將**資料表**展開, 並選**訂單細目**

11 在此雙按, 將**數量**加入運算式中

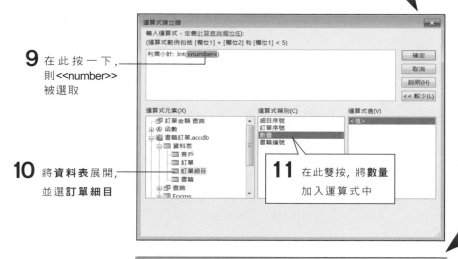

12 輸入 "*"

注意! **插入點**是資料插入的地方,所以在插入資料前請先確認插入點的位置是否正確。接著,請利用同樣的技巧,將完整的運算式輸入如下:

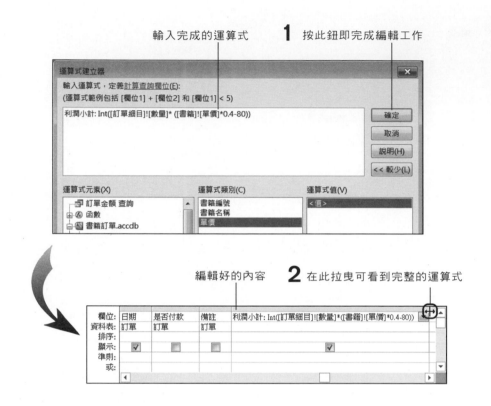

輸入完成的運算式

1 按此鈕即完成編輯工作

編輯好的內容 **2** 在此拉曳可看到完整的運算式

完成之後,我們按**結果**區的**檢視**鈕,執行『**資料工作表檢視**』命令,切到工作表檢視視窗來看結果:

果然多一個欄位

訂單序號	客戶名稱	書籍名稱	單價	訂購量	金額小計	日期	利潤小計
1	一品書店	PCDIY Norton Ghost 玩家實戰	NT$300.00	40	NT$12,000.00	102/3/1	1600
1	一品書店	WINDOWS 程式設計實務	NT$760.00	20	NT$15,200.00	102/3/1	4480
1	一品書店	FrontPage 魔法書	NT$500.00	40	NT$20,000.00	102/3/1	4800
2	無印書店	PCDIY Norton Ghost 玩家實戰	NT$300.00	50	NT$15,000.00	102/3/1	2000
2	無印書店	FrontPage 魔法書	NT$500.00	20	NT$10,000.00	102/3/1	2400
3	一品書店	LINUX 指令參考手冊	NT$550.00	25	NT$13,750.00	102/3/2	3500
3	一品書店	Windows 使用手冊	NT$550.00	20	NT$11,000.00	102/3/2	2800

記錄: 77 之 1   無篩選條件   搜尋

最後,請將這個查詢存檔並關閉。

設定查詢欄位的『顯示格式』

我們也可以設定查詢欄位的『顯示格式』, 方法如下:

1 在要設定的欄位上按右鈕

2 執行『屬性』命令

4 按此鈕關閉交談窗即完成設定

3 在此選擇欄位的『顯示格式』

設定後的效果: 變成 NT$ 格式

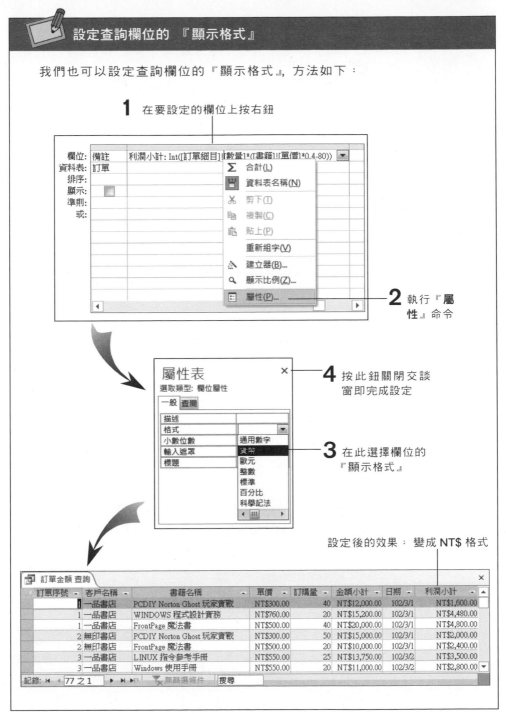

10-5 以『簡單查詢精靈』做統計分析工作

『簡單查詢精靈』的功能其實並不簡單,它還可以幫我們做資料的統計分析工作呢!例如我們想要看看每本書到底賣了多少本,那麼這項功能就可以派上用場了。請在**建立**頁次的**查詢**區中按**查詢精靈**鈕:

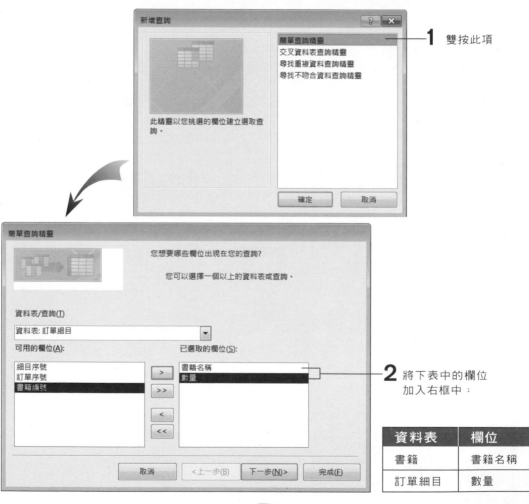

1 雙按此項

2 將下表中的欄位加入右框中:

資料表	欄位
書籍	書籍名稱
訂單細目	數量

按**下一步**鈕

3 選擇此項

4 按此鈕

5 選取此多選鈕
表示要做合計

7 按**確定**鈕回到上一個
畫面, 然後按**下一步**鈕

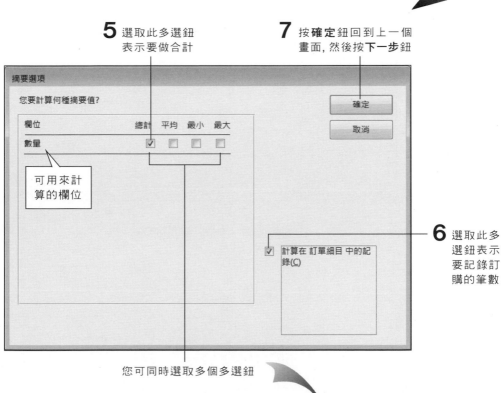

可用來計
算的欄位

6 選取此多
選鈕表示
要記錄訂
購的筆數

您可同時選取多個多選鈕

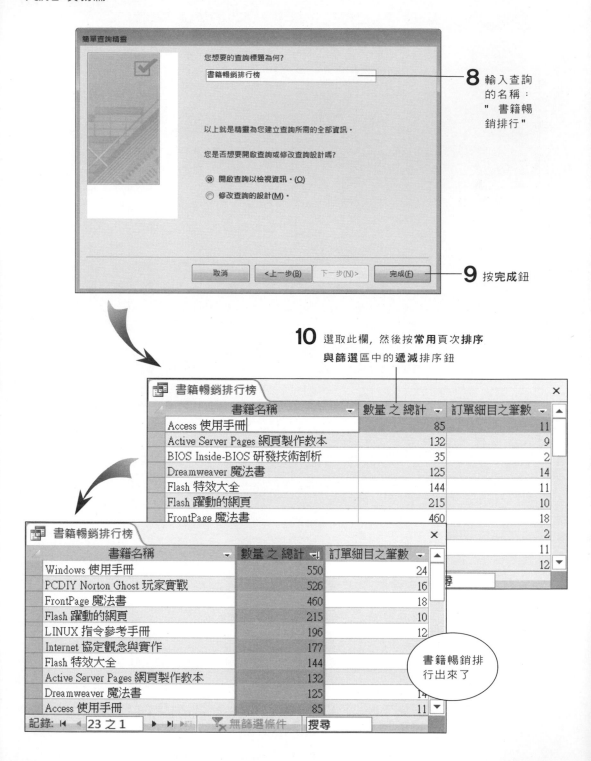

8 輸入查詢的名稱："書籍暢銷排行"

9 按完成鈕

10 選取此欄, 然後按**常用**頁次**排序與篩選**區中的**遞減**排序鈕

書籍暢銷排行榜

書籍名稱	數量 之 總計	訂單細目之筆數
Access 使用手冊	85	11
Active Server Pages 網頁製作教本	132	9
BIOS Inside-BIOS 研發技術剖析	35	2
Dreamweaver 魔法書	125	14
Flash 特效大全	144	11
Flash 躍動的網頁	215	10
FrontPage 魔法書	460	18

書籍暢銷排行榜

書籍名稱	數量 之 總計	訂單細目之筆數
Windows 使用手冊	550	24
PCDIY Norton Ghost 玩家實戰	526	16
FrontPage 魔法書	460	18
Flash 躍動的網頁	215	10
LINUX 指令參考手冊	196	12
Internet 協定觀念與實作	177	
Flash 特效大全	144	
Active Server Pages 網頁製作教本	132	
Dreamweaver 魔法書	125	1
Access 使用手冊	85	11

記錄: 23 之 1 　無篩選條件　搜尋

書籍暢銷排行出來了

『統計分析查詢』和一般查詢的差異

接續前面的**書籍暢銷售排行**查詢, 請按**常用**頁次**檢視**區的**檢視**鈕, 執行『**設計檢視**』命令, 切換到查詢設計視窗, 我們要看看『統計分析查詢』和一般查詢有什麼不同之處:

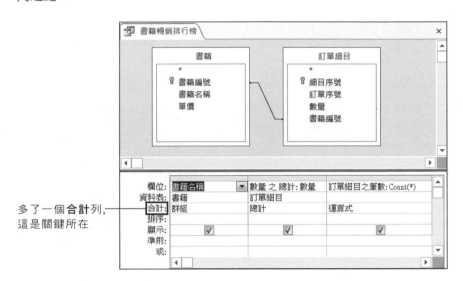

多了一個**合計**列,
這是關鍵所在

當查詢中多了一個**合計**列時, 這個查詢便具有分組統計分析的功能, 您可按**顯示/隱藏**區工具列的**合計**鈕來開啟或關閉**合計**列。在**合計**列中, 我們可以為每一個欄位設定要做為分組條件或做為合計運算:

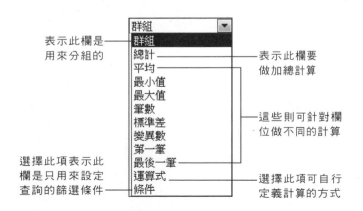

表示此欄是
用來分組的

表示此欄要
做加總計算

這些則可針對欄
位做不同的計算

選擇此項表示此
欄是只用來設定
查詢的篩選條件

選擇此項可自行
定義計算的方式

經過以上的解說,**書籍暢銷排行**查詢的設定就很容易瞭解了:

我們可以用 "xxx:" 方式來指定查詢欄位的名稱

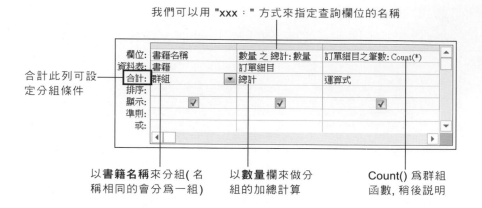

合計此列可設
定分組條件

以**書籍名稱**來分組(名
稱相同的會分為一組)

以**數量**欄來做分
組的加總計算

Count() 為群組
函數, 稍後說明

群組函數

『群組函數』又稱為 SQL『聚合函數』或『總和函數』, 它是專門用來與『群組
式查詢』搭配使用。例如我們前面計算書籍的銷售量時就使用過:

以群組函數 Count()
計算該組中共有多
少筆記錄

以書名做分組

指明要使用 "總計" 的群組函數,
來將同一組的值都加總起來

TIP "*" 表示包含所有的欄位。由於是做計數, 所以您選擇單一欄位, 如 Count
(細目序號), 或所有的欄位 Count(*) 都沒有什麼區別。不過, 用 Count(*) 比較
能表達出 Count 的意義。

揭開分組查詢的真面目

像以上這樣將萃取出的資料做分組計算的查詢, 我們稱為『群組式查詢』。
以下是群組式查詢的整個流程:

萃取資料

這 9 筆書名相同, 是同一個群組

這些加起來就是此群組的銷售數量總合 (78)

分組前

這一組共有 9 筆細目資料

分組後

在群組式查詢中,所有的計算欄位都必須以『群組函數』來運算。群組函數的使用方式有 2 種,底下我們以 "筆數" 功能為例來說明:

方法 1:直接以 Count() 函數計算

並在**合計**列中設定為**運算式**

方法 2:任選一個欄位

在**合計**列中設定群組中的**筆數**運算方式

如果您不遵循以上的規則,那麼在執行查詢時,就會顯示錯誤訊息:

這裡沒有群組函數

按**結果**區的**檢視**鈕,執行『**資料工作表檢視**』命令

這裡又設為運算式

告訴您錯誤了

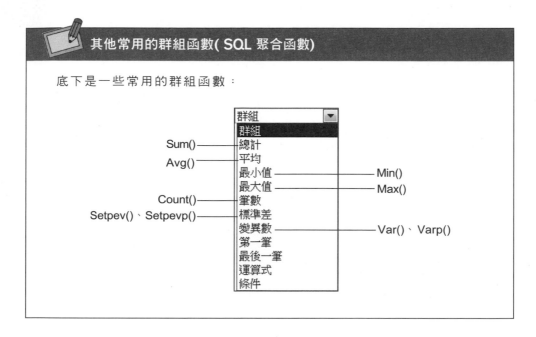

其他常用的群組函數(SQL 聚合函數)

底下是一些常用的群組函數：

在群組式查詢中設定排序、篩選條件

在群組式查詢的設計視窗中, 我們仍然可以任意在各欄位中設定排序與篩選條件, 例如我們只想統計**數量**大於9本的交易：

那麼只有**數量**大於9本的資料才會被取出做加總。

但是,如果要篩選書籍**單價**大於 350 元的交易呢？由於我們的分組式查詢中並沒有此欄位,則可如下修改：

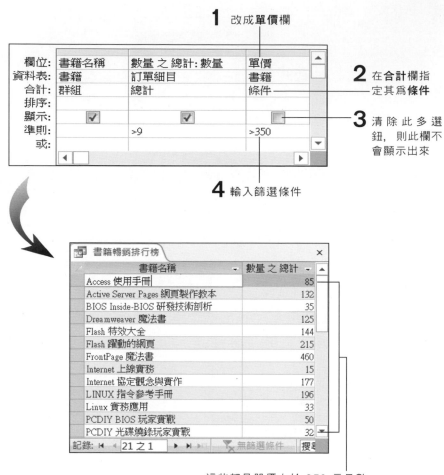

1 改成**單價**欄

2 在**合計**欄指定其為**條件**

3 清除此多選鈕，則此欄不會顯示出來

4 輸入篩選條件

這些都是單價大於 350 元且數量大於 9 本的書籍統計資料

10-6 建立參數式的查詢－查出銷售排行

　　雖然我們可以查出書籍的總銷售排行了, 但若只想看某一期間內的銷售排行 (例如 5 月 1 日~10 日間的銷售排行) 呢？由於每次要看的時間範圍都可能不一樣, 所以最好的方法就是在執行查詢的時候, 用輸入參數的方式來指定時間範圍, 例如執行一個參數式的查詢：

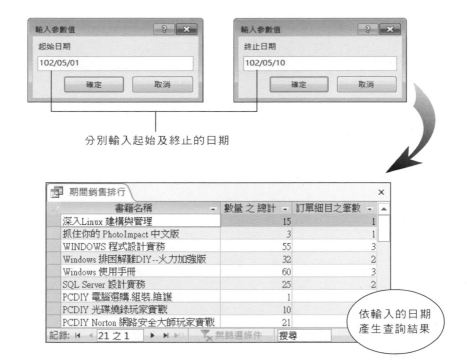

分別輸入起始及終止的日期

依輸入的日期產生查詢結果

　　要建立參數式的查詢, 我們可先設計一個普通的查詢, 然後再加上要使用的參數設定即可。底下請先將**書籍暢銷排行**查詢複製一份 (或另存物件), 並以**期間銷售排行**爲名, 然後在此查詢的設計檢視視窗中設定：

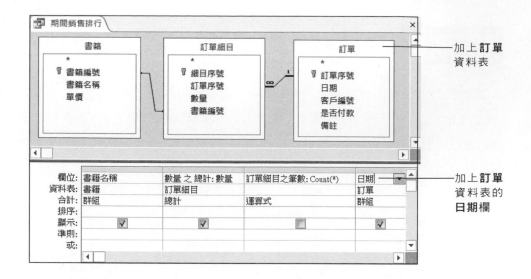

右側標示：
加上**訂單**資料表

加上**訂單**資料表的**日期**欄

接著, 請按**顯示/隱藏**區的**參數**鈕, 即可開啟**查詢參數**交談窗, 然後依下圖輸入：

參數的名稱 ⟶ 　　　　　　⟵ 參數的類型

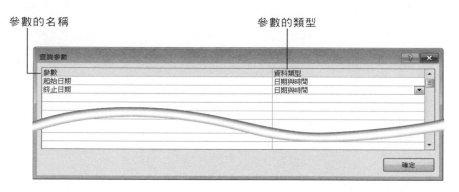

在上圖中我們定義了二個**日期/時間**類型的參數, 這樣我們便可以將之做爲**日期**欄的篩選條件了：

2 取消打勾, 因爲**日期**欄不必顯示 (事實上, 設爲**條件**的欄位是不允許顯示的, 否則會出現錯誤訊息)

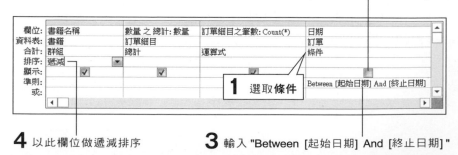

1 選取**條件**

4 以此欄位做遞減排序　　　　　**3** 輸入 "Between [起始日期] And [終止日期]"

注意, 當我們將參數加在運算式中時, 要記得用方括弧把參數名稱給括起來 (因為它們也是識別名稱的一種), 這樣 Access 才知道它們是參數 (否則會被視為字串值)。

TIP "Between ... And ..." 是一種運算子, 表示 "介於...與...之間" 的意思。

好了, 我們就來看看成果吧! 請按**結果**區的**檢視**鈕, 執行『**資料工作表檢視**』命令:

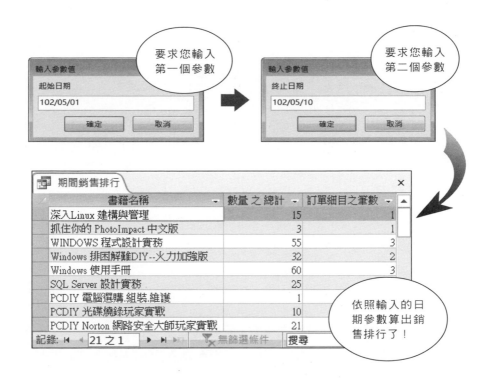

最後請將這個查詢存檔並關閉。以後您只要開啟這個查詢, 就會出現我們設定好的參數輸入視窗, 您可視需要輸入起始及終止日期, 那麼 Access 就會依照輸入的期間來做查詢了。

10-7 建立『交叉資料表查詢』─ 交叉分析

『交叉資料表查詢』可用來幫我們做交叉分析, 然後產生一個具有**欄標題**及**列標題**的『交叉資料表』。例如我們想查詢每一個客戶所購買之每一種書的數量, 那麼就很適合使用交叉資料表查詢:

欄標題為**客戶名稱**

列標題為
書籍名稱

中間的資料為各書的訂購**數量**

這樣一來, 我們所要的資訊就可以一目了然了。

那麼, 要如何建立『交叉資料表查詢』呢? Access 提供了『交叉資料表查詢精靈』來幫我們的忙。請先按**建立**頁次**查詢**區的**查詢精靈**鈕, 然後依下圖步驟操作:

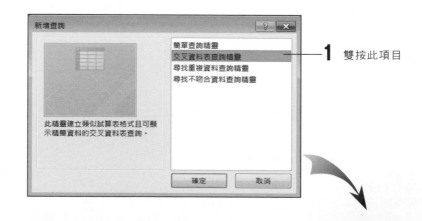

1 雙按此項目

3 選取我們前面已建立好的**書籍訂單 查詢**

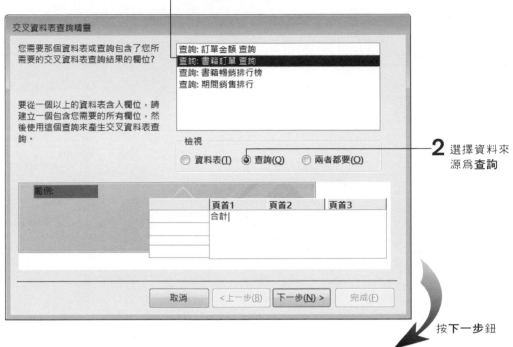

交叉資料表查詢精靈

您需要那個資料表或查詢包含了您所需要的交叉資料表查詢結果的欄位?

查詢: 訂單金額 查詢
查詢: 書籍訂單 查詢
查詢: 書籍暢銷排行榜
查詢: 期間銷售排行

要從一個以上的資料表含入欄位,請建立一個包含您需要的所有欄位,然後使用這個查詢來產生交叉資料表查詢。

檢視
○ 資料表(T)　● 查詢(Q)　○ 兩者都要(O)

2 選擇資料來源為**查詢**

範例:

	頁首1	頁首2	頁首3
	合計		

取消　<上一步(B)　下一步(N) >　完成(F)

按**下一步**鈕

4 將列標題的資料來源：**書籍名稱**移到右框中

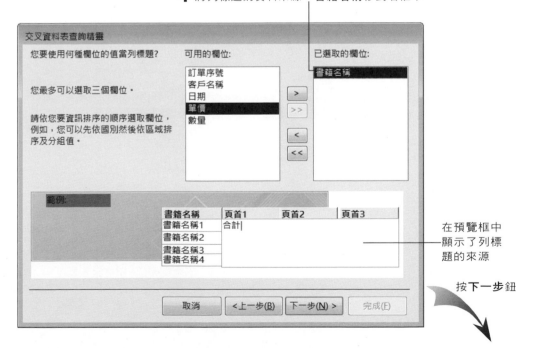

交叉資料表查詢精靈

您要使用何種欄位的值當列標題?

您最多可以選取三個欄位。

請依您要資訊排序的順序選取欄位,例如,您可以先依國別然後依區域排序及分組值。

可用的欄位:

訂單序號
客戶名稱
日期
單價
數量

已選取的欄位:

書籍名稱

範例:

書籍名稱	頁首1	頁首2	頁首3
書籍名稱1	合計		
書籍名稱2			
書籍名稱3			
書籍名稱4			

在預覽框中顯示了列標題的來源

取消　<上一步(B)　下一步(N) >　完成(F)

按**下一步**鈕

5 選擇欄標題的資料來源：**客戶名稱**

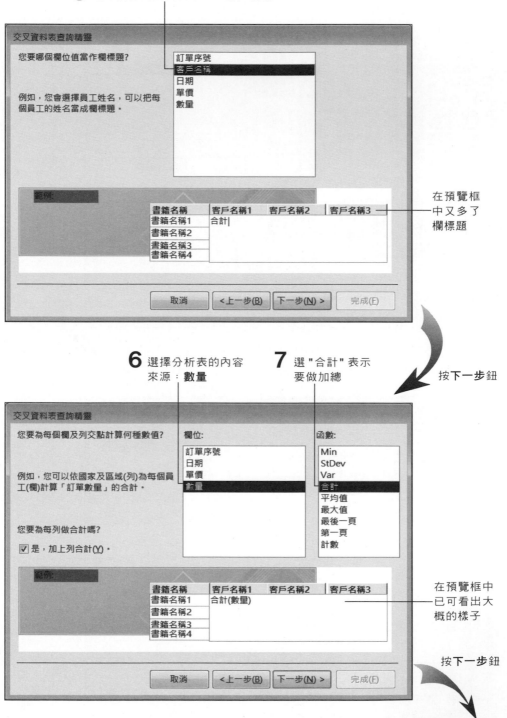

交叉資料表查詢精靈

您要哪個欄位值當作欄標題？

- 訂單序號
- 客戶名稱
- 日期
- 單價
- 數量

例如，您會選擇員工姓名，可以把每個員工的姓名當成欄標題。

範例：

書籍名稱	客戶名稱1	客戶名稱2	客戶名稱3
書籍名稱1	合計		
書籍名稱2			
書籍名稱3			
書籍名稱4			

在預覽框中又多了欄標題

[取消] [<上一步(B)] [下一步(N) >] [完成(F)]

按**下一步**鈕

6 選擇分析表的內容來源：**數量**

7 選 "合計" 表示要做加總

交叉資料表查詢精靈

您要為每個欄及列交點計算何種數值？

欄位：
- 訂單序號
- 日期
- 單價
- 數量

函數：
- Min
- StDev
- Var
- 合計
- 平均值
- 最大值
- 最後一頁
- 第一頁
- 計數

例如，您可以依國家及區域(列)為每個員工(欄)計算「訂單數量」的合計。

您要為每列做合計嗎？

☑ 是，加上列合計(Y)。

範例：

書籍名稱	客戶名稱1	客戶名稱2	客戶名稱3
書籍名稱1	合計(數量)		
書籍名稱2			
書籍名稱3			
書籍名稱4			

在預覽框中已可看出大概的樣子

[取消] [<上一步(B)] [下一步(N) >] [完成(F)]

按**下一步**鈕

8 輸入查詢的名稱

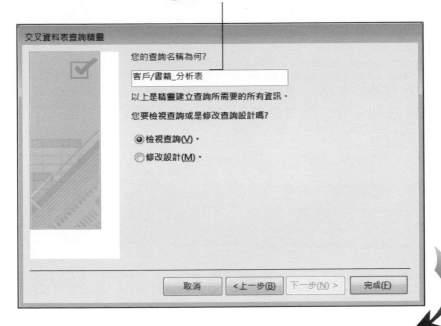

交叉資料表查詢精靈

您的查詢名稱為何?

客戶/書籍_分析表

以上是精靈建立查詢所需要的所有資訊。

您要檢視查詢或是修改查詢設計嗎?

◉ 檢視查詢(V)。
◎ 修改設計(M)。

取消　　<上一步(B)　　下一步(N) >　　完成(F)

按**完成**鈕

此欄是做整列的合計　　**9** 請自行調整欄位大小

書籍名稱	合計 數量	一品書店	八德書店	十全書店
Access 使用手冊	85	10		13
Active Server Pages 網頁製作教本	132	42	10	3
BIOS Inside-BIOS 研發技術剖析	35		30	
Dreamweaver 魔法書	125	19		8
Flash 特效大全	144	50		14
Flash 躍動的網頁	215		55	
FrontPage 魔法書	460	75	30	53
Internet 上線實務	15	5		10
Internet 協定觀念與實作	177	52		
LINUX 指令參考手冊	196	50	10	16
Linux 實務應用	33			

記錄: ◄ ◄ 23 之 1 ► ►► ► ▼無篩選條件　搜尋 ◄　　►

📝 **資料來源只能是 " 單一 " 的資料表或查詢**

　　由於『交叉資料表查詢精靈』的資料來源只能是 " 單一 " 的資料表或查詢,所以如果您要分析的資料散存於多個資料表中, 那麼就必須先建立一個查詢將資料整合起來, 然後再用此查詢來製作交叉資料表。

您可以按**常用**頁次**檢視**區的**檢視**鈕, 執行『**設計檢視**』命令, 切換到設計檢視視窗, 看看這個交叉查詢的詳細內容:

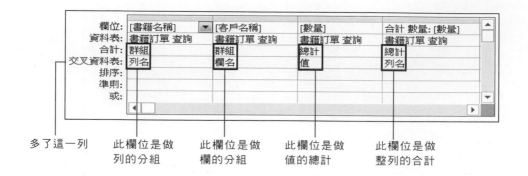

| 多了這一列 | 此欄位是做列的分組 | 此欄位是做欄的分組 | 此欄位是做值的總計 | 此欄位是做整列的合計 |

10-8 『交叉資料表查詢』的進階應用

其實, 交叉資料表的列標題可以有好幾個的 (最多 3 個), 例如我們想在前面的分析表中再加一個 "月份" 的分組條件, 以產生如下的分析表:

多了一個列標題:**月份**

書籍名稱	月份	合計 數量	一品書店	八德書店	十全書店
Access 使用手冊	3月	32	10		8
Access 使用手冊	4月	35			5
Access 使用手冊	5月	18			
Active Server Pages 網頁製作	3月	68	10		3
Active Server Pages 網頁製作	4月	47	32		
Active Server Pages 網頁製作	5月	17		10	
BIOS Inside-BIOS 研發技術剖	5月	35		30	
Dreamweaver 魔法書	3月	82	14		8
Dreamweaver 魔法書	4月	30	5		
Dreamweaver 魔法書	5月	13			
Flash 特效大全	3月	69	30		14

記錄: ◄ ◄ 55 之 1 ► ►► 無篩選條件 搜尋 ◄ ►

這樣我們就可以用月份為單位, 來檢視每個客戶的書籍訂購情形了。要製作這樣的一個分析表, 其步驟和前一節相同, 只除了在選取列標題的地方 (步驟4) 有一個不同:

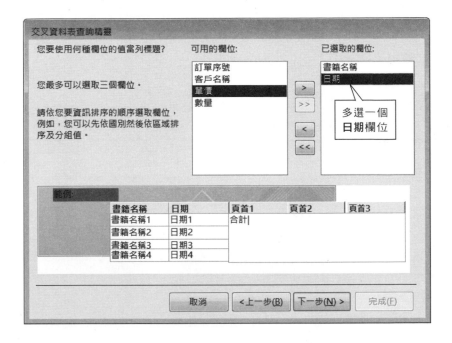

另外在最後一個步驟中, 我們將此查詢另外取個名稱 :

輸入查詢的名稱 : " 客戶 / 書籍 _ 月份分析表 "

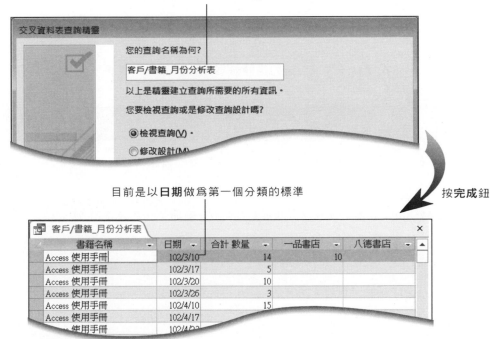

　　由於我們是希望以**月份**做為第一個列標題,所以請按**常用**頁次**檢視**區的**檢視**鈕,執行『**設計檢視**』命令,切換到設計檢視視窗:

修改這個欄位的資料來源為運算式

欄位:	[書籍名稱]	月份: Month([日期]) & "月"	[客戶名稱]	[數量]	合計 數量: [數量]
資料表:	書籍訂單 查詢		書籍訂單 查詢	書籍訂單 查詢	書籍訂單 查詢
合計:	群組	群組	群組	總計	總計
交叉資料表:	列名	列名	欄名	值	列名
排序:					
準則:					
或:					

客戶/書籍_月份分析表

書籍名稱	月份	合計 數量	一品書店	八德書店	十全書店
Access 使用手冊	3月	32	10		8
Access 使用手冊	4月	35			5
Access 使用手冊	5月	18			
Active Server Pages 網頁製作	3月	68	10		3
Active Server Pages 網頁製作	4月	47	32		
Active Server Pages 網頁製作	5月	17		10	
BIOS Inside-BIOS 研發技術部	5月	35		30	
Dreamweaver 魔法書	3月	82	14		
Dreamweaver 魔法書	4月	30	5		
Dreamweaver 魔法書	5月	13			
Flash 特效大全	3月	69	30		14

完成了!

記錄: ◄ ◄ 55 之 1 ► ►I ►※ 無篩選條件 搜尋 ◄

> **TIP** Access 預設是以第一個列標題做為分析表的排序依據。

運算式中的 &、Month()、Year() 及 Day()

- 『**&**』是字串連結運算子,可將二個字串合併起來,例如:

  "a" & "b" 則運算結果為 "ab"。

- **Month()** 函數可以取得日期資料的月份,例如:

  Month(#2013/05/01#) 結果為 5。
  Month(#2013/05/01#) & "月" 結果為 『5 月』。

- **Year()** 函數可取得年份。

- **Day()** 函數可取得日期。

11

資料表的
進階設計

- 在資料表中加入圖片欄位
- 進階的欄位屬性設定
- 設定輸入遮罩
- 管制欄位資料的正確性
- 管制整筆記錄的正確性
- 設定查閱頁次的屬性
- 在資料表中加入附件的欄位

　　資料表乃是資料庫的根本,因為它才是真正存放資料的地方！其他如查詢、表單、報表等,它們最原始的資料來源都是資料表,所以我們可把資料表看成是其他資料庫物件的起源。由此觀之,設計資料表是非常重要的。本章將教您一些有關資料表的進階設計技巧,內容包括:

● 如何建立圖片欄位

● 進階的欄位屬性設定

● 設定輸入遮罩

● 管制輸入資料的正確性

● 設定查閱頁次的屬性

● 如何建立附件欄位

11-1　在資料表中加入圖片欄位

　　在本節中,我們將教您如何利用OLE(Object Linking and Embedding:物件連結與內嵌)物件資料類型,在**書籍**資料表中建立圖片欄位,以存放每本書籍的封面照片。

什麼是 OLE 物件

　　在 Access 中,OLE 物件可以是任何類型的資料,例如:圖形、聲音、動畫,甚至是 Word、Excel 的文件等等,因此只要使用 **OLE 物件**資料類型的欄位,任何種類的資料都可以放進資料庫中。

　　不過,使用 OLE 物件有一個先決條件,那就是您必須先在 Windows 安裝能夠處理該類資料,並具備 OLE 功能的應用程式才行。如此該物件才能經由這個應用程式來正確的顯示或編輯。

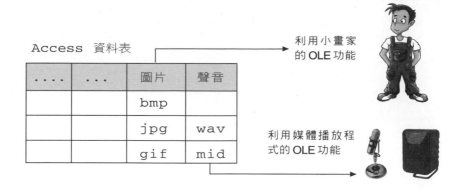

利用小畫家的 OLE 功能

利用媒體播放程式的 OLE 功能

建立 OLE 欄位

請先開啓上一章所建立的**書籍訂單**資料庫 (或者從書附光碟的 "Ch11範例資料.accdb" 匯入**書籍**資料表), 再開啓**書籍**資料表, 切換到**常用**頁次, 按**檢視**區的**檢視**鈕, 執行『 **設計檢視** 』命令, 開啓設計檢視視窗, 然後依下圖操作:

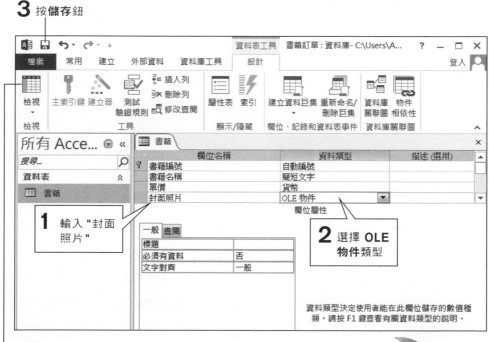

3 按**儲存**鈕

1 輸入 "封面照片"

2 選擇 OLE **物件**類型

4 按**檢視**鈕執行 『 **資料工作表檢視** 』命令

資料類型決定使用者能在此欄位儲存的數值種類。請按 F1 鍵查看看有關資料類型的說明。

書籍				×
書籍編 ▾	書籍名稱 ▾	單價 ▾	封面照片 ▾	▲
1	PCDIY 電腦選購.組裝.維護	NT$450.00		
2	Dreamweaver 中文版魔法書	NT$490.00		
3	HTML 網頁設計實務	NT$480.00		
4	FrontPage 魔法書	NT$500.00		
5	Flash 中文版躍動的網頁	NT$620.00		
6	Windows 使用手冊	NT$550.00		
7	PCDIY 光碟燒錄玩家實戰	NT$480.00		
8	Active Server Pages 網頁製作教本	NT$580.00		▼
記錄: ◄ ◄ 23 之 1 ► ►I ►※ ▼ 無篩選條件 搜尋 ◄				►

在資料工作表視窗最右邊多出了**封面照片欄位**

輸入照片

那麼, 要如何將照片圖檔輸入**封面照片**欄中呢? 由於**封面照片**欄是 **OLE 物件**類型, 所以我們要以插入 "物件" 的方式來輸入資料。請先選取第 1 筆記錄的**封面照片**欄位, 然後按滑鼠右鈕, 執行『**插入物件**』命令, 開啓插入物件交談窗:

有很多可選擇的OLE物件類型

我們可利用『由檔案建立』插入新的檔案。但是, 如果新插入檔案的類型, 無法從 **OLE 物件**中找到適合的應用程式來開啓時, 會自動的歸類到 **Package** 類型。若被歸類到此類型, 則無法在表單上面看到其效果, 而只會顯示Package文字。有鑑於此, 如果無法確定您所使用的圖形軟體是否爲 **OLE 物件**所支援, 筆者建議先將欲插入的圖形轉成點陣圖檔, 因爲點陣圖檔爲 **OLE 物件**之一。假設我們要將 F9603.bmp (放在書附光碟 CH11 資料夾) 插入至第 1 筆紀錄的封面照片欄中, 請如下操作:

1 選擇此單選鈕

2 按**瀏覽**鈕

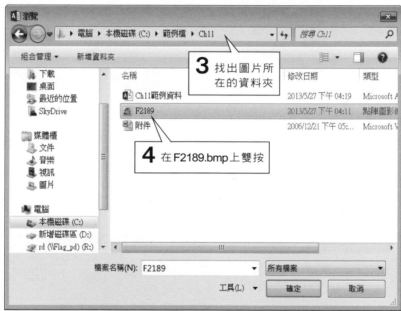

3 找出圖片所在的資料夾

4 在 F2189.bmp 上雙按

5 按**確定**鈕

請注意！若在上頁圖中設定了**連結**項目,那麼指定的圖片並不會放入資料表中,而是與圖片檔建立一個 "連結" 的關係。當您要觀看或編輯這張圖片時,程式才會由圖片檔中讀進來顯示。這樣作可以大大地節省資料庫的儲存空間,但要注意連結的圖片檔必須放在固定的資料夾中 (不可以搬移到其他資料夾),否則會發生找不到圖片檔的情形。最後完成結果如下所示:

封面照片已輸入了

書籍				✕
書籍編 ▾	書籍名稱 ▾	單價 ▾	封面照片 ▾	
⬥ 1	PCDIY 電腦選購.組裝.維護	NT$450.00	調色盤圖片	
2	Dreamweaver 中文版魔法書	NT$490.00		
3	HTML 網頁設計實務	NT$480.00		
4	FrontPage 魔法書	NT$500.00		
5	Flash 中文版躍動的網頁	NT$620.00		
6	Windows 使用手冊	NT$550.00		
7	PCDIY 光碟燒錄玩家實戰	NT$480.00		
8	Active Server Pages 網頁製作教本	NT$580.00		

記錄: ◄ 23 之 1 ► ►I ►⊞ 無篩選條件 搜尋 ◄ | | ►

TIP 若要放入資料庫的圖片檔案很大, 或數量很多, 則建議您先調整檔案大小, 或是考慮改用 " 連結 " 的方式, 以免因資料量超過 Access 的資料庫容量限制 2GB。

修改照片的內容

直接在**封面照片**欄雙按滑鼠,即可叫出物件所屬的應用程式來開啟或編輯:

由標題可知道這是
資料表中的圖形檔

修改完之後, 直接關閉應用程式即可

更換照片

如果想要更換照片, 那麼只要先選取該**封面照片**欄位, 然後按滑鼠右鈕重新執行『**插入物件**』命令, 另外輸入一張新的照片即可。

11-2 進階的欄位屬性設定

Access 提供了多種欄位資料類型 (其中一個是查閱精靈) 供我們選用, 而每一種類型之下, 又有許多的屬性可以設定:

一般頁次中的
各項屬性設定

各種欄位類型

由於每種類型的特性都不一樣, 所以它們的屬性設定項目也會略有差異。底下我們就來看看這些屬性要如何設定, 如果您想一邊學一邊測試, 那麼可以將本章範例資料庫的**欄位屬性測試**資料表匯入到您的資料庫中做測試 (此資料表在 "Ch11範例資料.accdb"):

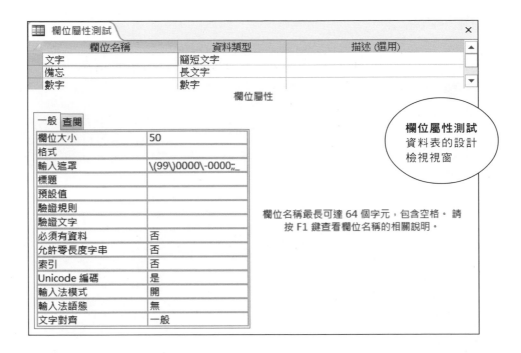

欄位大小屬性

只有**文字**及**數字**類型可以設定欄位大小。文字類型的範圍是由 0 到 255 個位元，數字類型則可設為以下幾種：

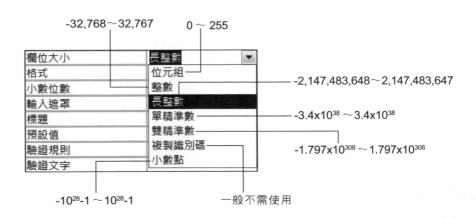

　　您可視儲存資料的大小來決定要使用哪一種, 例如欄位值只可能由 1 到 100, 那麼就可以選用**位元組**項目。

格式屬性

　　格式是用來設定資料要如何顯示或列印出來。例如：

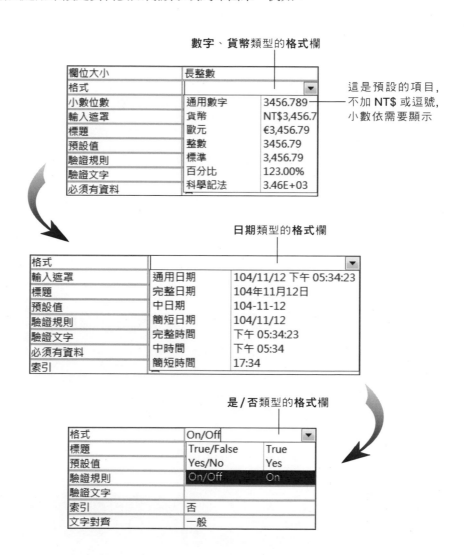

數字、貨幣類型的**格式**欄

欄位大小	長整數	
格式		▼
小數位數	通用數字	3456.789
輸入遮罩	貨幣	NT$3,456.7
標題	歐元	€3,456.79
預設值	整數	3456.79
驗證規則	標準	3,456.79
驗證文字	百分比	123.00%
必須有資料	科學記法	3.46E+03

這是預設的項目, 不加 **NT$** 或逗號, 小數依需要顯示

日期類型的**格式**欄

格式		▼
輸入遮罩	通用日期	104/11/12 下午 05:34:23
標題	完整日期	104年11月12日
預設值	中日期	104-11-12
驗證規則	簡短日期	104/11/12
驗證文字	完整時間	下午 05:34:23
必須有資料	中時間	下午 05:34
索引	簡短時間	17:34

是 / 否類型的**格式**欄

格式	On/Off	▼
標題	True/False	True
預設值	Yes/No	Yes
驗證規則	On/Off	On
驗證文字		
索引	否	
文字對齊	一般	

需要注意的是,**是/否**類型的格式屬性若設爲**True/False**,那麼資料會以True/False 來顯示,若設爲 **On/Off**,則是使用 On/Off 來顯示。當然,您也可以切換到**查閱**頁 次,並在**顯示控制項**屬性欄中選擇**核取方塊**項目,那麼就會以**核取方塊**來顯示了。

小數點位數屬性

這個屬性可用來控制**數字**及**貨幣**類型的資料,在顯示時要有固定的小數位數。例 如您不要顯示小數位數,就可設爲 0。預設的是**自動**,表示不做任何控制 (依照原來 的格式)。

標題屬性

標題屬性中設定的字串,可以在顯示或列印時取代欄位名稱。例如我們將**書籍編 號**欄的標題設爲**書號**,那麼無論在顯示或列印資料表視窗時,您看到的欄位標題都 會是**書號**。

預設值屬性

除了**自動編號**、**OLE 物件**及**附件**之外的類型,都可以指定一個在新增資料時自 動輸入的欄位**預設值**。Access 預設會將數字、貨幣類型的**預設值**屬性設爲 0,其 他類型則無預設值。

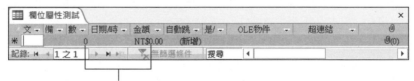

在新增記錄時, Access 會自動將預設值填入欄位中

必須有資料屬性

這裡只能填入**是**或**否**, 若選**是**, 那麼該欄位 就一定要輸入資料而不得爲空白, 否則當您要 離開該筆記錄時會出現如下視窗:

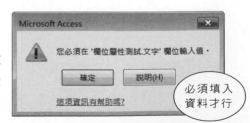

若您設定為**否**, 而且在編輯時也沒有填入資料, 則該欄位的值將被設為 **Null**。

何謂 Null 值

Null 表示**不知道、未知**的情況, 即表示目前設定為 Null 值之欄位沒有包含任何資料。例如我們在輸入一筆客戶資料時, 若對方的地址尚不確定, 那麼就可以留空白表示其為 Null 值, 待稍後地址確定了再行補上。

允許零長度字串屬性

零長度字串就是長度為 0 的字串, 我們也可稱之為**空字串**, 以 "" (二個連續的雙引號) 來表示。

這個屬性只對**簡短文字**及**長文字**類型有效。預設是**否**, 表示當我們編輯時若只輸入一或多個空白字元 (按空白鍵), 那麼 Access 會將之轉換成 Null 值來儲存。若設為**是**, 則輸入的『 "" 』或『 由空白組成的字串 』會以**零長度字串**來儲存, 只有在不輸入任何資料時才會以 Null 值儲存。

零長度字串和 Null 的差異

那麼, "零長度字串" 和 Null 有什麼不同呢 ? Null 是表示**未知**的狀況, 而零長度字串則表示**已知**, 其值為一個零長度的字串。

例如在**客戶**資料表中的**電話**欄, 我們可以將其**允許零長度字串**屬性設為**是**, 那麼在輸入時若不知道對方的電話號碼, 就不要輸入任何值 (Null); 若知道對方根本沒有申請電話, 那麼就可以輸入 "" (零長度字串) 來表示。

其他的屬性

除了以上介紹過的之外,還有以下的屬性:

● **索引**：這在第 3 章已介紹過, 就不再贅述了。

● **輸入遮罩**：此屬性可設定讓使用者只能依照固定格式輸入,我們將在下一節為您介紹。

● **驗證規則、驗證文字**：設定能對輸入資料做一些正確性的檢查, 我們留到 11-4 節再介紹。

● **查閱**頁次中的各項屬性, 我們將在 11-6 節詳細介紹。

11-3 | 設定輸入遮罩

什麼是輸入遮罩呢 ? 例如使用者在輸入電話號碼時,可能會輸入:

● 02-2396-3257

● (02)2396-3257

● 2396-3257

● 23963257

對於這些不統一的格式, 在做尋找或排序資料時會造成相當大的困擾。而 "輸入遮罩" 的功能, 便是讓使用者只能依照固定的格式輸入, 例如:

此即為輸入遮罩, 讓使用者只能依照固定格式輸入

只有**簡短文字**、**數字**、**日期/時間**及**貨幣**類型的欄位可以設定**輸入遮罩**。不過一般來說, 我們通常只會對**簡短文字**或**日期/時間**設定輸入遮罩。

事實上, Access 已經替**簡短文字**及**日期/時間**類型準備好了一個**輸入遮罩精靈**, 所以我們就不必學習一大堆設定用的符號及字元了。底下我們來看看如何啟動**簡短文字**類型的輸入遮罩精靈:

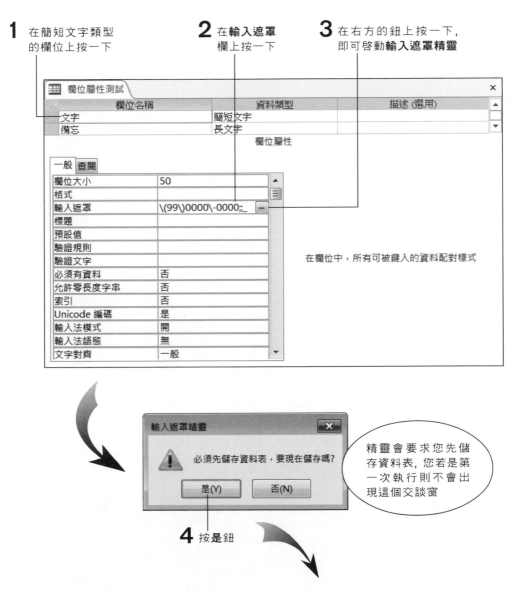

1 在簡短文字類型的欄位上按一下

2 在**輸入遮罩**欄上按一下

3 在右方的鈕上按一下, 即可啟動**輸入遮罩精靈**

欄位名稱	資料類型	描述 (選用)
文字	簡短文字	
備忘	長文字	

欄位屬性

一般 查閱

欄位大小	50
格式	
輸入遮罩	\(99\)0000\-0000;;_
標題	
預設值	
驗證規則	
驗證文字	
必須有資料	否
允許零長度字串	否
索引	否
Unicode 編碼	是
輸入法模式	開
輸入法語態	無
文字對齊	一般

在欄位中, 所有可被鍵入的資料配對樣式

輸入遮罩精靈

⚠ 必須先儲存資料表, 要現在儲存嗎?

是(Y)　　否(N)

精靈會要求您先儲存資料表, 您若是第一次執行則不會出現這個交談窗

4 按**是**鈕

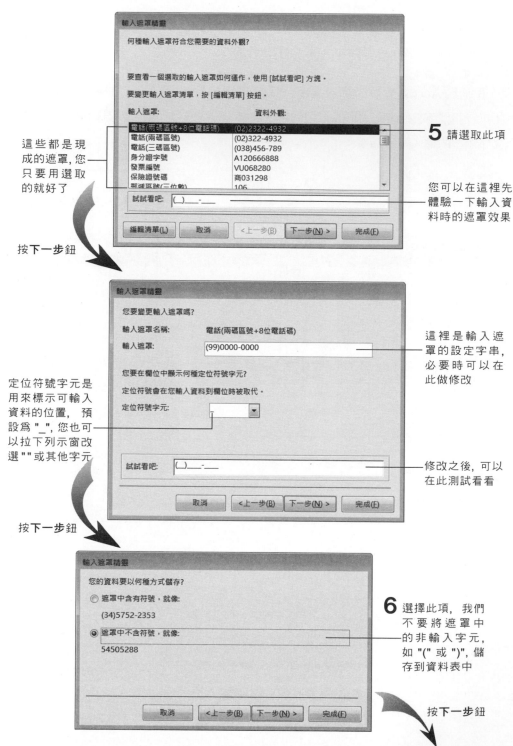

這些都是現成的遮罩，您只要用選取的就好了

按**下一步**鈕

5 請選取此項

您可以在這裡先體驗一下輸入資料時的遮罩效果

這裡是輸入遮罩的設定字串，必要時可以在此做修改

定位符號字元是用來標示可輸入資料的位置，預設為 "_"，您也可以拉下列示窗改選 "" 或其他字元

修改之後，可以在此測試看看

按**下一步**鈕

6 選擇此項，我們不要將遮罩中的非輸入字元，如 "(" 或 ")"，儲存到資料表中

按**下一步**鈕

最後按**完成**鈕, 即設定好了電話號碼的遮罩, 我們可以試著操作一下看看:

在顯示時也會套用我們設定的遮罩

這是我們設定的遮罩, 試著輸入幾筆看看

日期類型的輸入遮罩精靈和
文字類型差不多, 只是可選取
的項目不同而已:

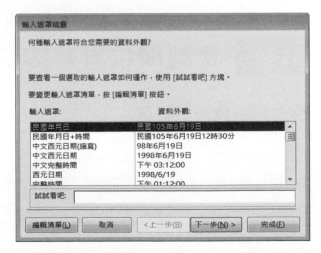

11-15

如果您想要自行設計輸入遮罩, 可以按 F1 鍵, 叫出 Access 線上輔助說明：

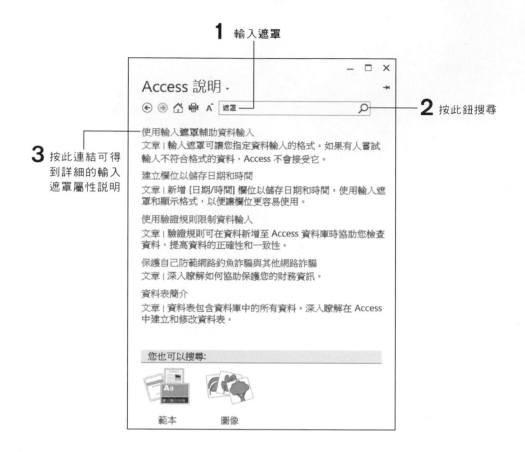

1 輸入遮罩

2 按此鈕搜尋

3 按此連結可得到詳細的輸入遮罩屬性說明

Access 說明

使用輸入**遮罩**輔助資料輸入
文章 | 輸入遮罩可讓您指定資料輸入的格式。如果有人嘗試輸入不符合格式的資料, Access 不會接受它。

建立欄位以儲存日期和時間
文章 | 新增 [日期/時間] 欄位以儲存日期和時間。使用輸入遮罩和顯示格式, 以便讓欄位更容易使用。

使用驗證規則限制資料輸入
文章 | 驗證規則可在資料新增至 Access 資料庫時協助您檢查資料, 提高資料的正確性和一致性。

保護自己防範網路釣魚詐騙與其他網路詐騙
文章 | 深入瞭解如何協助保護您的財務資訊。

資料表簡介
文章 | 資料表包含資料庫中的所有資料。深入瞭解在 Access 中建立和修改資料表。

您也可以搜尋:

範本　　　圖像

11-4　管制欄位資料的正確性

設定驗證規則的效果

當使用者在輸入資料時, 難免會有粗心打錯的時候, 此時如果我們能對輸入資料做一些正確性的檢查, 就可以降低這種錯誤發生。例如在輸入金額時, 要防止多打或少打一個 0, 而將 400 打成 4000 或 40 了, 那麼就可以設定**金額**欄位的**驗證規則**與**驗證文字**屬性如下：

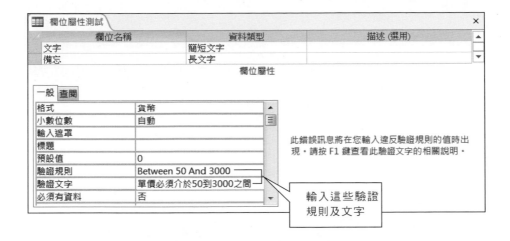

輸入這些驗證
規則及文字

如此,當我們輸入超過規則範圍時,Access 就會拒絕輸入,並顯示訊息如下:

這是我們輸入
的**驗證文字**

TIP 當我們使用查詢或表單來輸入資料時,在資料表中所設定的驗証規則同樣
有效。

如果您沒有設定**驗證文字**,那麼在輸入不符規則的資料時,Access 會以運算式做
為錯誤的說明:

這樣的說明看
起來會頭暈

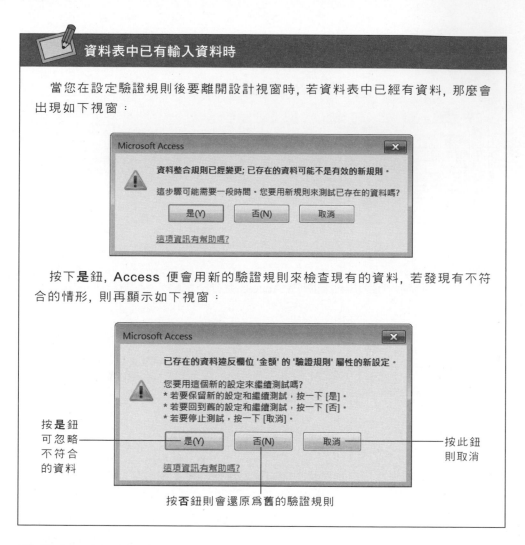

資料表中已有輸入資料時

當您在設定驗證規則後要離開設計視窗時, 若資料表中已經有資料, 那麼會出現如下視窗:

按下**是**鈕, Access 便會用新的驗證規則來檢查現有的資料, 若發現有不符合的情形, 則再顯示如下視窗:

按**是**鈕
可忽略
不符合
的資料

按此鈕
則取消

按**否**鈕則會還原為舊的驗證規則

驗證規則的格式

驗證規則的格式通常為一個運算子加上一個值, 例如:

```
> 400
```

如果有多個條件, 可以用 **And** 或 **Or** 來連接, 例如:

```
= "郵寄" Or = "掛號" Or = "自取"
```

運算子	意義	範例
<	小於	< 200
<=	小於或等於	<= 200
>	大於	> 200
>=	大於或等於	>= 200
=	等於	= 眞
<>	不等於	<> 200
Between and	介於二個值之間	Between 1 and 9
In()	等於列表中的一個值 In(3,5,7)	
Like	檢查文字或備忘資料是否符合特定的樣式	(後述)

常用的運算子如下：

● In( ) 是用來判斷輸入值是否等於列表中的一個值, 例如前述的

```
= " 郵寄 "  Or  = " 掛號 "  Or  = " 自取 "
```

可改爲：

```
In(" 郵寄 ",  " 掛號 ",  " 自取 ")。
```

● Like 運算子讓我們可以用 "萬用字元" 來驗証輸入的文字。Access 提供 3 種萬用字元：

1. "*" 表示任何長度的字串, 包括空字串在內

2. "?" 表示一個中文字或英文字母

3. "#" 表示一個數字字元

例如：

範例	用途
Like "###"	可用來檢查是否輸入 3 位的數字 (如郵遞區號)
Like "* 市"	必須輸入最後一個字爲 " 市 " 的資料
Like "*@*"	必須輸入包含有 "@" 的資料
Like "?-?"	必須輸入 1 個中文字 / 英文字母, 一個 "-", 然後再 1 個中文字 / 英文字母

若要判斷欄位值是否為 Null, 可直接以常數值 Null 來比較, 例如我們的條件是**數量欄** "必須大於 0" 或 "沒有輸入資料", 就可以使用下面的規則：

```
> 0 Or = Null
```

TIP 比對的樣式必須以雙引號括起來。

11-5　管制整筆記錄的正確性

前面介紹的是針對個別的欄位來做正確性檢查, Access 也允許我們針對整筆記錄來做正確性管制。在資料表的設計視窗中, 我們可以按**設計**頁次中, **顯示/隱藏**區的**屬性表**鈕來開啟**屬性表**交談窗：

可輸入對資料表的一些說明

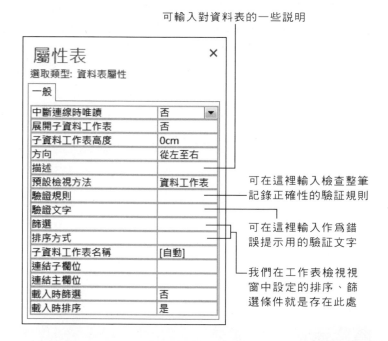

可在這裡輸入檢查整筆記錄正確性的驗證規則

可在這裡輸入作為錯誤提示用的驗證文字

我們在工作表檢視視窗中設定的排序、篩選條件就是存在此處

不過要注意, 這裡輸入的驗證規則必須是一個完整的運算式, 而且運算結果必須為 "真" 或 "假", 例如我們要求如果任何一筆**訂單**尚未付款, 就必須在**備註**欄中填入原因, 那麼就可輸入以下的運算式：

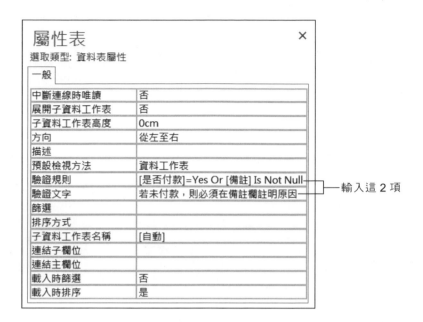

── 輸入這 2 項

11-6 設定查閱頁次的屬性

在第9章使用**查閱精靈**時, 即已簡單介紹過**查閱**頁次中的屬性了。現在我們匯入"Ch11範例資料.accdb "的**訂單**資料表, 並以**客戶編號**欄為例, 再來仔細看看這些屬性的用途。

顯示控制項屬性

這個屬性是用來設定顯示欄位資料的方式, 它會影響到工作表、表單中顯示資料的方式。其內容有3項可供選擇, 選不同的項目則其下的各屬性也會有所不同:

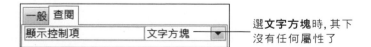

選**文字方塊**時, 其下沒有任何屬性了

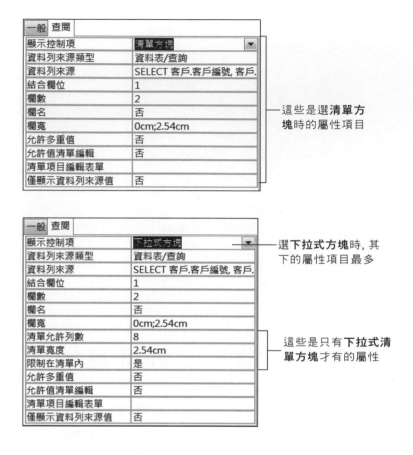

選**文字方塊**是最單純的一種, 沒有任何的查閱功能。當我們在輸入欄位資料時, 若可以由其他地方(例如其他的資料表、查詢或固定的資料列表)來查閱, 那麼就可以使用**下拉式方塊**或**組合方塊**項目, 然後在下方的各屬性中設定資料的來源與結合的方式等等。

資料來源類型及資料來源屬性

這 2 個屬性必須搭配使用, 資料來源類型屬性有 3 種:

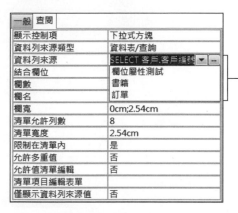

拉下列示窗可選取 3 種資料來源的型態

1.資料表/查詢

表示查閱的資料來源為 "資料表" 或 "查詢", 此時在**資料來源**屬性中則須填入資料的來源。您可拉下列示窗來選取一個已存在的資料表或查詢:

可選取已存在的資料表或查詢

也可以按右側的 鈕, 立即建立一個查詢:

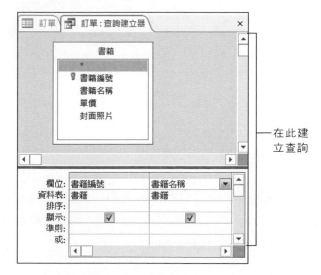

在此建立查詢

TIP 以此法建立的查詢是以 **SQL** 陳述式來儲存。

2.值清單

"值清單" 就是由固定的一個清單中來做查閱, 這個清單必須輸入到**資料來源**屬性中, 例如**客戶**資料表的**性別**欄:

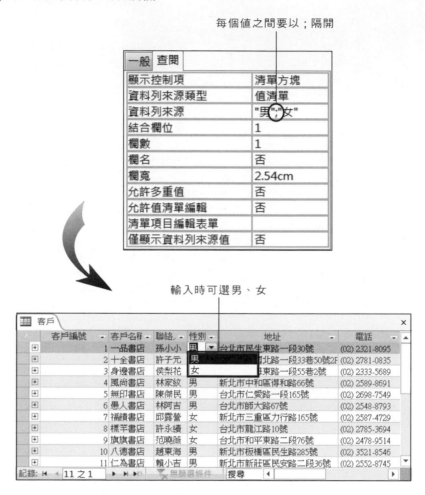

每個值之間要以;隔開

輸入時可選男、女

3.欄位清單

欄位清單項目和資料表/查詢類似, 只不過它查閱的是欄位名稱, 而非欄位中的值。請匯入"Ch11範例資料.accdb"的**訂單複本**資料表我們將**訂單複本**資料表的**查閱客戶**欄改為**欄位清單**:

查閱的列示窗中變成**欄位名稱**了

如果您要測試, 請將**訂單複本**資料表複製一份來測試, 以免破壞了原來的資料表結構。

結合欄位屬性

如果清單方塊是由多個欄位組成, 那麼可以在此設定第幾個欄位的值要做為儲存的值。假設**訂單複本**資料表的**查閱客戶**欄是二個欄位 (客戶編號、客戶名稱) 的組合方塊, 而我們要以第一欄做為儲存值, 那麼就在此屬性中設定 1。

以第一欄的客戶編號作為儲存值

 若清單方塊中只有一欄, 那麼此屬性也要設為 1。

欄數屬性

指出清單方塊中要顯示的欄位數目, 例如：若查閱的資料來源有 3 欄, 但我們將此屬性設為 2, 那麼就只會顯示最左邊的 2 欄。

欄名屬性

此屬性可用來設定是否要在清單方塊中顯示來源資料的欄位名稱, 例如我們在**訂單複本**資料表的**查閱客戶**欄中, 將**欄名**屬性改為 "是", 那麼在輸入資料時就可以看到欄名:

列示窗的第一欄會顯示欄位名稱

訂單序號	日期	查閱客戶	是否付款	備註	📎
1	102/3/1	一品書店	✓	送貨順便做一下市場調查	📎(1)
2	102/3/1	客戶:名稱	✓	向孫主任詢問付款時間	📎(0)
3	102/3/2	一品書店			📎(0)
4	102/3/5	十全書店		先拿 5 本應急, 其餘後補	📎(0)
5	102/3/6	身邊書店 風尚書店	✓		📎(0)
6	102/3/6	無印書店			📎(0)
7	102/3/7	愚人書店		用郵寄方式, 在 10 號之前要寄到	📎(0)
8	102/3/8	福績書店	✓		📎(0)
9	102/3/10	無印書店			📎(0)
10	102/3/10	一品書店		請向陳小姐收款	📎(0)

記錄: ◄ ◄ 42 之 1 ► ►► ►❋ 🔽 無篩選條件 | 搜尋 ◄

欄寬屬性

我們可以在此設定清單方塊中每一欄的寬度, 每個值之間要以 ";" 隔開:

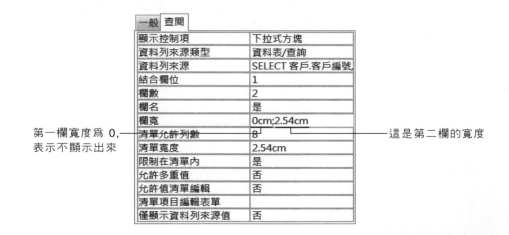

一般 查閱	
顯示控制項	下拉式方塊
資料列來源類型	資料表/查詢
資料列來源	SELECT 客戶.客戶編號,
結合欄位	1
欄數	2
欄名	是
欄寬	0cm;2.54cm
清單允許列數	8
清單寬度	2.54cm
限制在清單內	是
允許多重值	否
允許值清單編輯	否
清單項目編輯表單	
僅顯示資料列來源值	否

第一欄寬度為 0, 表示不顯示出來

這是第二欄的寬度

清單允許列數屬性

在此指定組合方塊一次最多可顯示的列數：

一般	查閱	
顯示控制項		下拉式方塊
資料列來源類型		資料表/查詢
資料列來源		SELECT 客戶.客戶編號
結合欄位		1
欄數		2
欄名		是
欄寬		0cm;2.54cm
清單允許列數		8
清單寬度		2.54cm
限制在清單內		是
允許多重值		否
允許值清單編輯		否
清單項目編輯表單		
僅顯示資料列來源值		否

這裡設定一次最多顯示 8 列

清單寬度屬性

在此指定組合方塊的寬度：

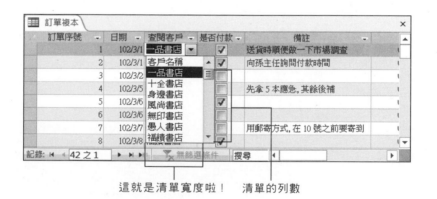

這就是清單寬度啦！　清單的列數

 預設的屬性值為**自動**，表示清單方塊的寬度和該欄位的寬度一樣。若您發現寬度不足以顯示查閱的資料時，可在此屬性中設定一個較大的寬度。

限制在清單內屬性

在此指定輸入欄位的值，是否一定要是組合方塊中的一個值。如果您希望除了選取清單中的值外，也可以自己輸入新的值，那就要將此屬性設為**否**。

11-7 在資料表中加入附件的欄位

我們在 11-1 節中介紹了如何在資料表中加入圖片的欄位,這是以 OLE 物件的方式來儲存圖片。Access 的**附件**資料類型,它可以將附件以附加檔案的方式加到 Access 的資料表中並儲存。

使用附件資料類型的好處是它可在同一個欄位中存放一個以上的附件 (但有總容量不得超過 2GB, 單一檔案不得超過 256MB 的限制)。要在資料表中建立一個**附件**資料類型的欄位可開啟本章範例資料庫的**書籍2**資料表, 按**常用**頁次**檢視**區的**檢視**鈕, 執行『**設計檢視**』命令後如下操作:

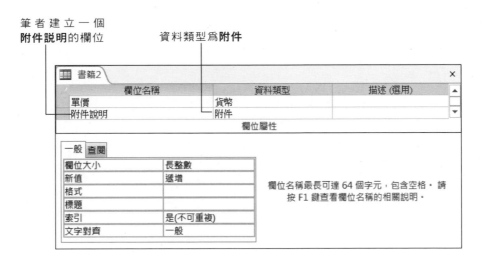

存檔後, 要在附件資料類型的欄位加入附件的方法很簡單, 開啟**書籍2**資料表後如下操作:

2 按此鈕新增檔案

3 雙按要加入的檔案

附件已加入

若要加入其他的檔案，可按此鈕繼續新增

4 按確定鈕完成

這裡的數字為 1, 表示此欄位裡有一個附件檔案

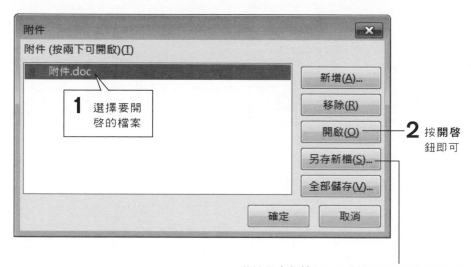

要開啟附件欄位裡的檔案也很簡單, 滑鼠左鈕雙按該欄位即可 :

若按**另存新檔**鈕, 可將檔案存到其他的地方

若是直接開啟附件檔案, 您做的修改在存檔之後會直接存於 Access 中, 不需要再手動更新該欄位的資料。

TIP 並不是所有的檔案都可以加到附件資料類型欄位中, 您可按 F1 鍵, 開啟 **Access 說明**, 並搜尋 " 將檔案附加至資料庫中的記錄 " 關鍵字, 即可得知哪些類型的檔案無法加入該欄位中。

12

使用精靈設計各式各樣的表單

- 建立包含圖片欄位的表單
- 建立包含二個資料表的表單
- 建立包含子表單的表單
- 建立 二個資料表的連結表單

我們在第 6 章已介紹過用精靈來產生簡單的表單, 在本章中, 則要教您用精靈來建立一些比較複雜的表單, 並說明這些表單的相關操作方式。本章內容包括有:

- 建立包含圖片欄位的表單

- 建立包含 2 個資料表的表單

- 子表單及連結表單的應用

12-1　建立包含圖片欄位的表單

上一章我們曾在**書籍**資料表中加入了一個**封面照片**欄位, 因此, 我們首先就來建立一個包含圖片的表單吧!

請自行建立一個**書籍訂單**資料庫, 然後匯入 "Ch12範例資料.accdb" 其中的 4 個資料表 (**客戶、訂單、訂單細目、書籍**)。接著, 請如下操作:

若忘記匯入的方法, 請翻回 4-1 節複習一下。

2 切換到**建立**頁次　　　　**3** 按**表單精靈**鈕

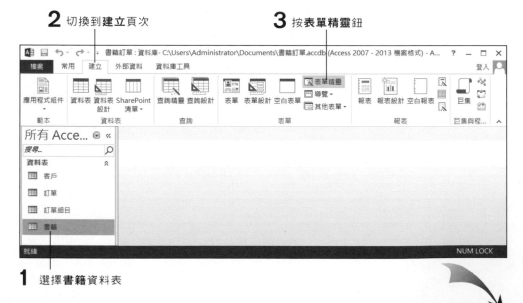

1 選擇**書籍**資料表

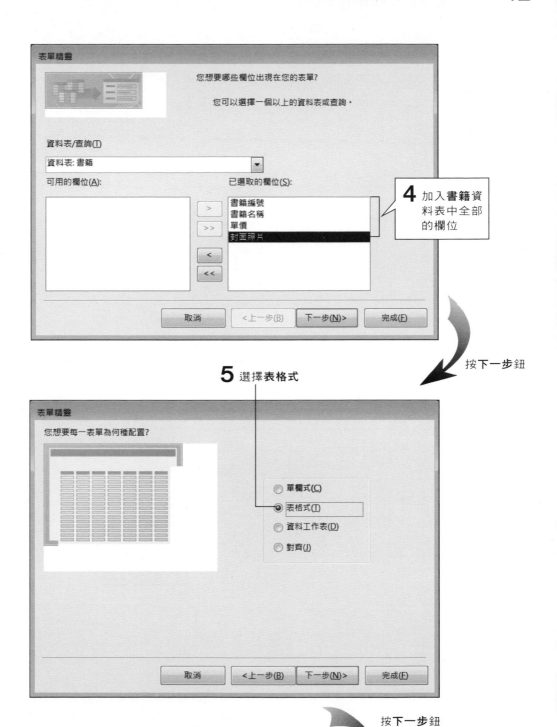

4 加入**書籍**資料表中全部的欄位

按**下一步**鈕

5 選擇**表格式**

按**下一步**鈕

6 使用預設的表單名稱即可

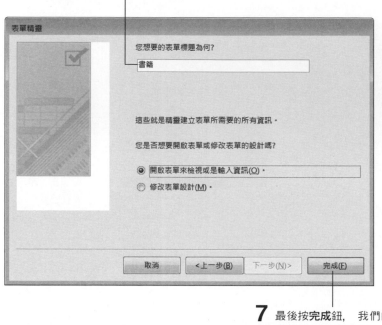

7 最後按**完成**鈕，我們的
書籍表單就誕生了

哇！有圖片了

　　由於我們在前面選擇了**表格式**的表單，所以這個表單和我們以前介紹的不大一樣，
它多了一些東西：

多了一個 "表單首", 這部份
是固定而不會跟著捲動的

多了一個捲動軸, 可
用來上下捲動記錄

您仍然可以使用記錄移動按鈕來移動記錄

如果您將視窗放大, 那麼還可看到連續的好幾筆記錄:

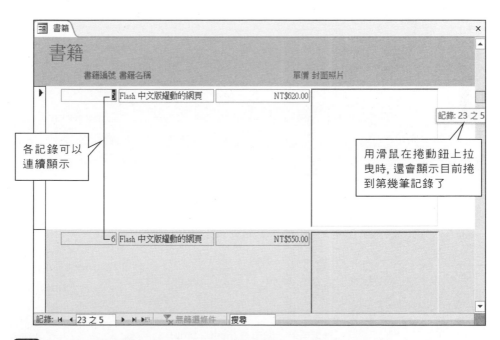

各記錄可以
連續顯示

用滑鼠在捲動鈕上拉
曳時, 還會顯示目前捲
到第幾筆記錄了

TIP 如果您覺得圖片框太大了, 或是不喜歡以連續的方式顯示記錄, 在下一章
中我們會教您在設計檢視視窗中做更改。

輸入或編輯表單中的圖片

表單中圖片的操作方式其實和在工作表中完全一樣, 若要插入圖片, 那麼就先在圖片框中按一下滑鼠右鈕, 然後執行功能表的『**插入物件**』命令:

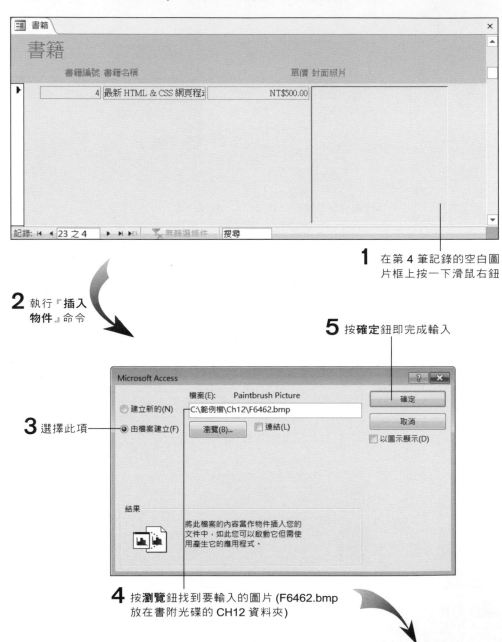

1 在第 4 筆記錄的空白圖片框上按一下滑鼠右鈕

2 執行『**插入物件**』命令

5 按**確定**鈕即完成輸入

3 選擇此項

4 按**瀏覽**鈕找到要輸入的圖片 (F6462.bmp 放在書附光碟的 CH12 資料夾)

新輸入的圖片

TIP 筆者曾遇到插入圖片後, 卻無法顯示的問題。解決的方法是將圖片相關的編輯、管理程式移除 (筆者使用的是 **ACDSee** 圖片瀏覽程式) 後, 再重新插入圖片即可。

　　若是想要修改圖片的內容, 或是要更換圖片, 那麼操作方法和上一章介紹的完全一樣, 所以就不再多做說明了。不過如果您在圖片上雙按滑鼠, 預設會開啟小畫家讓您編修圖片 (沒有安裝其他影像編修程式的情況下), 您所做的修改亦會立即呈現在表單中：

可在小畫家中直接編修圖片

此外您也可以在已經插入的圖片上按滑鼠右鈕開啓快顯功能表:

以**小畫家**開啓此圖片

編輯圖片

想插入新的圖片就選此功能

TIP 並不是每種應用程式都像小畫家一樣可以在 Access 中雙按滑鼠編輯。只有支援 OLE 2 的程式才可做到此項功能, 否則就必須另外開啓應用程式的視窗來做編輯。

12-2 建立包含二個資料表的表單

表單精靈也可以幫我們建立包含二個或多個資料表的表單, 但先決條件是必須先建立這些資料表間的永久性關聯, 否則在執行中途會出現如下交談窗要求您建立關聯:

按**確定**鈕即可開啓**資料庫關聯圖**視窗建立關聯

由於我們已為**訂單**及**訂單細目**資料表做好了關聯 (您可以在 "Ch12範例資料.accdb" 中找到這兩個資料表), 所以可直接用來建立表單。請先選擇表單物件, 然後切換到**建立**頁次, 再按**表單**區的**表單精靈**鈕:

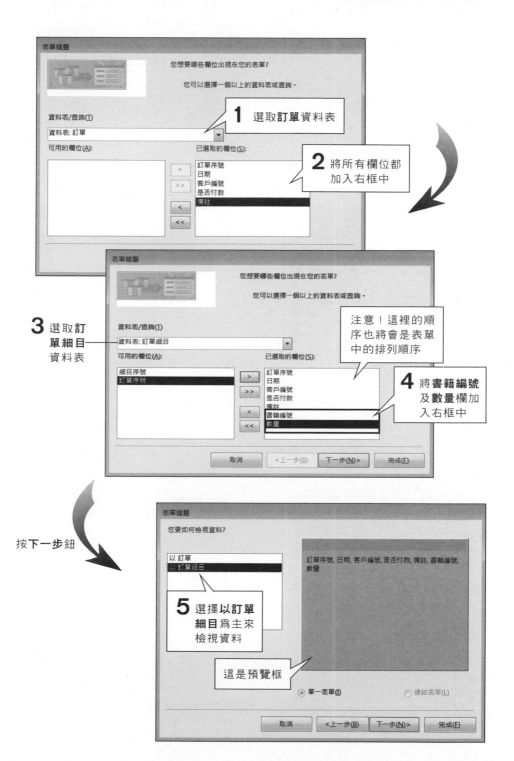

1 選取**訂單**資料表

2 將所有欄位都加入右框中

3 選取**訂單細目**資料表

注意！這裡的順序也將會是表單中的排列順序

4 將**書籍編號**及**數量**欄加入右框中

按**下一步**鈕

5 選擇**以訂單細目**為主來檢視資料

這是預覽框

操作到這裏, 我們先暫停一下, 先說明爲什麼上述的步驟 5 選擇以**訂單細目**爲主要檢視資料？由於這二個資料表是 "一對多" 的關聯, 因此若以**訂單**爲主, 那麼一個表單中將包含單筆的訂單資料及多筆的相關細目資料：

單筆訂單資料

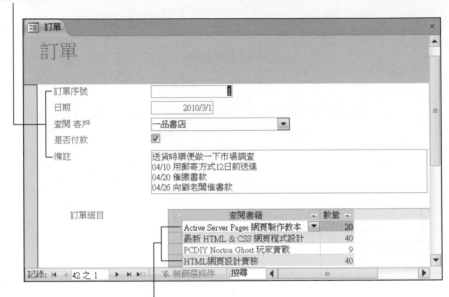

多筆對應的細目資料

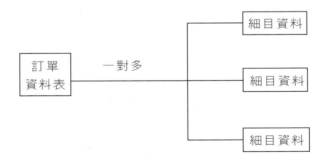

父資料表的資料會對應出多筆子資料表資料

　　若是以訂單細目為主, 那麼表單就比較單純一點, 因為一筆細目只對應到一筆訂單資料:

子資料表資料只會對應一個父資料表的資料

　　本節中先介紹第二種比較單純的狀況, 至於第一種則留到下一節再介紹。了解以哪個資料為主的差別後, 我們繼續剛才未完成的表單。請在**表單精靈**交談窗按**下一步鈕**繼續:

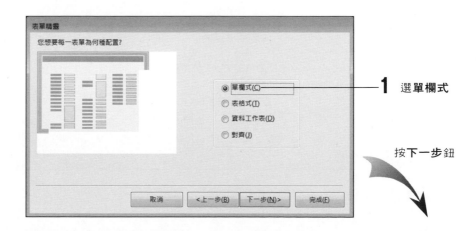

1 選**單欄式**

按**下一步鈕**

使用預設名稱即可

按**完成**鈕

這些是**訂單**資料表的欄位

這些是**訂單細目**資料表的欄位

由於我們已經為**訂單**資料表的**客戶編號**欄,以及**訂單細目**資料表的**書籍編號**欄建立了查閱欄位,所以表單精靈很體貼地幫我們將此查閱特性繼承過來了。

TIP 事實上, 我們在資料表中做的排序、篩選, 或在欄位中設定的格式、預設值等也都會自動繼承過來, 這樣可以幫我們省去再設定一次的麻煩。

12-3 建立包含子表單的表單

接下來, 我們要建立一個包含 3 個資料表的表單, 而且表單中還包含有一個子表單:

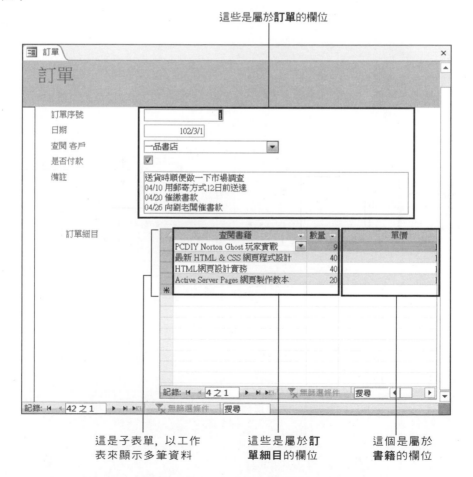

這些是屬於**訂單**的欄位

這是子表單, 以工作表來顯示多筆資料

這些是屬於**訂單細目**的欄位

這個是屬於**書籍**的欄位

請再次啟動表單精靈,然後依下列步驟操作:

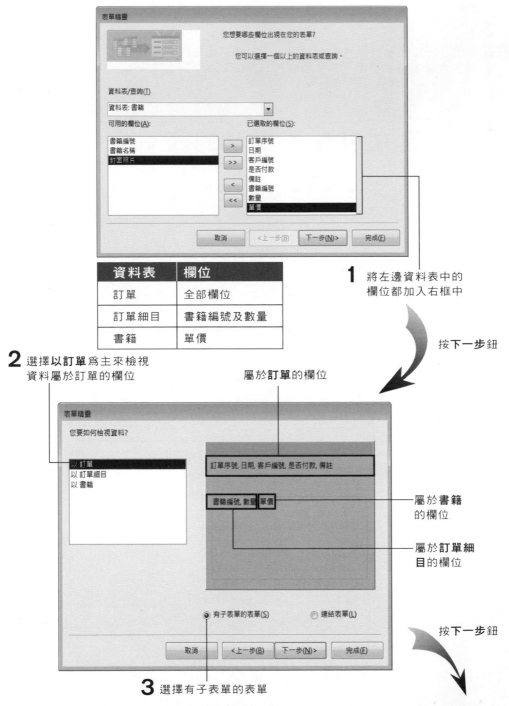

資料表	欄位
訂單	全部欄位
訂單細目	書籍編號及數量
書籍	單價

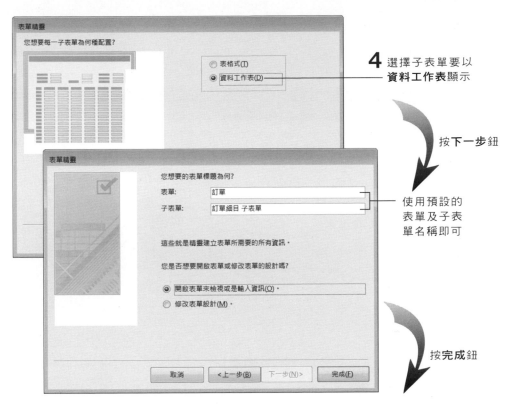

4 選擇子表單要以 **資料工作表**顯示

按**下一步**鈕

使用預設的 表單及子表 單名稱即可

按**完成**鈕

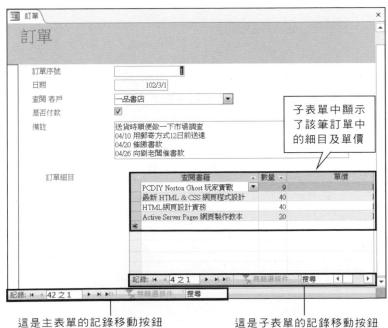

這是主表單的記錄移動按鈕　　　　　　　　這是子表單的記錄移動按鈕

有了這個表單,我們在輸入訂單時是不是方便多了呢?底下我們就來看看如何在包含子表單的表單中編輯資料。

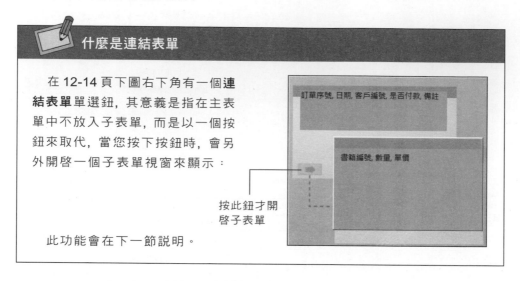

什麼是連結表單

在 **12-14** 頁下圖右下角有一個**連結表單**單選鈕,其意義是指在主表單中不放入子表單,而是以一個按鈕來取代,當您按下按鈕時,會另外開啟一個子表單視窗來顯示:

訂單序號, 日期, 客戶編號, 是否付款, 備註

書籍編號, 數量, 單價

按此鈕才開啟子表單

此功能會在下一節說明。

在包含子表單的表單中編輯資料

其實,在表單中編輯資料的方法都差不多,您可用滑鼠直接點選要編輯的欄位,或是用鍵盤的 Tab 、 Shift + Tab 鍵來移動輸入焦點。

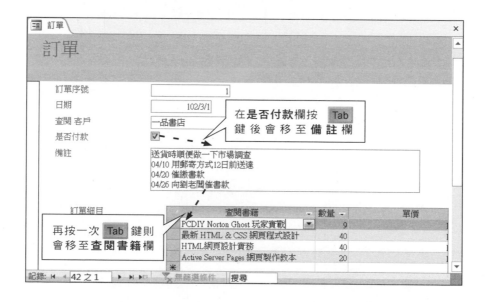

若是按 Shift + Tab 鍵, 則以反方向移動。當然, 您也可以分別用表單或子表單下方的記錄移動按鈕來移動、新增記錄。

由於在我們的**訂單**表單中, 子視窗之後沒有其他輸入欄了, 所以若您在子表單中按 Tab 鍵, 那麼輸入焦點將會移到下一筆訂單記錄的第一個輸入欄中:

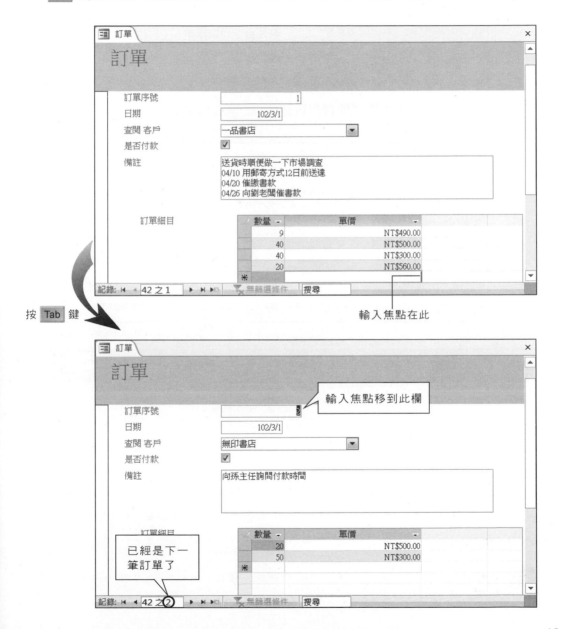

按 Tab 鍵

輸入焦點在此

在訂單中新增細目資料

接下來, 我們要在序號 4 的訂單中增加一筆細目:

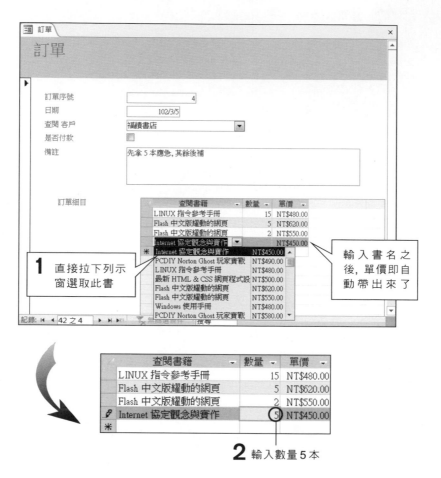

當輸入焦點離開目前的記錄時, 我們新增的細目資料也就儲存起來了。

注意! 除非確有必要, 否則千萬不要任意更改**單價**欄中的價格, 因為這樣會直接更改到**書籍**資料表中的單價。在下一章中我們會教您設定表單欄位的唯讀 (只能讀不能寫) 屬性。

TIP 您可以把主表單、子表單視為不同的表單來操作, 所以您也可在子表單中新增、更改與刪除記錄。

包含多個資料表的表單或查詢中修改資料

當您在包含多個資料表的**主表單**、**子表單**或**查詢**中, 做新增、更改與刪除時, Access 會聰明地將這些動作反映到原始的資料表中。不過, 以下有幾點要特別注意:

● 在新增記錄時, 如果有某些欄位沒顯示出來, 那麼這些欄位的值將依下列狀況而定:

1. 若是**自動編號**欄位, 則會自動設定編號。

2. 若有預設值, 則以預設值填入; 否則視同該欄位沒有輸入, 於是填入 NULL 值。

● 在更改包含一對多資料表的記錄時, " 一 " 的一方的主索引欄位通常是不允許更改的, 除非您在建立這二個資料表間的永久性關聯時, 設定了**強迫參考完整性**的**串聯更新關聯**選項。這樣做的目的, 是怕萬一使用者不小心改錯了, 就會造成許多的孤兒子資料表。

● 在刪除包含一對多資料表的記錄時, 只有 " 多 " 的一方的記錄會被刪除。因為 " 一 " 的一方若也被刪除, 那麼 " 多 " 的一方又會產生許多孤兒了。

子表單本身是一個獨立的物件

請關閉**訂單**表單, 我們可以在左側**功能窗格**的表單項目中看到新增了 2 個表單物件:

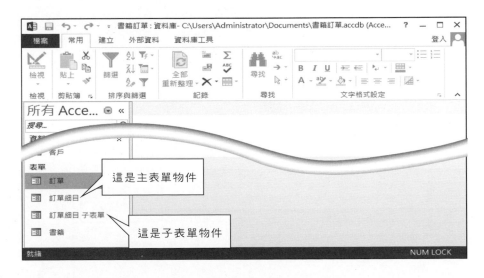

12-4 建立二個資料表的連結表單

連結表單就是在主表單中不包含子表單, 而是以一個按鈕來取代。當您按下按鈕時, 才會另外開啓一個子表單視窗來顯示 (此功能需開啓巨集, 請參考第 2 章的說明開啓)。我們仍然以**表單精靈**來建立此連結表單:

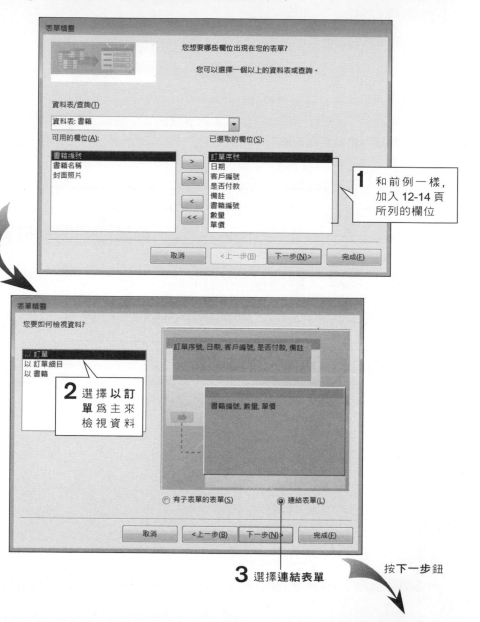

按下一步鈕

1 和前例一樣, 加入 12-14 頁所列的欄位

2 選擇**以訂單**爲主來檢視資料

3 選擇**連結表單**

按下一步鈕

由於**訂單**及**訂單細目**表單都已存在, 所以 Access
會在預設的名稱後面加上編號 **1**

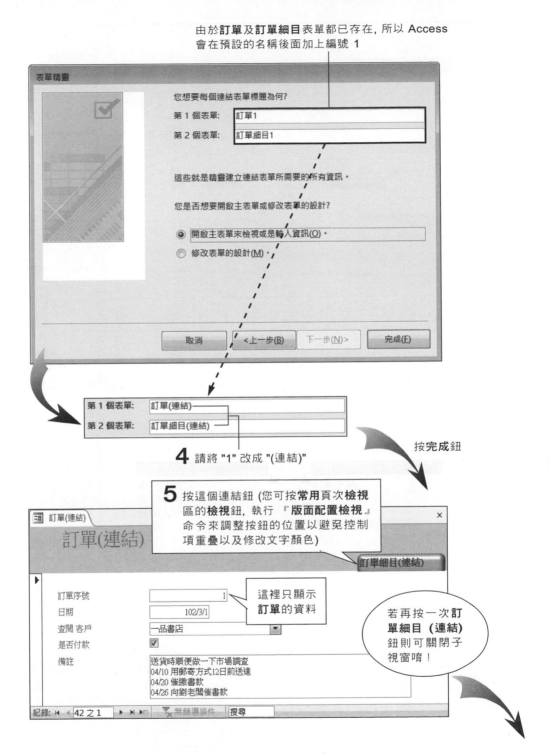

表單精靈

您想要每個連結表單標題為何?

第 1 個表單: 訂單1

第 2 個表單: 訂單細目1

這些就是精靈建立連結表單所需要的所有資訊。

您是否想要開啟主表單或修改表單的設計?

⦿ 開啟主表單來檢視或是輸入資訊(O)。

○ 修改表單的設計(M)。

取消   <上一步(B)   下一步(N)>   完成(F)

第 1 個表單:　訂單(連結)

第 2 個表單:　訂單細目(連結)

按**完成**鈕

4 請將 "1" 改成 "(連結)"

5 按這個連結鈕 (您可按**常用**頁次**檢視**
區的**檢視**鈕, 執行 『**版面配置檢視**』
命令來調整按鈕的位置以避免控制
項重疊以及修改文字顏色)

訂單(連結)

訂單(連結)

訂單細目(連結)

訂單序號　　　　　1

日期　　　　　102/3/1

查閱 客戶　　　一品書店

是否付款　　　☑

備註　　　　　送貨時順便做一下市場調查
04/10 用郵寄方式12日前送達
04/20 催繳書款
04/26 向劉老闆催書款

這裡只顯示
訂單的資料

若再按一次**訂
單細目 (連結)**
鈕則可關閉子
視窗唷!

記錄: ◄ ◄ 42 之 1 ► ►I ►□ 🏷無篩選條件 搜尋

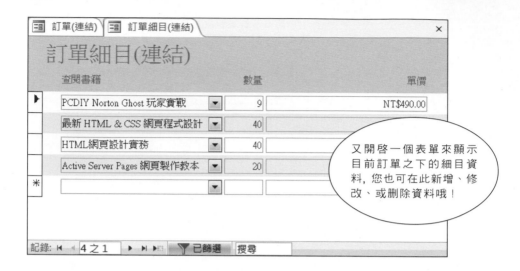

又開啓一個表單來顯示目前訂單之下的細目資料，您也可在此新增、修改、或刪除資料哦！

兩個連結表單的內容會同步變化

當您同時開啓這兩個連結表單時, 只要在**訂單(連結)**表單中移動記錄, 那麼在**訂單細目(連結)**表單中的內容也會隨之改變。不信嗎？請先切換到**訂單(連結)**表單, 將記錄移到第 5 筆, 然後再切換到**訂單細目(連結)**表單:

這裡果然變成第 5 筆客戶的訂單細目內容了！

13

表單的進階設計

- 控制項的選取及操作技巧
- 控制項的屬性
- 將控制項加入表單中
- 設定表單本身的屬性
- 善用檢視功能表
- 表單的條件化格式

我們在上一章已介紹過如何透過精靈來產生美觀的表單了。本章則要教您精益求精, 利用表單的設計檢視, 自行將表單製作得更加理想。內容有:

- 物件導向式的表單設計
- 物件的選取及操作技巧
- 控制項的屬性設定
- 如何將控制項加入表單中

- 表單的屬性設定
- 善用表單設計視窗的各項功能
- 如何將樞紐分析圖/表加入表單

13-1 表單是控制項的集合

我們在前面看到了表單中除了有文字欄、下拉式列示窗、多選鈕之外, 還可以有照片、圖表等 OLE 控制項, 甚至還可放入其他的**表單** (例如子表單) 呢！其實這一點也不稀奇, 說穿了也就是控制項的觀念而已: 表單本身是個控制項, 而這個控制項之中又可以再放入其他各式各樣的控制項:

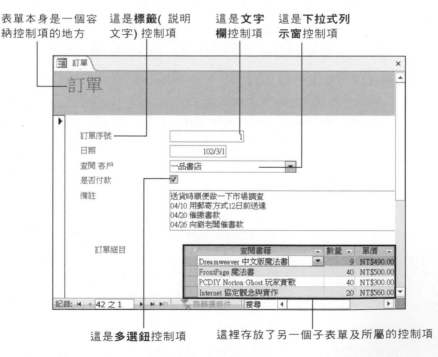

記錄: 42 之 1

這是**多選鈕**控制項　　　這裡存放了另一個子表單及所屬的控制項

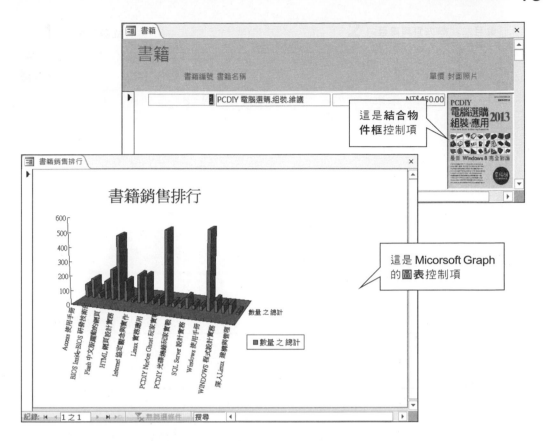

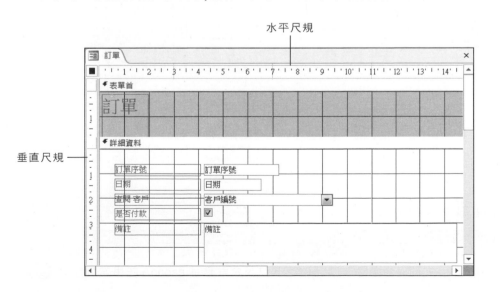

在表單的設計視檢視視窗中,格線及尺規可以方便我們對齊或測量控制項:

尺規中的刻度是以公分為單位, 例如您的表單寬 15 公分, 那麼執行『**檔案/列印/列印**』命令將表單印出, 則印出表單的寬度即為 15 公分。如果您習慣用英吋為單位, 可以在**控制台**視窗下, 執行『**時鐘、語言和區域**』命令, 然後在**地區及語言選項**的**格式**頁次中按下**其他設定**鈕, 便可如右設定:

1 切到此頁次

2 在此設定要使用**公制** (公分) 或**英制** (英吋) 為單位

13-2 控制項的選取及操作技巧

請開啟在 12-3 節中完成的**訂單(連結)**表單並切換到設計視窗 (或直接從書附光碟的 "Ch13 範例資料.accdb" 中匯入**訂單(連結)**表單, 以及**訂單、客戶**資料表), 我們要以此表單的內容來做練習。

選取單一控制項

開啟表單後, 請按**常用**頁次的**檢視**鈕, 執行『**設計檢視**』命令, 然後用滑鼠左鈕單按要操作的控制項:

當控制項四周出現控制點時，即表示被選取了

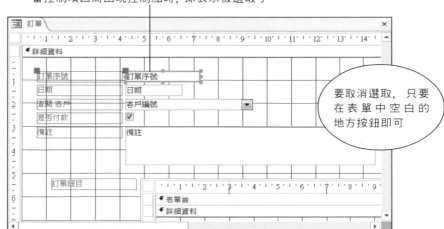

要取消選取，只要在表單中空白的地方按鈕即可

改變選取控制項的大小

此時若要調整控制項的大小, 直接在控制點上拉曳即可。底下我們將選取的文字欄拉窄一點:

在此向左拉曳來縮小文字欄的寬度

文字欄變窄了

如果您在選取控制項的右上、右下、或左下角控制點上拉曳,則可用長寬等比例縮放的方式來更改控制項大小。然而,位於控制項左上角的控制點都比較大,這是 "位置控制點"。位置控制點是用來搬移控制項的,而非用來調整大小。

搬移選取的控制項

當我們要搬移選取的控制項時,有2種方法:

指標變成十字狀

● **方法一**：將滑鼠移到選取控制項邊界上非控制點的地方,則指標會成十字狀, 此時可直接拉曳來移動其位置:

TIP 您也可以直接在控制項上按住滑鼠左鈕拉曳 (而不必先選取) 來移動其位置。

● **方法二**：將指標移到左上角的大控制點上, 則指標會成十字狀, 此時也可直接拉曳來移動其位置：

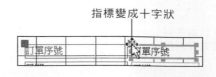

指標變成十字狀

也許您會覺得奇怪, 為什麼要弄個"大控制點" 來多此一舉呢? 這是因為在 Access 的表單中, 許多控制項都會和標籤(作為控制項的說明)組合在一起使用, 例如在訂單表單中會出現如右畫面：

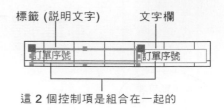

標籤 (說明文字)　　　　　文字欄

這 2 個控制項是組合在一起的

當您選取這類控制項時, 就會出現 2 個比較大的控制點：

這是標籤的位置控制點

這是文字欄的位置控制點

無論您是選取標籤或文字欄, 這 2 個大控制點都會出現, 表示這 2 個控制項是組合在一起的。組合的目的, 是為了方便搬移控制項之用, 當我們將滑鼠移到選取控制項邊界上非控制點的地方拉曳時, 這 2 個組合的控制項會一齊移動：

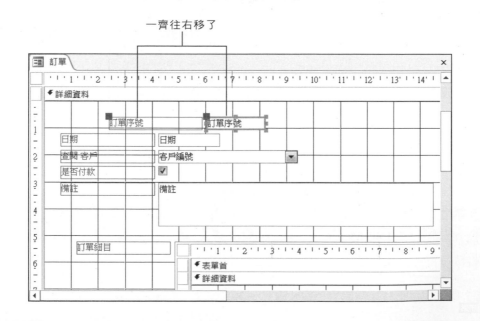

一齊往右移了

如果只想要移動其中的一個元件,那麼就可以將指標移到左上角的大控制點上拉曳:

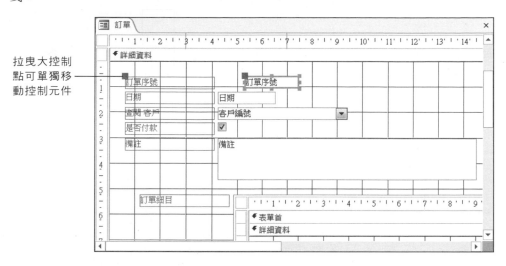

拉曳大控制點可單獨移動控制元件

如果您要刪除組合控制項中的標籤,可先選取標籤,然後按 Del 鍵。但若是刪除組合控制項中的文字欄,則所屬的標籤也會自動被刪除。

 您隨時可以按快速存取工具列的**復原**鈕 來回復最後一次操作前的狀態。

使用格線

在表單的**設計檢視**視窗中, 我們可以按滑鼠右鈕執行**格線**命令, 在視窗中顯示**格線**。以便於在加入各種控制項時, 可以**格線**為基準在表單中調整位置。

本書稍後的範例, 為了讓讀者能夠清楚的看到各種控制項的調整與設定, 所以不使用**格線**。讀者可依本身習慣自行選用。

最後請您自行練習一下,將**客戶編號**欄縮小一點,然後再將**備註**標籤和**備註**欄移到表單右側, 並且縮小**備註**欄;最後的結果如下圖所示 ("Ch13範例資料(完成).accdb" 中的**訂單(連結) 13-2** 表單即為此練習的結果):

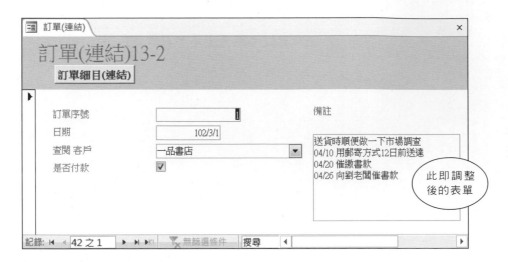

選取多個控制項

您可以一次選取多個控制項來操作(例如搬移、改變大小)。選取的方法有下列幾種：

1. 按著 Shift 鍵不放, 然後用滑鼠一一選取。

2. 用滑鼠在表單的空白處按住左鈕, 然後拉曳出一個方框, 則部份包括在框內的控制項都會被選取。例如：

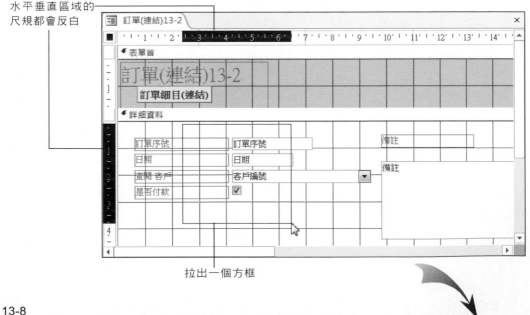

水平垂直區域的
尺規都會反白

拉出一個方框

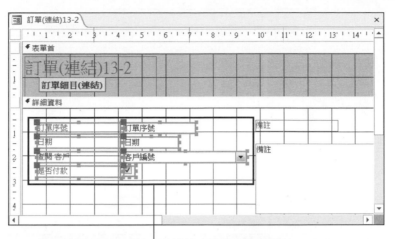

只要有部份包括在框內的控制項都被選取了

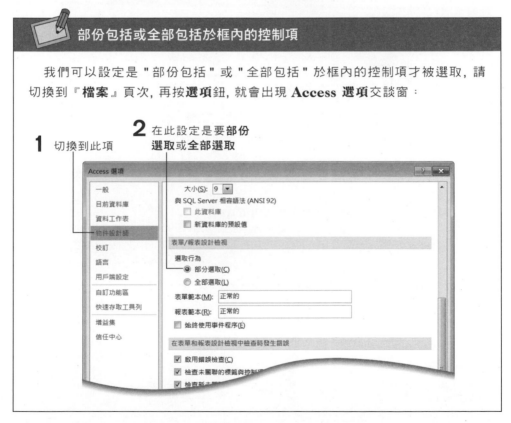

3. 在水平或垂直尺規上按鈕 (或拉曳出一個範圍), 則位在該水平或垂直區域上的控
制項均會被選取, 例如:

拉曳出一
個範圍

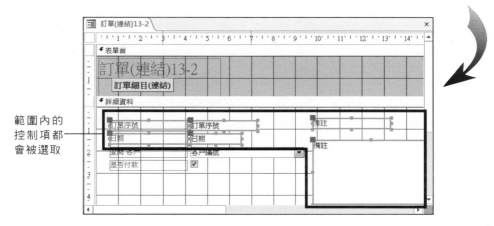

範圍內的
控制項都
會被選取

接著,請依下面的步驟做一下選取控制項的練習:

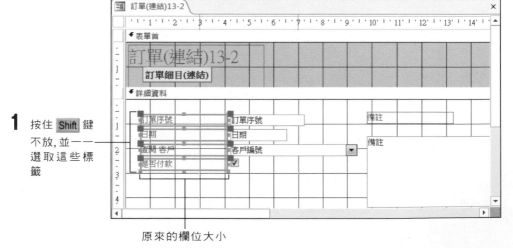

1 按住 Shift 鍵
不放,並一一
選取這些標
籤

原來的欄位大小

2 在這個控制點上向左拉曳, 將所有選取的標籤都變窄

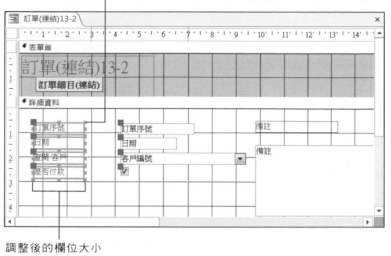

調整後的欄位大小

3 在尺規上拉曳來選取全部的控制項

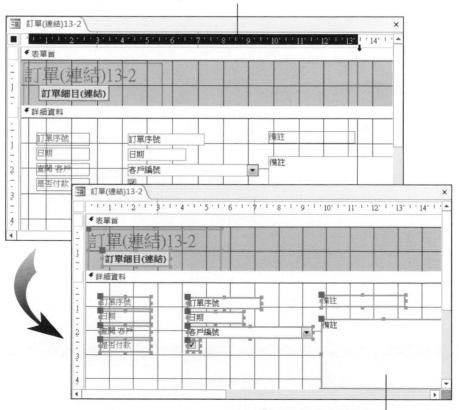

4 在任一個選取控制項上向右方拉曳,
則所有控制項都會往右方移動

改變選取控制項的外觀

選取好一或多個控制項之後, 我們可以利用**常用**頁次**字型格式設定**區塊來改變其格式(外觀):

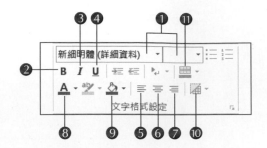

❶ 設定選取控制項的文字字型及大小

❷ 粗體字　　❸ 斜體字　　❹ 加底線　　❺ 向左對齊　　❻ 置中對齊

❼ 向右對齊　❽ 設定控制項的背景顏色　❾ 設定控制項的文字顏色

❿ 格線　　⓫ 格線的背景顏色

接著我們來練習一下(此練習的結果在 "Ch13 範例資料(完成).accdb" 中的**訂單(連結)13-2** 表單), 請先選取所有的標籤控制項, 然後將其外觀改為**標楷體**及 14 點大小, 並拉下**字型**鈕選取藍色:

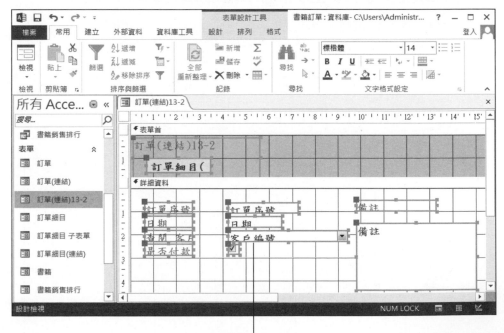

字體及顏色都改變了

> **TIP** 若某個工具鈕呈灰色狀, 表示該屬性設定不適用於目前選定的控制項。

由於字體變大了,所以有些標籤因不夠大而無法顯示出全部的文字。此時我們可以切換到**排列**頁次,在**調整大小和排序區**中如下設定自動排序：

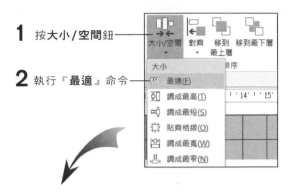

1 按大小／空間鈕

2 執行『最適』命令

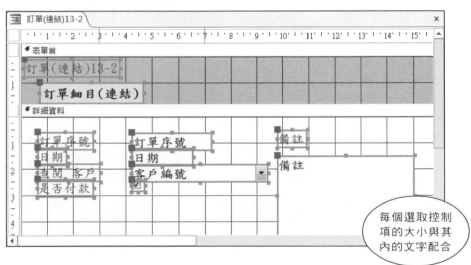

每個選取控制項的大小與其內的文字配合

套用 Access 2013 內建的佈景主題

除了自行修改每個控制項的大小、顏色與字型外,您也可以直接套用 Access 設計好配色、字型的佈景主題,避免自行設計可能產生的不協調。

我們繼續使用已開啟的**訂單 (連結) 13-2** 表單來練習,請按**常用**頁次的**檢視**鈕,執行『**設計檢視**』命令後如下操作：

2 按**佈景主題**區的**佈景主題**鈕,並選擇一種主題

1 切換到**設計**頁次

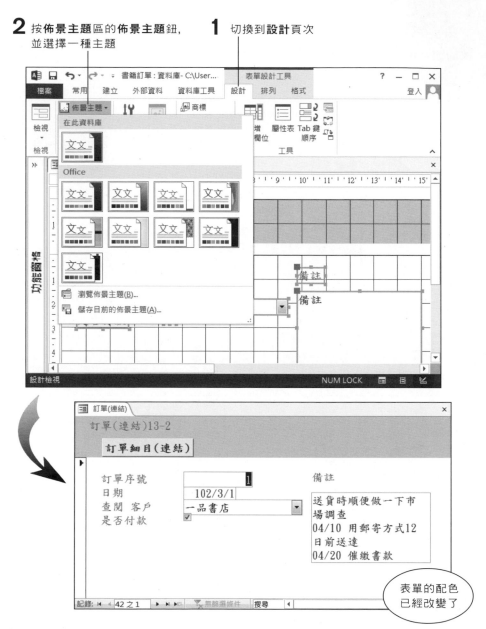

複製控制項格式

當您為某控制項設定好格式之後, 可先選取該控制項, 然後按**常用**頁次**剪貼簿**區的**複製格式**鈕 , 接著再按其他控制項, 那麼就可將選取控制項的格式複製給其他的控制項了。

　　若想連續將格式複製給多個控制項,那麼也是先選取一個控制項,然後雙按**字型**區的**複製格式**鈕,接著在要複製的其他控制項上按鈕即可。最後按 Esc 鍵,或再按一次**複製格式**鈕即可結束複製。

　　接下來我們來做一下練習,由於原本的底色並不顯眼,所以請先將**訂單序號**標籤字體改回白色,背景顏色變成黑色:

　　接著,請利用上述複製控制項格式的方法將其他標籤都改成同樣的格式(您可以在 "Ch13 範例資料(完成).accdb" 中的**訂單 (連結) 13-2** 表單看到更改後的結果):

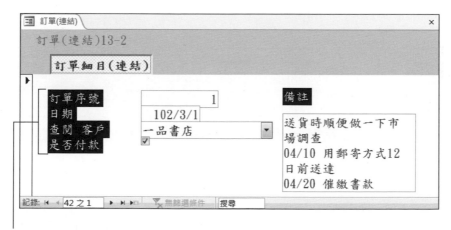

全部的標籤都變成白色及粗的新
細明體文字, 及背景顏色為黑色

TIP 利用複製控制項格式的方法,使複製控制項更容易!

13-3 控制項的屬性

控制項就好像是我們在眞實世界中看到的物品一樣,它是具有屬性的,例如前面介紹的顏色、大小、位置等。我們可以藉由屬性的設定,來控制每一個控制項的外觀及運作方式。

在表單設計檢視中,可以按**設計**頁次**工具**區的**屬性表**鈕來開啓或關閉屬性表視窗:

屬性表鈕————— 屬性表視窗

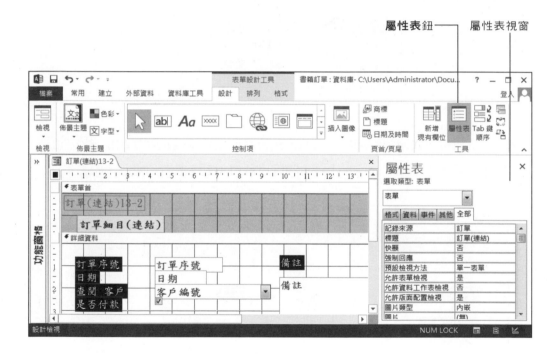

　　那麼, **屬性表**視窗中會顯示什麼內容呢？它會顯示目前選取控制項的各項屬性。例如下圖選取了一個**訂單序號**欄位：

如果按下此鈕, 可直接從下拉式列示窗選取表單上的任何控制項

顯示了這個控制項的各項屬性

選取的控制項

可直接從下拉式列示窗選取表單上的任何控制項

Access 將控制項的屬性分為 4 個頁次來存放, 而最後一個**全部**頁次則用來顯示控制項全部的屬性 :

此頁次中包含與 " 控制項外觀格式 " 有關的各項屬性

此頁次中包含與 " 顯示資料內容 " 有關的各項屬性

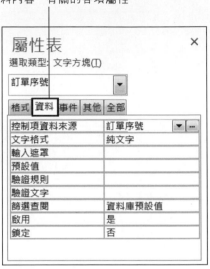

此頁次中包含與 " 操作反應 " 有關的各項屬性

此頁次中包含不能歸類為前面三類的各項屬性

屬性表	×
選取類型: 切換按鈕	
切換連結	
格式 資料 事件 **其他** 全部	
名稱	切換連結
控制項提示文字	
定位點索引	0
定位點	是
狀態列文字	
捷徑功能表列	
說明內文識別碼	0
標記說明	

此頁次將控制項的全部屬性都顯示出來

請注意！每種控制項可供設定的屬性項目都不盡相同。您可在每個控制項上按鈕看看,屬性表視窗的內容會隨著選取的控制項而改變。

如果想一次設定多個控制項,那麼可以按著 Shift 鍵不放,然後用滑鼠一一選取所要的控制項,則屬性表視窗中就會顯示出這些選取控制項所共有的屬性項目供您設定:

只要同時選取多個控制項
標題欄就會變成 **多重選取**

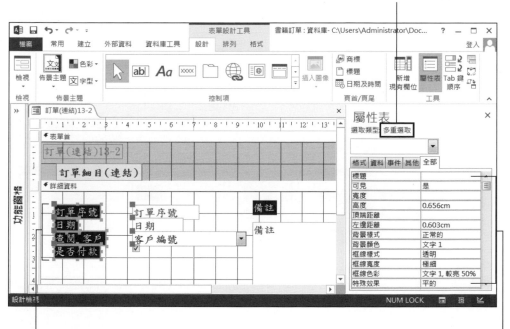

選取了全部的控制項

這些是全部選取控制項所共有的項目

此時,您在屬性表視窗中所做的設定會影響到每一個選取的控制項。

我們在前面介紹的各種格式設定、用滑鼠拉曳來改變控制項位置及大小等,其實也都可以在屬性表視窗中設定。只不過用視覺化的操作方式,會比在屬性表視窗中填入數值來得方便多了。

13-4 將控制項加入表單中

我們可以從**控制項**區中選取控制項來加入表單中。

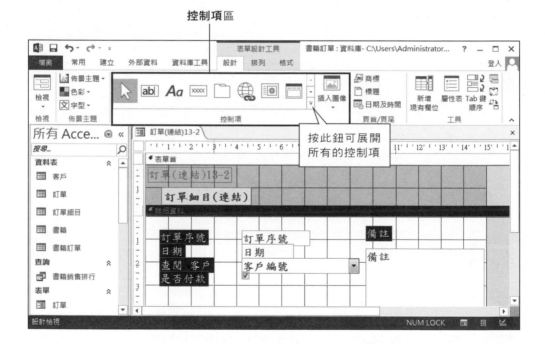

控制項區

按此鈕可展開所有的控制項

控制項區中有哪些控制項

以下我們先將控制項做一簡要的說明, 請將本章範例資料庫中的**控制項展示**表單與**書籍**資料表匯入您的資料庫中做練習:

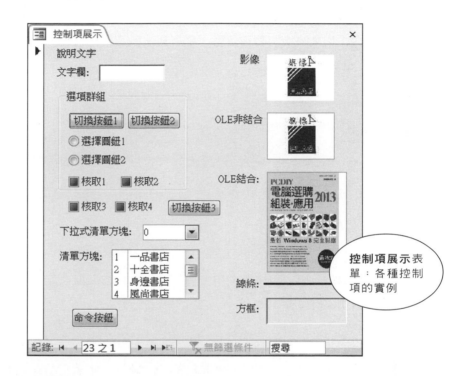

控制項展示表單: 各種控制項的實例

以下是控制項區的內容介紹, 可以分為2類:

1. 狀態控制按鈕

● **選取** ⬚ : 此鈕預設是周圍有個外框, 表示此時您可以在表單中用滑鼠選取控制項, 或是做搬移、改變大小等動作。當您按下控制項區其他控制項的按鈕時, 此鈕周圍的外框會消失。

● **使用控制項精靈** ⬚ : 此按鈕用來啟動(周圍有框)或關閉(周圍沒有框)**控制項精靈**的功能。若啟動控制項精靈會在您要加入各種控制項時, 開啟精靈交談窗來幫您做設定。

2. 可放到表單中的控制項

- **標籤** _Aa_：可用來顯示一個固定的字串, 常用來做為表單的標題或其他控制項的說明文字之用。

- **文字方塊** ⚏ (文字欄)：提供一個資料編輯的場所, 例如欄位內容的編輯。

- **選項群組** ⚏：用來將多個**特殊效果、單選鈕、多選鈕**組合起來, 例如若將多個單選鈕組合起來, 則這些按鈕每次只能有一項被選取。

- **切換按鈕** ⚏：一個表示 "按下" 或 "彈起" 的按鈕。

- **選項按鈕** ◉ (單選鈕)：一個表示 "選取" 或 "未選" 的按鈕。

- **核取方塊** ☑ (多選鈕)：一個表示 "設定" (打勾) 或 "取消" 的按鈕。

- **下拉式方塊** ⚏ (下拉式列示窗)：可以按右側的箭頭, 拉下列示窗來選取一個輸入值。

- **清單方塊** ⚏ (列示窗)：可直接由列示窗中選取一個值。

- **按鈕** ⚏ (命令鈕)：可以用來讓使用者按下此鈕而執行一項功能, 例如開啓另一個表單, 或列印一份報表。

- **圖像** ⚏：用來在表單中儲存並顯示一個圖片或影像資料。

- **未繫結物件框** ⚏：可在此放入一個OLE物件(如圖片、聲音、Word文件等)。此OLE物件是存於表單中, 而非資料表的欄位中。

- **繫結物件框** ⚏：可用此物件框來顯示或編輯存放在資料表欄位中的OLE物件。

- **插入分頁** ⚏：您可用此控制項來將表單分頁。

- **索引標籤控制項** ⚏：您可用此控制項來製作活頁標籤式的表單。

- **子表單/子報表** ⚏：用來在表單中嵌入一個子表單。

- **線條** ╲：用來在表單中畫一條直線。

- **矩形** ☐：用來在表單中畫一個方框。

● **超連結** 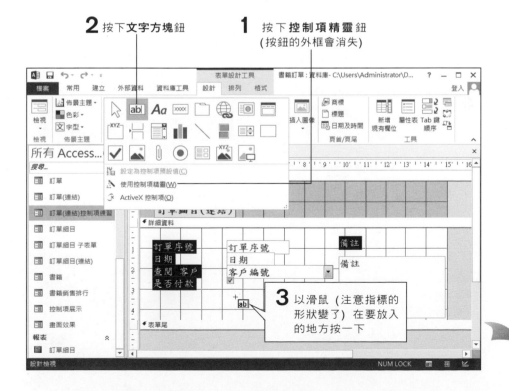：可建立超連結的項目。

● **圖表** ：用來製作如長條圖之類的圖表,圖表的資料來源可以是資料表中的資料。

● **附件** ：建立代表附件的控制項。

● **Active X 控制項** ：用來加入 ActiveX 控制項(請參閱其他 Microsoft 與 Internet 相關資訊)。

> **TIP** 在以上的控制項中, 有一些譯名與本書所使用的不同, 例如**選項按鈕**在本書中稱為**單選鈕**, 而**文字方塊**在本書中則稱為**文字欄**, 請您注意。

將控制項加入表單中

將控制項加入表單中的方法相當簡單而直覺, 請先將 13-2 節所完成的**訂單(連結)**表單 (或直接從書附光碟的 "Ch13 範例資料 .accdb" 匯入**訂單(連結)13-2**表單), 更名成**訂單(連結)控制項練習**, 然後以設計檢視模式開啟, 再依下面步驟操作:

2 按下**文字方塊**鈕

1 按下**控制項精靈**鈕
(按鈕的外框會消失)

3 以滑鼠 (注意指標的形狀變了) 在要放入的地方按一下

TIP 在上面的第 3 步驟中，您也可以用滑鼠在要放置控制項的地點拉曳出想要的大小，再放開滑鼠左鈕，那麼控制項便會以拉曳的大小加入表單中。

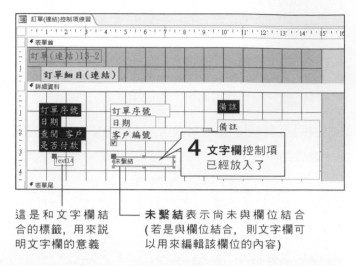

4 **文字欄**控制項已經放入了

這是和文字欄結合的標籤，用來說明文字欄的意義

未繫結表示尚未與欄位結合(若是與欄位結合，則文字欄可以用來編輯該欄位的內容)

控制項精靈的妙用

如果在加入控制項時，**控制項精靈**鈕的周圍有外框，那麼在完成上面第 3 步操作後，Access 會開啓一個精靈交談窗來輔助您設定新加入控制項的屬性：

在預覽框中可預覽設定的結果　　設定字型及大小　　是否要粗體或斜體

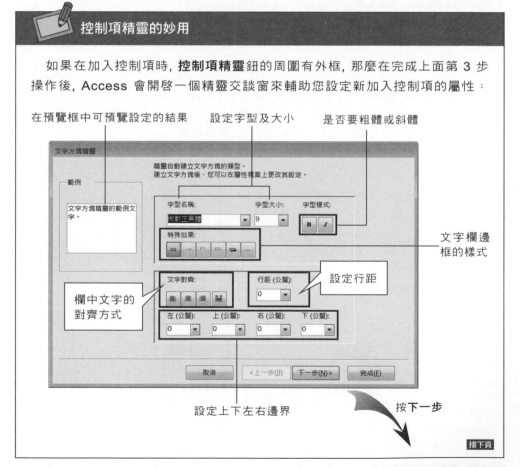

文字欄邊框的樣式

欄中文字的對齊方式

設定行距

設定上下左右邊界

按下一步

接下頁

您可在這裡試試
看輸入法的變化

拉下列示窗可設定在進
入本文字欄時, 是要使用
中文或英文輸入法

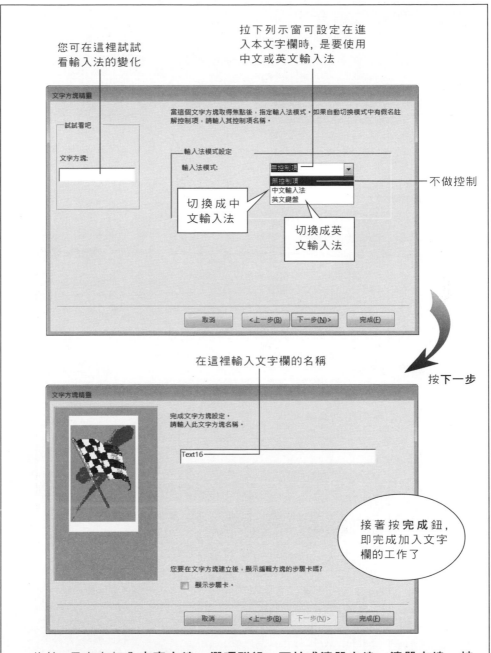

在這裡輸入文字欄的名稱

按下一步

接著按**完成**鈕,
即完成加入文字
欄的工作了

此外, 只有在加入**文字方塊**、**選項群組**、**下拉式清單方塊**、**清單方塊**、**按鈕**或**子表單 / 子報表**控制項時才會出現**控制項精靈**, 而且加入不同控制項出現的**控制項精靈**也都不一樣。

將控制項與欄位結合

如果您要將文字欄與資料表的欄位結合,那麼可開啟文字欄的屬性表交談窗:

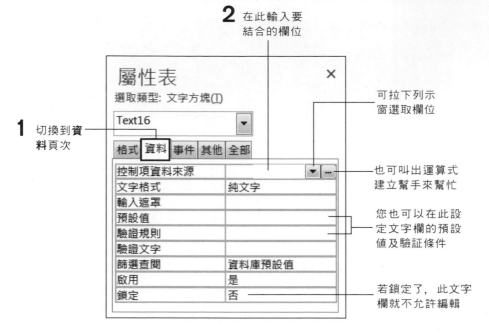

2 在此輸入要
結合的欄位

1 切換到**資料**頁次

可拉下列示
窗選取欄位

也可叫出運算式
建立幫手來幫忙

您也可以在此設
定文字欄的預設
值及驗証條件

若鎖定了, 此文字
欄就不允許編輯

另外,如果我們再切換到**其他**頁次:

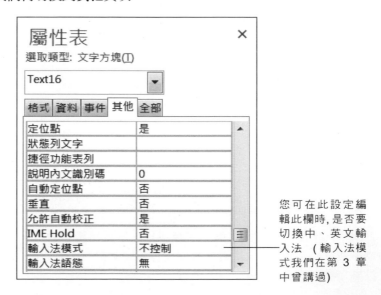

您可在此設定編
輯此欄時,是否要
切換中、英文輸
入法 (輸入法模
式我們在第 3 章
中曾講過)

最後,請關閉屬性表交談窗,並刪除我們剛才加入的新控制項。

控制項操作小技巧

直接在控制項上按滑鼠右鈕, 即開啓可對該控制項操作的快顯功能表, 例如 :

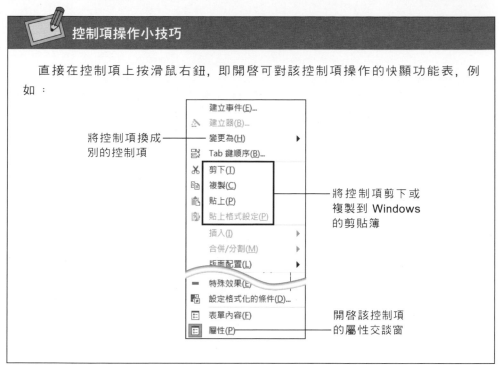

將控制項換成
別的控制項

將控制項剪下或
複製到 Windows
的剪貼簿

開啓該控制項
的屬性交談窗

13-5 設定表單本身的屬性

除了各控制項有屬性外, 表單本身也有屬性可供設定 (因爲表單本身也是個控制項), 請開啓**訂單**表單, 並進入**設計檢視**模式 :

在此鈕上雙按
滑鼠, 即可開
啓表單的屬性
表交談窗

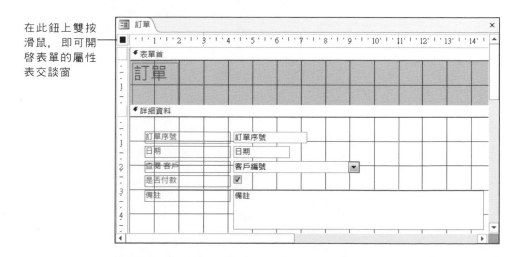

以下我們分別來看看表單的屬性表交談窗中各頁次的內容。

資料頁次

表單的主要功能就是要顯示、編輯資料表或查詢的內容,而**資料**頁次即是用來存放與**記錄來源**有關的各項設定:

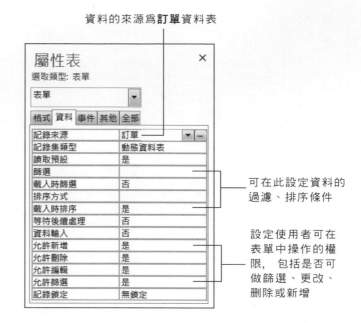

資料的來源為**訂單**資料表

可在此設定資料的過濾、排序條件

設定使用者可在表單中操作的權限, 包括是否可做篩選、更改、刪除或新增

當您要更改設定時,只要用滑鼠在該項目中按一下即可。例如您想要更改**記錄來源**,那麼就用滑鼠在上面按一下:

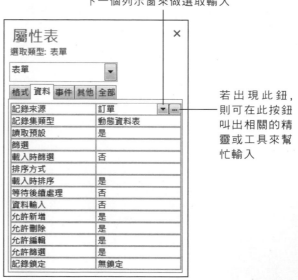

若出現此鈕, 表示您可以拉下一個列示窗來做選取輸入

若出現此鈕, 則可在此按鈕叫出相關的精靈或工具來幫忙輸入

請拉下列示窗看看：

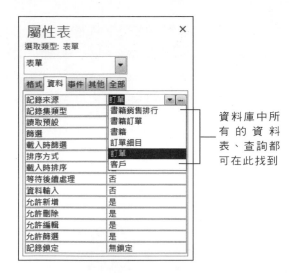

資料庫中所有的資料表、查詢都可在此找到

如果在列示窗中沒有您需要的資料, 可按 ▦ 鈕立即建一個新的查詢。按鈕之後, 由於原先已填入了訂單資料表, 所以 Access 會先問您是否要用此資料表來建立查詢：

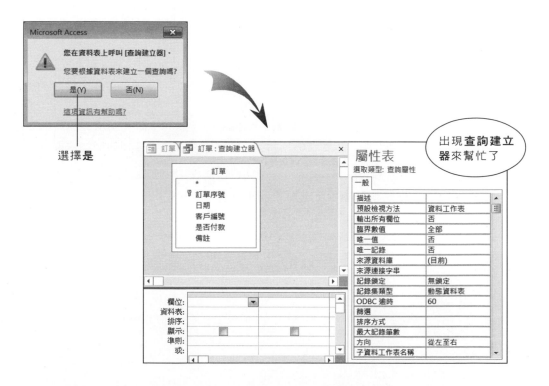

選擇**是**

出現**查詢建立器**來幫忙了

用這種方法建立的查詢將儲存在表單中, 而不會儲存為資料庫的查詢元件。

操作小技巧

● 若屬性欄有下拉式列示窗可用，那麼您也可以直接在屬性欄上雙按，來輪流
  選擇列示窗中的項目。這個技巧常用在「是 / 否」的屬性值上：

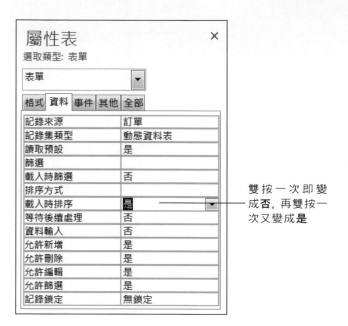

屬性表　　　　　　　　✕

選取類型: 表單

表單	▾

格式 **資料** 事件 其他 全部

記錄來源	訂單
記錄集類型	動態資料表
讀取預設	是
篩選	
載入時篩選	否
排序方式	
載入時排序	是
等待後續處理	否
資料輸入	否
允許新增	是
允許刪除	是
允許編輯	是
允許篩選	是
記錄鎖定	無鎖定

雙按一次即變
成**否**，再雙按一
次又變成**是**

● 當您將輸入焦點移到某個屬性欄時，Access 的狀態列中即會顯示出相關的
  簡要說明；若仍不明白該屬性的作用，可再按 F1 鍵查詢詳細的輔助說明。

● 如果您不小心按到設計視窗中的其他控制項，那麼該控制項就會被選取，而
  屬性視窗中也會改以顯示新選取控制項的屬性。

格式頁次

格式頁次中包含了與表單外觀有關的各項屬性,內容相當多:

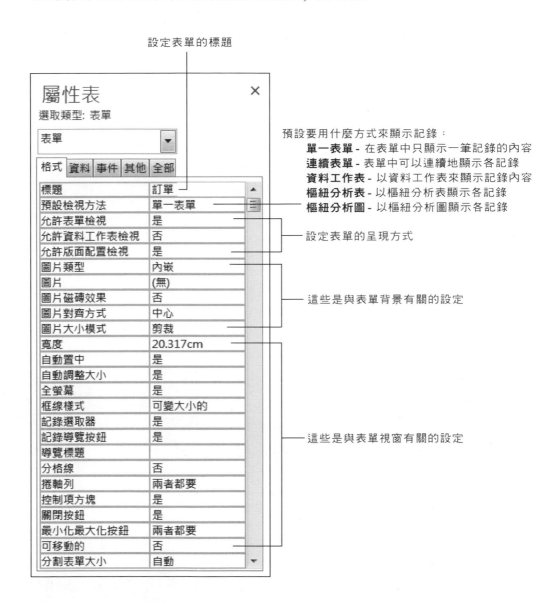

設定表單的標題

預設要用什麼方式來顯示記錄:
單一表單 - 在表單中只顯示一筆記錄的內容
連續表單 - 表單中可以連續地顯示各記錄
資料工作表 - 以資料工作表來顯示記錄內容
樞紐分析表 - 以樞紐分析表顯示各記錄
樞紐分析圖 - 以樞紐分析圖顯示各記錄

設定表單的呈現方式

這些是與表單背景有關的設定

這些是與表單視窗有關的設定

屬性表

選取類型: 表單

表單

| 格式 | 資料 | 事件 | 其他 | 全部 |

標題	訂單
預設檢視方法	單一表單
允許表單檢視	是
允許資料工作表檢視	否
允許版面配置檢視	是
圖片類型	內嵌
圖片	(無)
圖片磁磚效果	否
圖片對齊方式	中心
圖片大小模式	剪裁
寬度	20.317cm
自動置中	是
自動調整大小	是
全螢幕	是
框線樣式	可變大小的
記錄選取器	是
記錄導覽按鈕	是
導覽標題	
分格線	否
捲軸列	兩者都要
控制項方塊	是
關閉按鈕	是
最小化最大化按鈕	兩者都要
可移動的	否
分割表單大小	自動

各屬性對應在表單視窗上的位置如下:

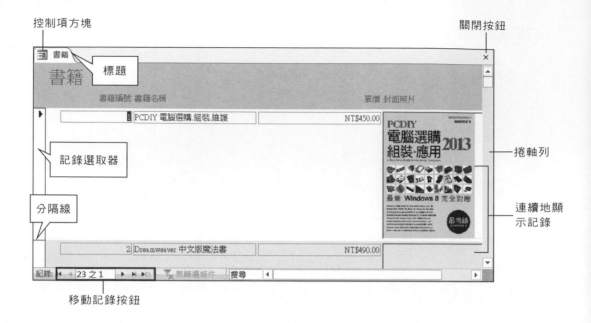

　　讀者可以試著去修改一些屬性來看看表單有什麼變化。其中比較有趣的設定是與表單背景相關的屬性：

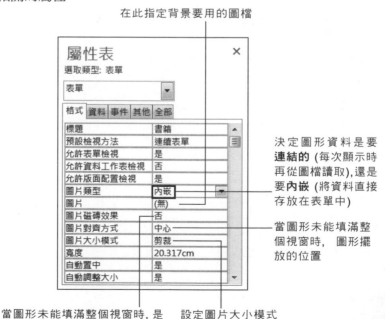

當圖形大小和表單大小不同時, 可在上面**表單屬性表視窗**的**圖片大小模式**中設定其顯示方式, 共有以下五種設定值:

- **剪裁**: 按原圖大小顯示, 忽略多出或不足的部份。
- **拉長**: 不依/寬比例縮放圖形來填滿整個視窗。
- **顯示比例**: 依長/寬比例縮放圖形來儘量填滿視窗, 未填滿部份則留白。
- **水平拉長**: 水平橫向拉長。
- **垂直拉長**: 垂直縱向拉長。

右圖是各種不同設定的效果, 您可以從 "Ch13 範例資料 .accdb" 找到呈現此效果的**畫面效果**表單:

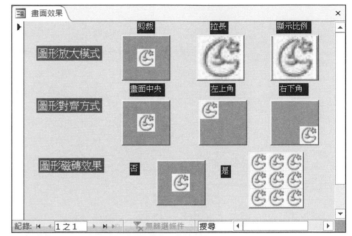

事件頁次

事件頁次中的屬性可用來設定當表單被操作時要執行的特殊反應, 例如:

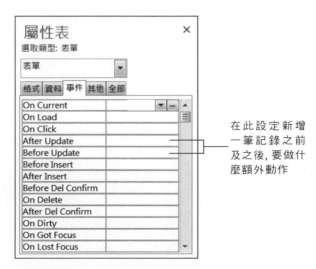

在此設定新增一筆記錄之前及之後, 要做什麼額外動作

　　使用者可在此建立事件發生時, 要執行的巨集或 VBA 函式。由於這些都是比較進階的設定, 一般初學者很少會用到, 因此我們將只在第 15 章時提到巨集, 至於 VBA 的部分, 有興趣的讀者可參考 Access VBA 的相關書籍。

其他頁次

　　其他頁次中包含那些不能歸類為前面三類的屬性, 例如：

表單是否永遠要顯示在最上層 (在其他視窗之上)

是否一定要在關閉表單之後才能去操作其他視窗

設定當我們在最後一個欄位中按 Tab 鍵時, 輸入焦點要如何轉移：
所有記錄 - 跳到下一筆記錄的第一個欄位
現有記錄 - 跳回目前記錄的第一個欄位
現有頁 - 跳回目前頁中的第一個欄位
(我們可以將表單用工具箱中的**分頁**控制項分為好幾頁)

全部頁次

　　全部頁次會將前面 4 頁中的屬性全部顯示出來, 以方便您尋找一個不知道在哪個頁次中的屬性：

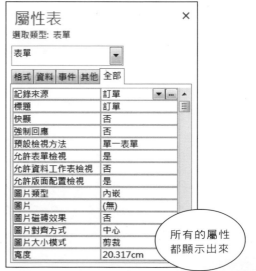

所有的屬性都顯示出來

13-6 善用快顯功能表

『**快顯**』功能表 (在設計檢視模式下於表單空白處按滑鼠右鈕) 可用來開啟、關閉或切換各種顯示的狀況：

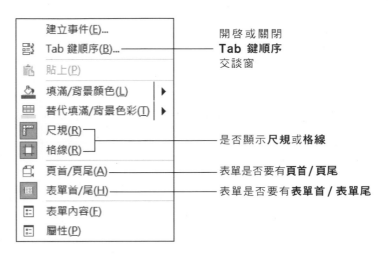

欄位清單交談窗

一個表單若已指定了記錄來源, 那麼我們便可以按**設計**頁次**工具**區的**新增現有欄位**鈕開啟**欄位清單**交談窗來顯示來源資料中的所有欄位。例如**書籍**表單的欄位清單如右：

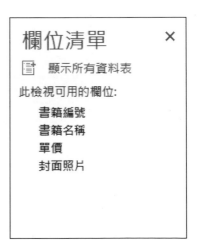

　　欄位清單交談窗除了可以檢視欄位之外,您也可直接將**欄位清單**中一或多個欄位拉曳到表單中,那麼 Access 便會自動加入新的控制項來顯示這些欄位。例如我們在**書籍**表單(請從 "Ch13 範例資料 .accdb" 匯入此表單)的設計檢視模式中,按**設計**頁次**工具**區的**新增現有欄位**鈕,然後依照下列步驟操作:

1 按住 Ctrl 鍵選取這兩個欄位

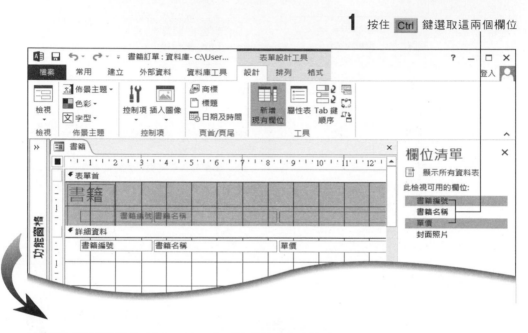

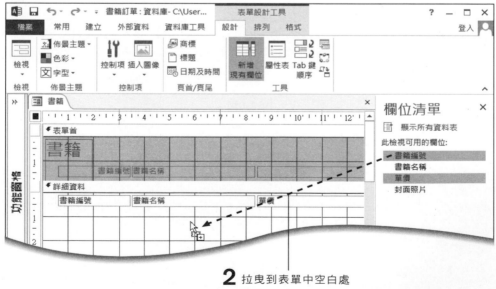

2 拉曳到表單中空白處

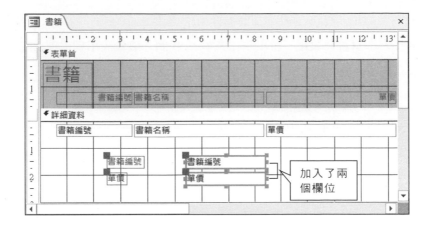

新加入的控制項都會自動被選取, 以方便您對它做進一步的操作(如搬移、改變大小等)。由於我們只是做測試, 所以請按 Del 鍵將之刪除。

表單首 / 表單尾、頁首 / 頁尾

表單首及**表單尾**分別位於表單的最上方及最下方, 位於這個區域中的物件在上下捲動表單時將固定不動:

這個區域 (**表單首**) 不會跟著上下捲動

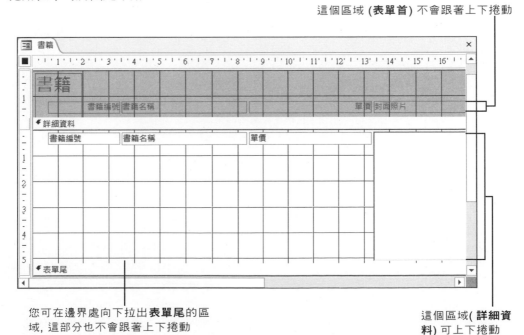

您可在邊界處向下拉出**表單尾**的區域, 這部分也不會跟著上下捲動

這個區域(**詳細資料**) 可上下捲動

至於**頁首**及**頁尾**,只有在列印表單時有作用,內容將出現在每一頁報表的最上方及最下方。注意!**頁首**及**頁尾**不會出現在**表單**中,我們一般較少用到這項功能。

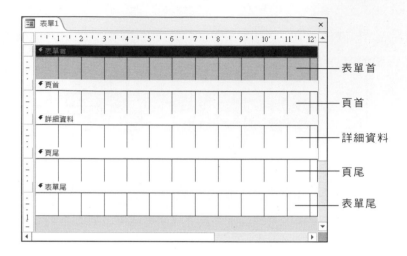

> **TIP** 表單首、表單尾、細目、頁首及頁尾也都算是一種控制項,您可將任何的控制項加入這些區域中。

直接在這些控制項的上下邊界拉曳,即可調整其高度:

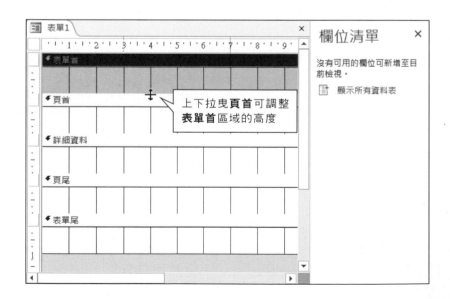

> **TIP** 所有區域的寬度都是相同的 (也就是表單的寬度),您可拉曳任一區域的右邊界處,來調整表單寬度。

設定 Tab 跳位順序

當我們在表單中輸入資料時, 可以按 `Tab` 鍵在各輸入欄中跳位, 而跳位的順序, 則可在表單設計畫面空白之處按下滑鼠右鈕, 在快顯功能表執行『**Tab 鍵順序**』命令, 在**Tab 鍵順序**交談窗中設定：

在此選擇要調整的是哪個區域

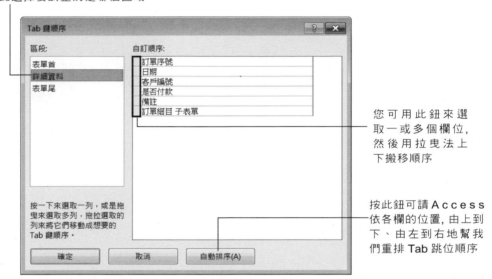

您可用此鈕來選取一或多個欄位, 然後用拉曳法上下搬移順序

按此鈕可請Access 依各欄的位置, 由上到下、由左到右地幫我們重排 Tab 跳位順序

TIP Tab 跳位順序是以區域來劃分的：表單首第一, 再來是細部 (詳細資料), 最後是表單尾。當您在表單尾的最後一欄上按 `Tab` 鍵時, 會跳到表單首的第一個欄位中 (如果有的話)。

不具備輸入焦點的控制項不會出現在上圖中。例如標籤只是用來作為說明之用, 所以它不具備輸入焦點的功能, 也沒有 Tab 跳位順序可設定。

設定跳位順序, 對於常常使用鍵盤操作的使用者是蠻重要的設定工作。

13-7 表單設計實際演練

在說明了各種表單設計的技巧後,讓我們實際演練一下吧!請開啟上一節曾經使用過的**書籍**表單:

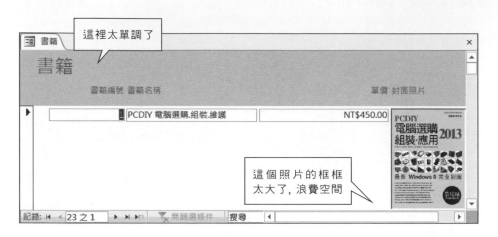

修改封面圖片的外框大小

切到表單的設計檢視模式後,我們直接用拉曳法將照片的控制項框縮小,然後按**設計**頁次工具區的**屬性表**鈕來開啟**屬性表**交談窗:

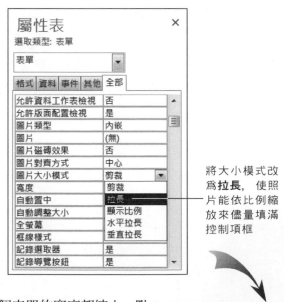

將大小模式改為**拉長**,使照片能依比例縮放來儘量填滿控制項框

接著,我們將**封面照片**標籤及整個表單的寬度都縮小一點:

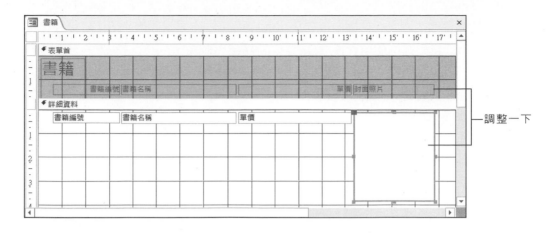

調整一下

在表單首加入商標圖案及公司名稱

請先將**詳細資料**的下邊緣線處往下拉來加大**表單首**的面積,然後將各標籤往下移一點:

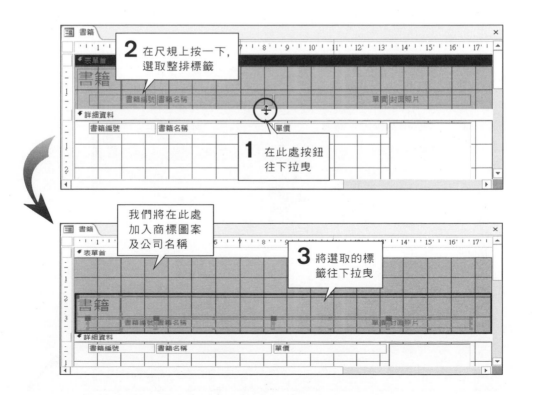

2 在尺規上按一下,選取整排標籤

1 在此處按鈕往下拉曳

我們將在此處加入商標圖案及公司名稱

3 將選取的標籤往下拉曳

由於商標的來源是一個圖形檔 (Flaglogo.gif, 可在本書光碟的 "\Ch13" 資料夾中找到), 所以我們選擇使用**頁首/頁尾**區中的**商標**控制項:

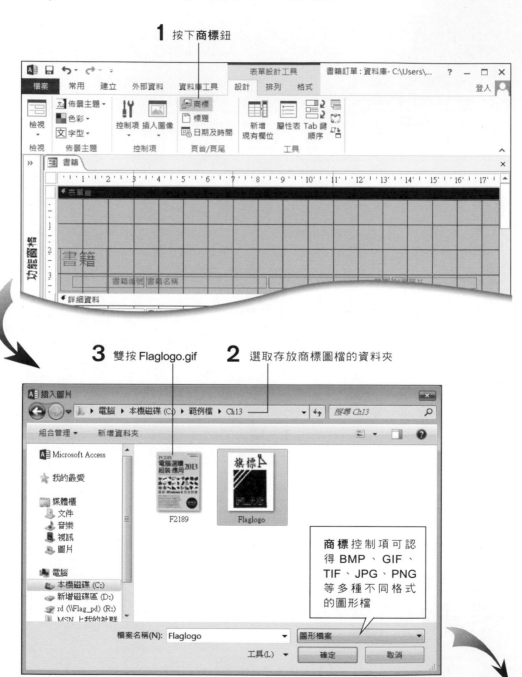

1 按下**商標**鈕

3 雙按 Flaglogo.gif

2 選取存放商標圖檔的資料夾

商標控制項可認得 BMP、GIF、TIF、JPG、PNG 等多種不同格式的圖形檔

5 並調整圖像
框的大小

4 將**大小模式**屬性
改爲**顯示比例**

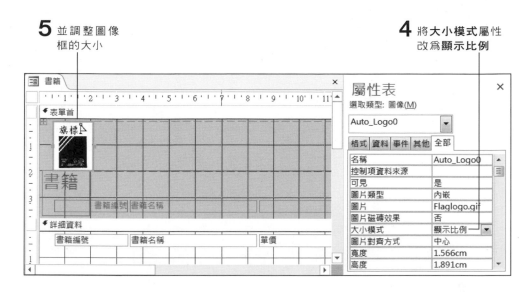

接著再加入一個顯示公司名稱的文字標籤:

1 按下**標籤**鈕

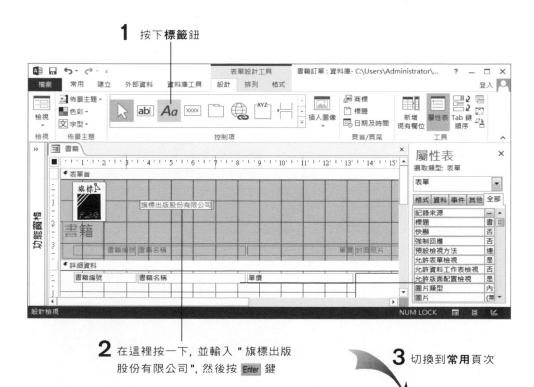

2 在這裡按一下, 並輸入 " 旗標出版
股份有限公司 ", 然後按 Enter 鍵

3 切換到**常用**頁次

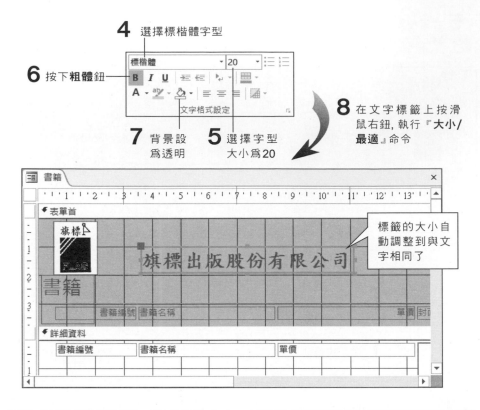

4 選擇標楷體字型

6 按下**粗體**鈕

7 背景設為透明

5 選擇字型大小為20

8 在文字標籤上按滑鼠右鈕, 執行『**大小/最適**』命令

標籤的大小自動調整到與文字相同了

　　最後, 我們再稍微調整一下表單的大小、商標及標籤的位置, 然後切換到表單檢視模式看成果(您可以開啟"Ch13 範例資料(完成).accdb" 的**書籍(13-7)**表單來觀看成果):

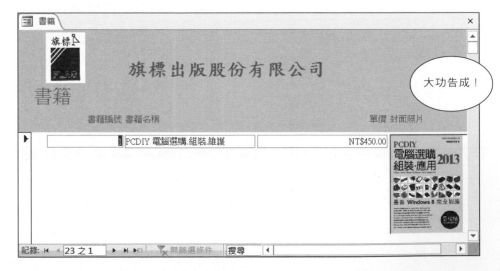

大功告成!

13-8 表單的格式化條件

格式化條件的功能主要是為了讓資料欄位設定一些條件, 在符合所設定的條件下, 就能套用您預先設定好的欄位格式, 例如：若格式化條件為"如果**日期**欄位介於2013/ 04/01 和 2013/04/30 之間, 則此欄位資料以紅色粗體字顯示", 以此類推。

單一欄位設定

首先, 我們就來試試設定欄位格式化條件的功能。請從 "Ch13 範例資料 .accdb" 匯入**訂單、訂單細目 子表單**表單, 以及**訂單細目**資料表, 然後開啟**訂單**表單, 並按**常用**頁次**檢視**區的**檢視**鈕, 執行『**設計檢視** 』命令：

1 請將指標焦點移到**日期**欄位中, 這就是我們要設定格式化條件的欄位

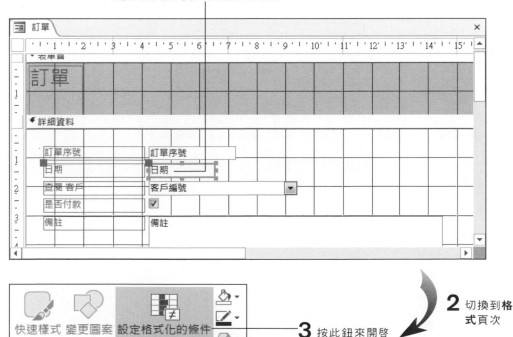

2 切換到**格式**頁次

3 按此鈕來開啟**設定格式化的條件**交談窗

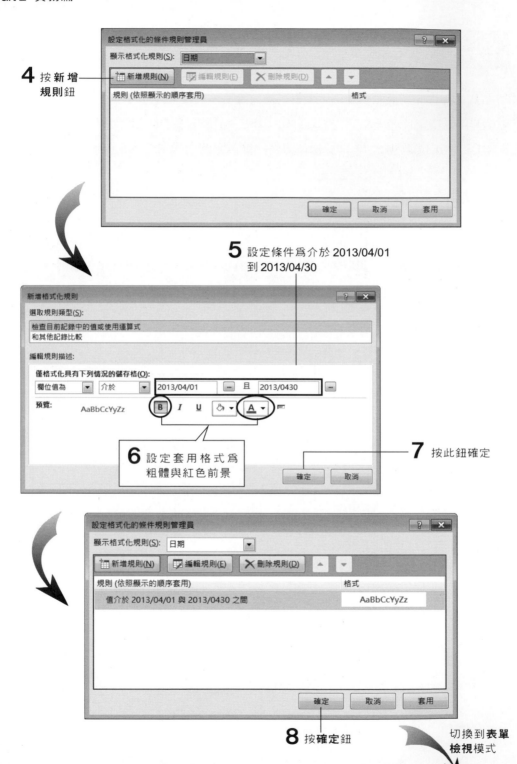

4 按 **新增規則**鈕

設定格式化的條件規則管理員

顯示格式化規則(S): 日期

新增規則(N)　編輯規則(E)　✕ 刪除規則(D)　▲　▼

規則 (依照顯示的順序套用)　　　　　　　　　格式

確定　　取消　　套用

5 設定條件為介於 2013/04/01 到 2013/04/30

新增格式化規則

選取規則類型(S):

檢查目前記錄中的值或使用運算式
和其他記錄比較

編輯規則描述:

僅格式化具有下列情況的儲存格(O):

欄位值為　▼　介於　▼　2013/04/01　…　且　2013/0430　…

預覽:　　AaBbCcYyZz　**B** *I* U　◇▾　A▾　▣

6 設定套用格式為 粗體與紅色前景

7 按此鈕確定

確定　　取消

設定格式化的條件規則管理員

顯示格式化規則(S): 日期

新增規則(N)　編輯規則(E)　✕ 刪除規則(D)　▲　▼

規則 (依照顯示的順序套用)　　　　　　　　　格式

值介於 2013/04/01 與 2013/0430 之間　　　　AaBbCcYyZz

確定　　取消　　套用

8 按**確定**鈕

切換到**表單檢視**模式

果然在符合設定的條件下, 日期
欄位套用了我們設定的格式!

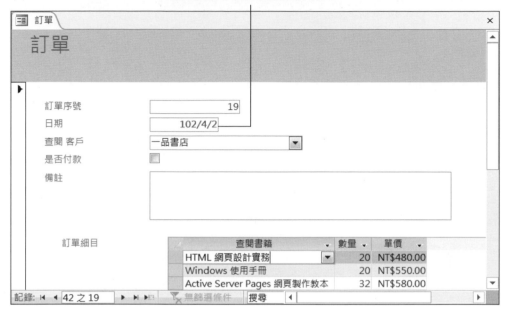

運算式設定

您也可以使用運算式的方式來設定格式化條件:

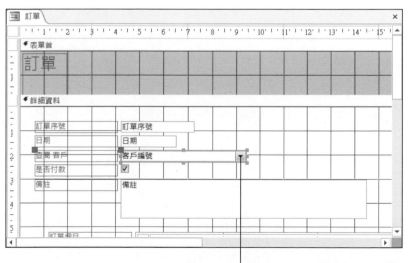

1 請將焦點移到**查閱 客戶**欄位
中, 此欄位要設定格式化條件

2 按**格式**頁次 / **控制項**
格式設定區的**設定**
格式化的條件鈕

3 按**新增**規則鈕

5 填入此運算式, 表示符合訂單序號介於 20-30 之間的客戶名稱欄位會套用格式

4 拉下列示窗選擇**運算式為**

6 設定粗體、斜體和紅色前景顏色

7 按**確定**鈕

8 按**確定**鈕

切換到**表單檢視**模式

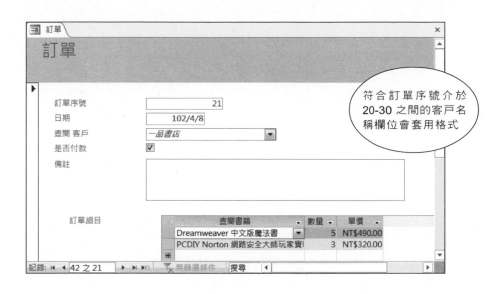

符合訂單序號介於
20-30 之間的客戶名
稱欄位會套用格式

設定多個欄位的運算式

若您有多個欄位要設定運算式, 也可以直接設定, 如下所示:

1 多加一項欄位的條件

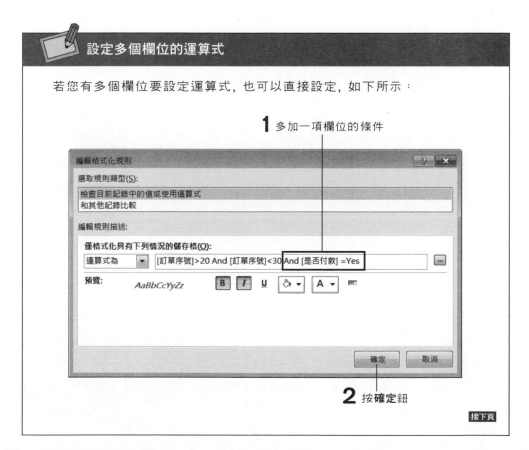

2 按**確定**鈕

接下頁

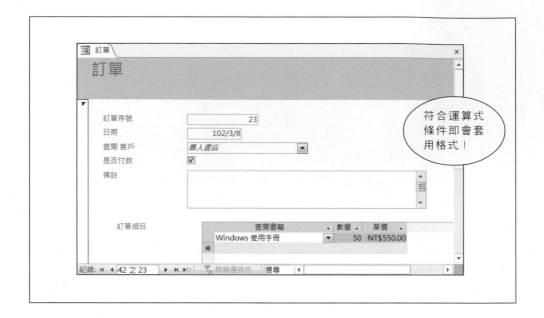

欄位有焦點時

另外還有一個條件可選擇, 即是當欄位有焦點時, 就套用我們設定的格式。

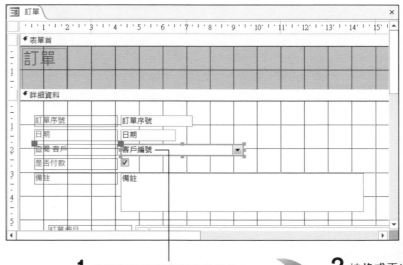

1 請將焦點移到**查閱客戶**欄位中, 此欄位要設定格式化條件

2 按**格式**頁次**控制項 格式設定**區的**設定 格式化的條件**鈕

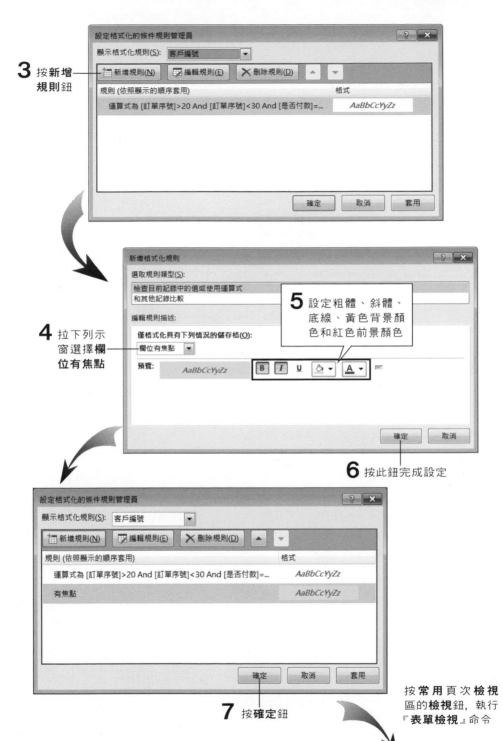

3 按**新增規則**鈕

4 拉下列示窗選擇**欄位有焦點**

5 設定粗體、斜體、底線、黃色背景顏色和紅色前景顏色

6 按此鈕完成設定

7 按**確定**鈕

按**常用**頁次**檢視**區的**檢視**鈕, 執行『**表單檢視**』命令

焦點在此處, 即
會套用設定格式

8 移開焦點
至**日期**欄

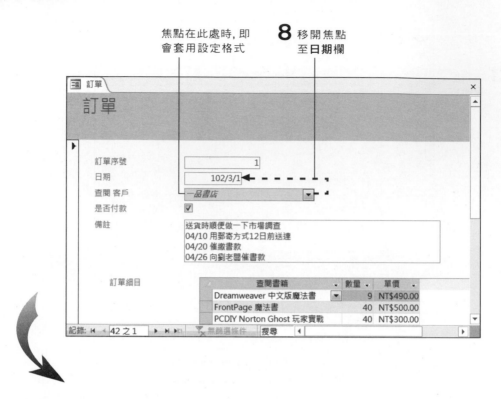

焦點不在此處,
格式就不會套用

目前焦點在此處

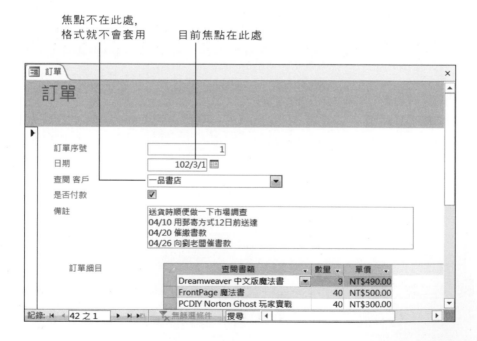

一個欄位多個條件

若需要在一個欄位中設定多個條件,並且每個條件有其個別互不相干的設定格式,可以在**設定格式化的條件**交談窗中,按**新增**鈕,增加其他條件與設定格式:

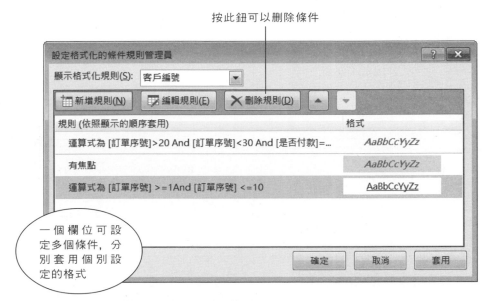

按此鈕可以刪除條件

一個欄位可設定多個條件,分別套用個別設定的格式

鎖定已『設定格式化條件』的欄位

當我們利用前述的方法設定完成欄位的格式後,可以善用『設定格式化的條件』交談窗中的**啟用**鈕 來鎖定欄位,經過鎖定的欄位,便無法在表單中更改資料,這個方法可利用來鎖定不能更改的欄位,如去年的營業額或者已完成之交易資料等。比較未鎖定與已鎖定之欄位,如下圖:

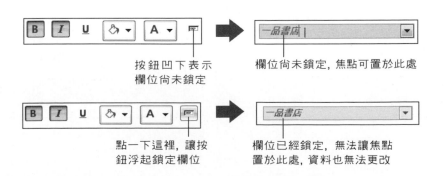

按鈕凹下表示
欄位尚未鎖定

欄位尚未鎖定,焦點可置於此處

點一下這裡,讓按
鈕浮起鎖定欄位

欄位已經鎖定,無法讓焦點
置於此處,資料也無法更改

MEMO

14

設計美觀實用的報表

- 利用多個資料表建立報表
- 在設計視窗中檢視報表的結構
- 修改報表中的各項設定
- 加入計算欄位
- 列印日期及頁碼
- 在報表中使用查詢參數
- 列印郵寄標籤
- 列印關聯圖

　　我們在第7章介紹了利用**報表精靈**建立報表的方法。在本章,我們要告訴您更多設計報表的技巧,讓報表不僅方便閱讀,還能顯示出更多的訊息。本章的內容包括:

● 使用多個資料表來建立報表

● 在設計視窗中檢視及修改報表的結構

● 在報表中加入『計算欄位』

● 如何印出『列印時間』及『頁碼』

● 在報表中使用查詢參數

● 列印郵寄標籤

● 列印關聯圖

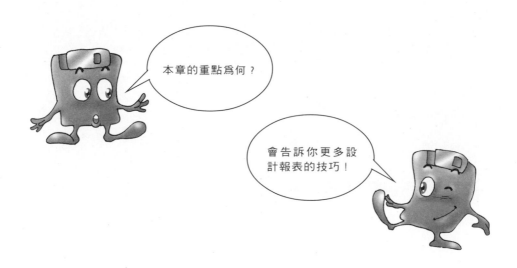

本章的重點為何?

會告訴你更多設計報表的技巧!

14-1 利用多個資料表建立報表

在本節中, 我們要使用**報表精靈**, 利用多個資料表的資料來建立一個『客戶採購報表』, 此報表可以將所有客戶的採購資料都列印出來：

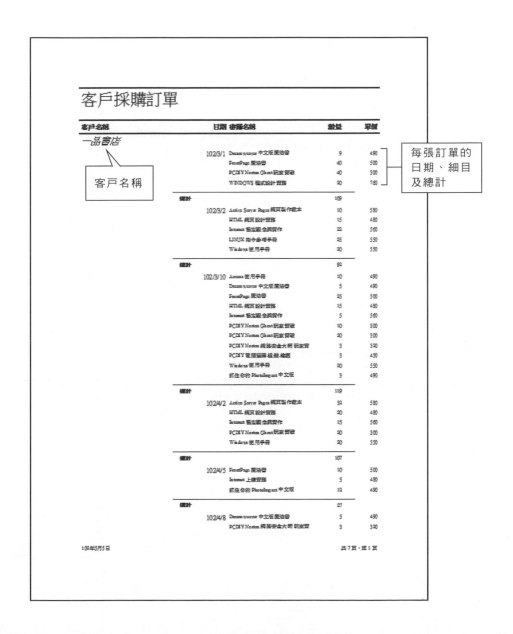

請開啓 "Ch14範例資料.accdb"(請將此資料庫從光碟上複製到您的硬碟中), 接著

切換到**建立**頁次, 按**報表**區的**報表精靈**鈕, 然後按照下列步驟操作：

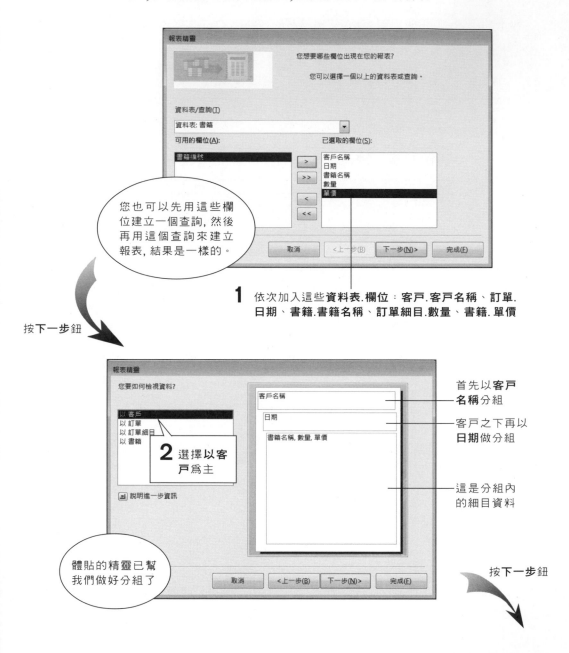

您也可以先用這些欄位建立一個查詢, 然後再用這個查詢來建立報表, 結果是一樣的。

按**下一步**鈕

1 依次加入這些**資料表.欄位**：**客戶.客戶名稱**、**訂單.
日期**、**書籍.書籍名稱**、**訂單細目.數量**、**書籍.單價**

首先以**客戶
名稱**分組

客戶之下再以
日期做分組

這是分組內
的細目資料

2 選擇**以客
戶**為主

體貼的精靈已幫
我們做好分組了

按**下一步**鈕

問您細目資料中還要不要再用其他的欄位
來分組, 這裡我們就不需要再分組了

按**下一步**鈕

問您在細目資料中要
以哪個欄位做排序

3 拉下列示窗選
擇**書籍名稱**

最多只能建立
4個欄位的排序

4 按**摘要選項**鈕

5 我們要將**數量**欄做合計, 所以請在此打勾

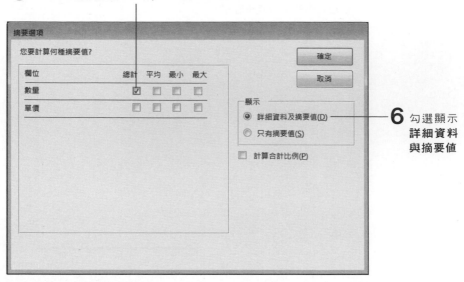

6 勾選顯示 **詳細資料與摘要值**

按**確定**鈕回上一交 談窗, 再按**下一步**鈕

這個步驟要設定欄位 在報表中的配置方式

7 選擇這二項

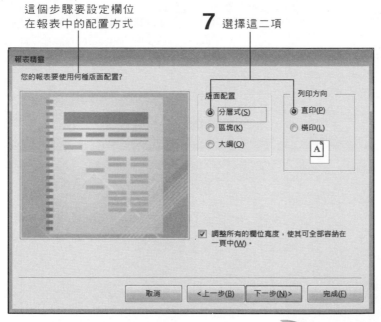

按**下一步**鈕

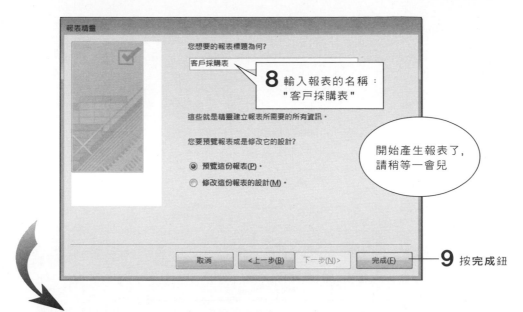

8 輸入報表的名稱：
"客戶採購表"

9 按完成鈕

完成了！

TIP 若有欄位的字無法正常顯示或是被遮住，請參考下一節調整欄位大小或位置即可。

14-2 在設計視窗中檢視報表的結構

　　報表設計視窗的長像其實和表單設計視窗差不多, 而且操作方式也大致相同。它們之間最大的不同點, 在於報表設計視窗中多了許多分組項目。請開啟**客戶採購報表**的設計檢視視窗：

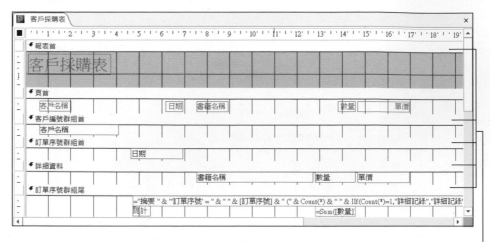

多了這些分組的首、尾區域

而各分組區域與實際報表的對應關係, 則如下圖所示：

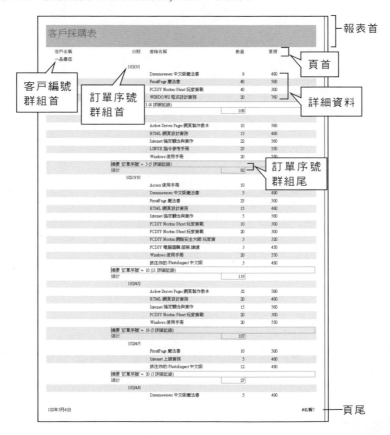

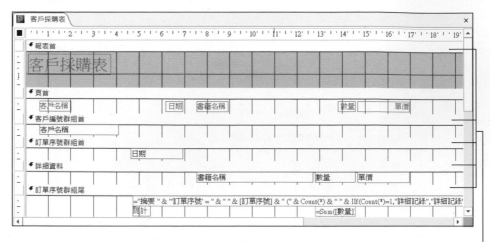

看起來有點複雜, 耐心弄懂以後, 對設計報表大有幫助喔！

底下我們將各分組區域在列印時的位置標示出來供您參考：

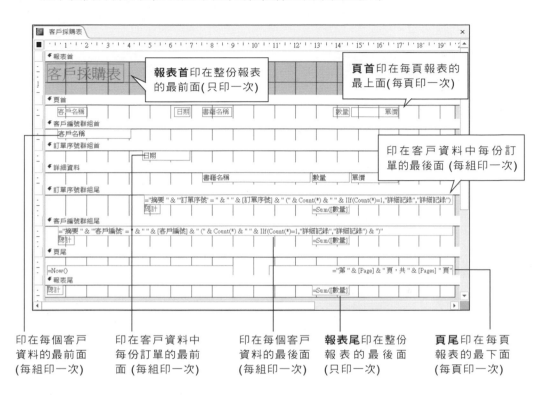

印在每個客戶
資料的最前面
(每組印一次)

印在客戶資料中
每份訂單的最前
面 (每組印一次)

印在每個客戶
資料的最後面
(每組印一次)

報表尾印在整份
報表的最後面
(只印一次)

頁尾印在每頁
報表的最下面
(每頁印一次)

設定資料的分組與排序

如果您覺得目前的分組不理想, 可按**設計**頁次**分組及合計**區的**群組及排序**鈕，
開啟**群組、排序與合計**交談窗：

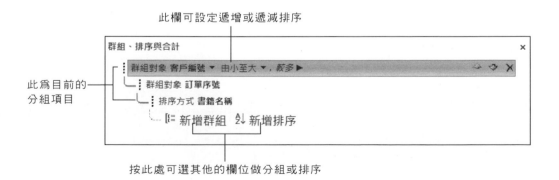

此為目前的
分組項目

此欄可設定遞增或遞減排序

按此處可選其他的欄位做分組或排序

另外, 您也可以先選取某列, 然後上下拉曳來調整位置：

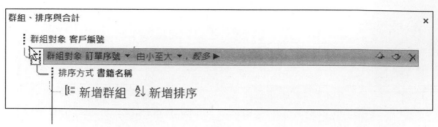

在此鈕上拉曳可將選取的項目上下移動位置

TIP 在此交談窗中, 分組項目位於比較上面的是大項, 比較下面的則是大項中再細分的小項。

14-3 修改報表中的各項設定

接著我們開始動手來修改這份報表, 請先依照下圖操作：

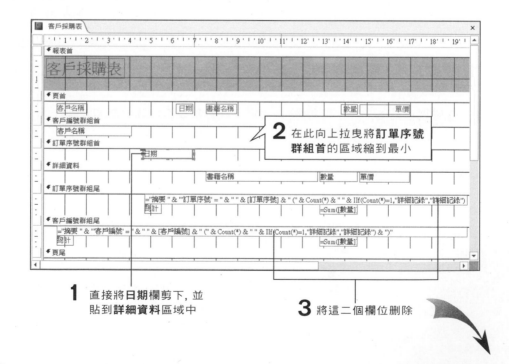

1 直接將**日期**欄剪下, 並貼到**詳細資料**區域中

3 將這二個欄位刪除

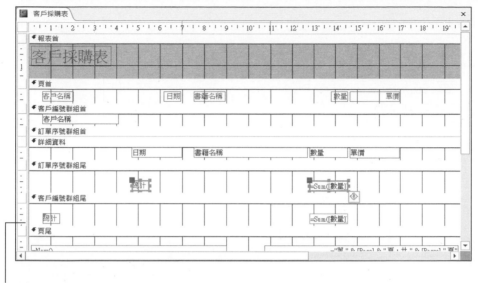

4 按此處, 選取此區域上的所有物件,
然後按**常用**頁次**文字格式設定**區的
粗體鈕 **B** 將選取物件的字體加粗

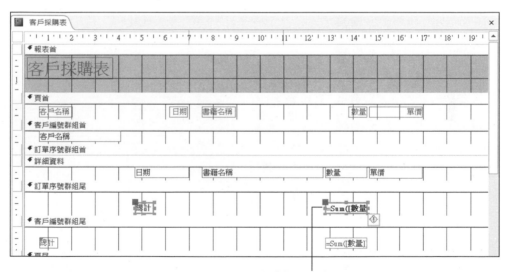

這裡變成比較顯
眼的粗體字了

5 按**檢視**區的**檢視**鈕, 執
行『**報表檢視**』命令

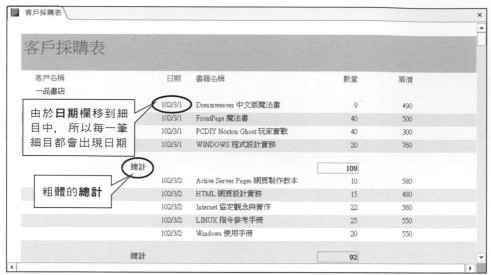

隱藏重複的欄位值

由於我們不希望重複的日期一直出現, 所以請按**檢視**區的**檢視**鈕, 執行『**設計檢視**』命令回到設計檢視視窗, 然後雙按報表內**詳細資料**區的**日期**文字欄以開啟如右屬性表交談窗:

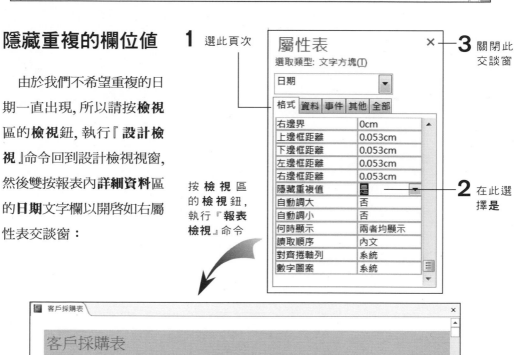

在報表中加線、加框

在報表中加入控制項的方法和在表單中的操作完全一樣,請切換回設計檢視畫面:

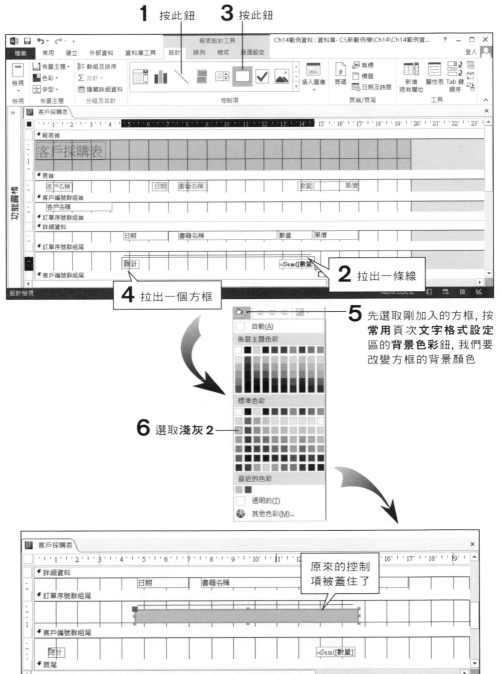

報表中多個物件重疊時, 較晚加入的物件會蓋在先加入物件的上面, 所以我們加入一個方框後, 方框的位置會在其他物件的上方。

要改善這個問題, 我們可以在方框上按滑鼠右鈕, 執行快顯功能表的『**位置/移到最上層**』或『**位置/移到最下層**』命令來調整物件的重疊順序。由於我們希望將淺灰色的方框放在最下層, 所以請先選定方框, 然後按滑鼠右鈕執行『**位置/移到最下層**』命令：

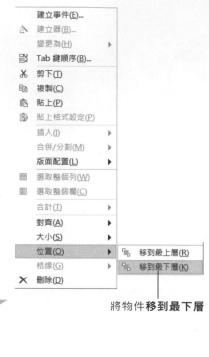

執行『**檔案/列印/預覽列印**』命令

將物件**移到最下層**

客戶採購表					

客戶採購表

客戶名稱	日期	書籍名稱		數量	單價
一品書店					
	102/3/1	Dreamweaver 中文版魔法書		9	490
		FrontPage 魔法書		40	500
		PCDIY Norton Ghost 玩家實戰		40	300
		WINDOWS 程式設計實務		20	760
總計				109	

這樣就可看到我們所加的線條及方框了

如果預覽時多出奇怪的空白頁

如果當您在預覽報表時看到每頁資料之間都多了一張奇怪的空白頁：

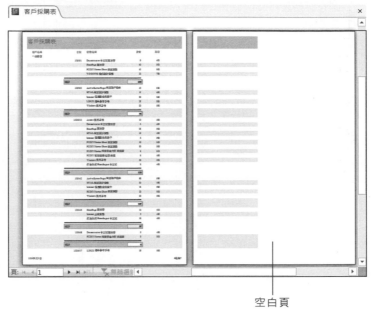

空白頁

那就表示報表的寬度超出了一頁容許列印的寬度：

這裡的刻度是以公分為單位　　　　　　　　太寬了

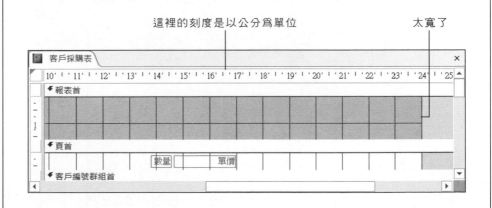

接下頁

您可以在報表的右邊界處拉曳來縮小寬度：

在此拉曳可調整寬度

或是按**版面設定**頁次中**版面配置**區的**版面設定**鈕來檢視或更改可列印的寬度：

1 切換到**列印選項**頁次

設定左右邊的留白區

2 切換到**頁**頁次

這是報表紙的大小

由於報表的可列印寬度為：

21 公分 － 2.35 公分 － 2.35 公分 =16.3 公分
(紙寬)　　 (左留白)　　 (右留白)

因此，我們可以減少左、右邊界的留白來加大可列印寬度。

 報表 (或表單) 的度量單位可以是『**公制**』(公分、公釐) 或『**美制**』(英吋)，您可參考 13-1 節的方法來更改。

如何讓同一群組的資料不分頁

請看看第一頁最下面的資料：

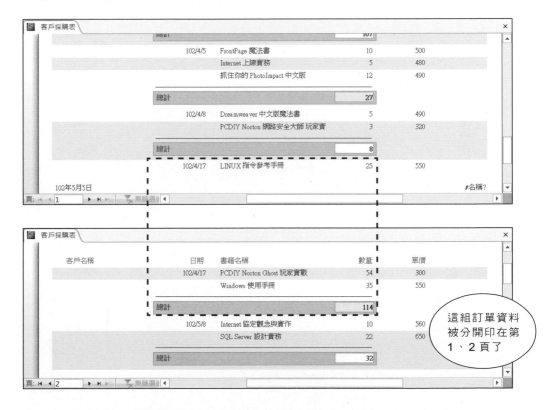

　　原本是同一組的資料,卻因為編排的關係被分成了二部分,這樣將資料亂切一通,在觀看時既不美觀也不方便!所以請回到報表設計視窗,按**設計**頁次**分組及合計**區的**群組及排序**鈕 **⟨≡** :

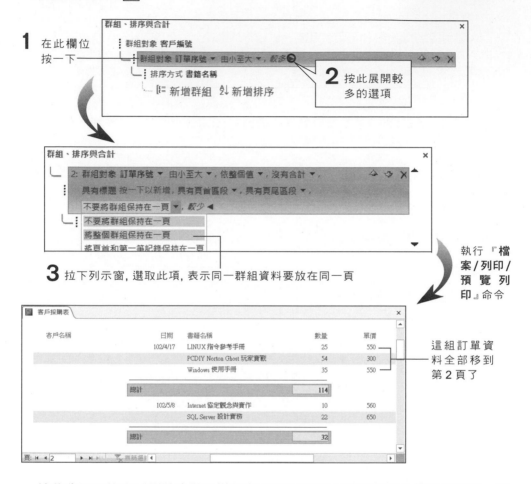

1 在此欄位按一下

2 按此展開較多的選項

3 拉下列示窗,選取此項,表示同一群組資料要放在同一頁

執行『檔案/列印/預覽列印』命令

這組訂單資料全部移到第2頁了

　　接著我們再將**客戶編號**也做同樣設定,那麼每個客戶的資料都會儘量印在同一頁中了:

1 在此欄位按一下　　　　**2** 拉下列示窗,選取**將整個群組保持在一頁**

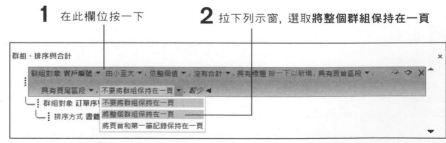

執行『**檔案/列印/
預覽列印**』命令

兩個客戶的資料會分頁來印

14-4 加入計算欄位

在我們建立的**客戶採購報表**中,只有銷售數量的統計,似乎略嫌簡陋了一點,因此在本節中我們將加入 4 個與銷售金額有關的計算欄位。請在設計檢視視窗中依下圖操作:

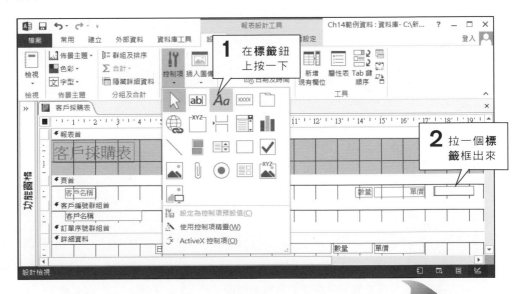

1 在**標籤**鈕上按一下

2 拉一個標籤框出來

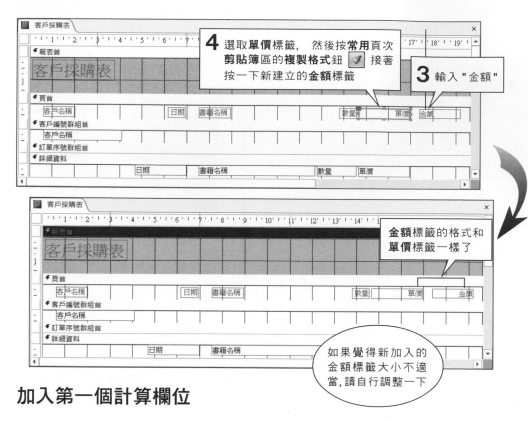

加入第一個計算欄位

現在,我們要正式來加入計算欄位了:

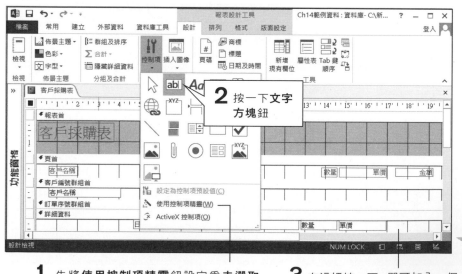

1 先將**使用控制項精靈**鈕設定為**未選取**狀態,因為我們不需要精靈來設定格式

3 在這裡按一下,即可加入一個文字欄 (以及附帶的標籤)

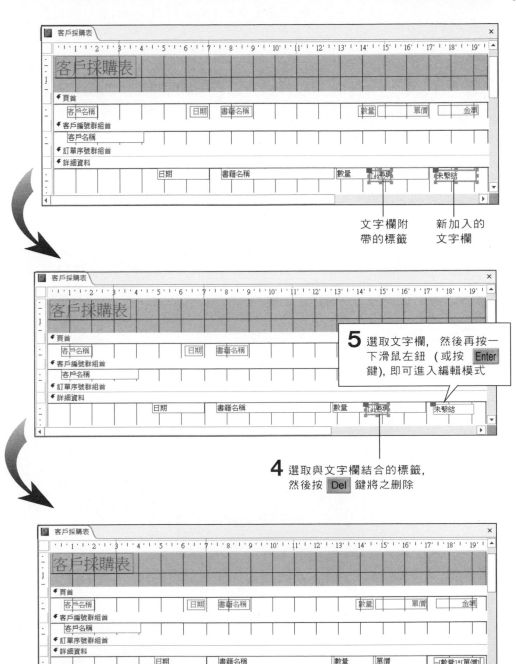

文字欄附
帶的標籤

新加入的
文字欄

5 選取文字欄，然後再按一
下滑鼠左鈕（或按 Enter
鍵），即可進入編輯模式

4 選取與文字欄結合的標籤，
然後按 Del 鍵將之刪除

6 在文字欄中輸入
"=[數量]*[單價]"

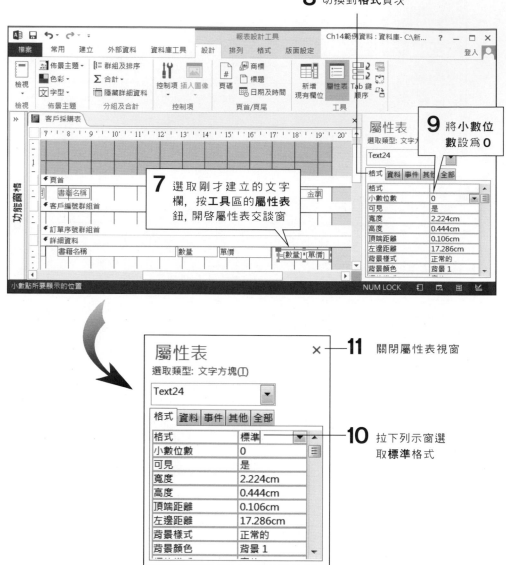

8 切換到**格式**頁次

9 將**小數位數**設為 **0**

7 選取剛才建立的文字欄，按**工具**區的**屬性表**鈕，開啟屬性表交談窗

11 關閉屬性表視窗

10 拉下列示窗選取**標準**格式

按**檢視**區的**檢視**鈕，執行『**報表檢視**』命令看看結果吧

顯示出**金額**資料了

加入第二個計算欄位

除了由功能區中選取物件來加入報表之外,我們也可以用複製現有物件的方法來新增物件:

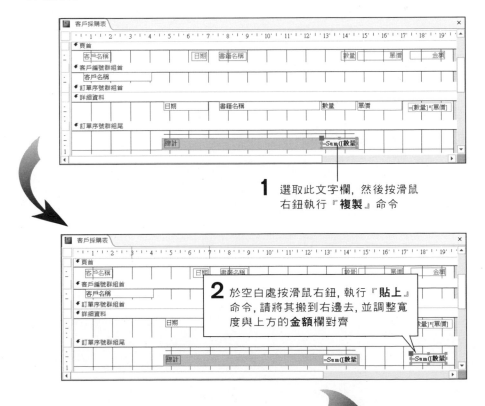

1 選取此文字欄,然後按滑鼠右鈕執行『**複製**』命令

2 於空白處按滑鼠右鈕,執行『**貼上**』命令,請將其搬到右邊去,並調整寬度與上方的**金額**欄對齊

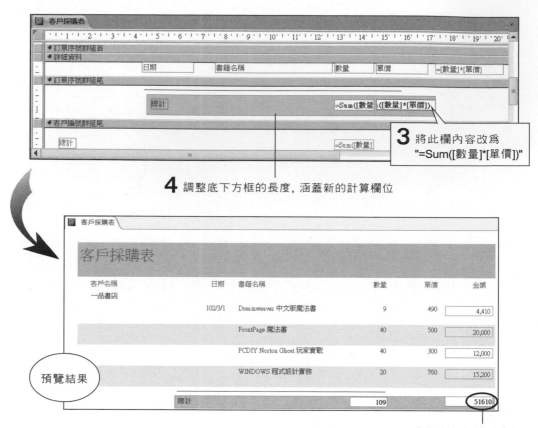

3 將此欄內容改為 "=Sum([數量]*[單價])"

4 調整底下方框的長度, 涵蓋新的計算欄位

預覽結果

多了分組的總計資料

加入第三、第四個計算欄位

1 將此欄複製, 並分別貼在下方 2 個位置

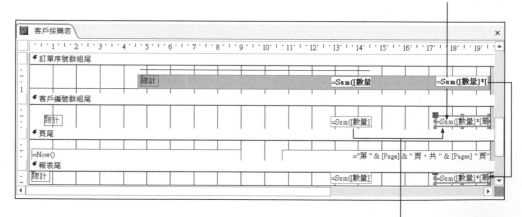

2 將左方欄位的格式複製到右方欄位 (複製格式的方法請參考 14-21 頁的步驟 4)

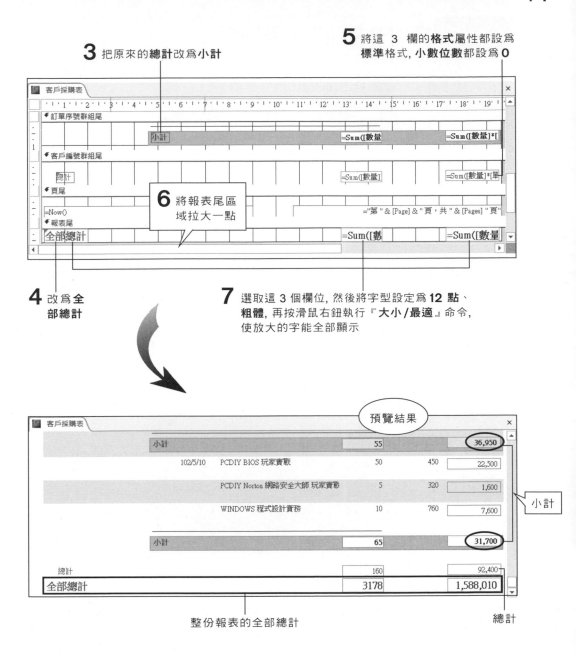

3 把原來的**總計**改為**小計**

5 將這 3 欄的**格式**屬性都設為
標準格式, **小數位數**都設為 **0**

6 將報表尾區域拉大一點

4 改為**全部總計**

7 選取這 3 個欄位, 然後將字型設定為 **12 點**、
粗體, 再按滑鼠右鈕執行『**大小 / 最適**』命令,
使放大的字能全部顯示

整份報表的全部總計

總計

如果發現有些字沒有正確顯示, 請再回到報表設計檢視視窗修改。

14-5 列印日期及頁碼

在**頁尾**中有二個標籤是用來印出『現在日期』及『頁碼』：

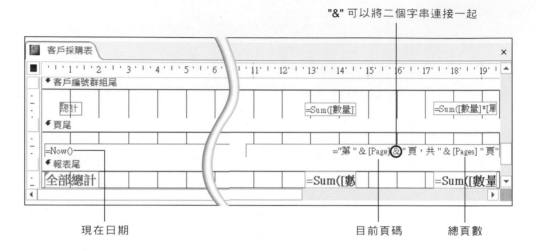

"&" 可以將二個字串連接一起

現在日期　　　　　　　目前頁碼　　　總頁數

由於建立報表時，**報表精靈**已經幫我們設定好這些資訊了，所以可以不必操心。但如果您是自己建立報表而沒有使用精靈，那麼可如下操作：

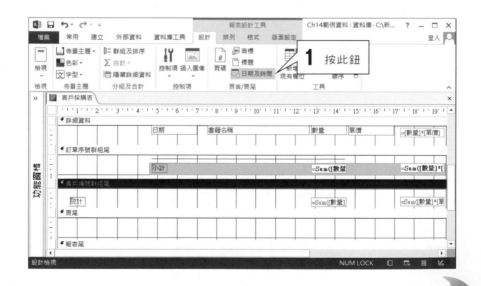

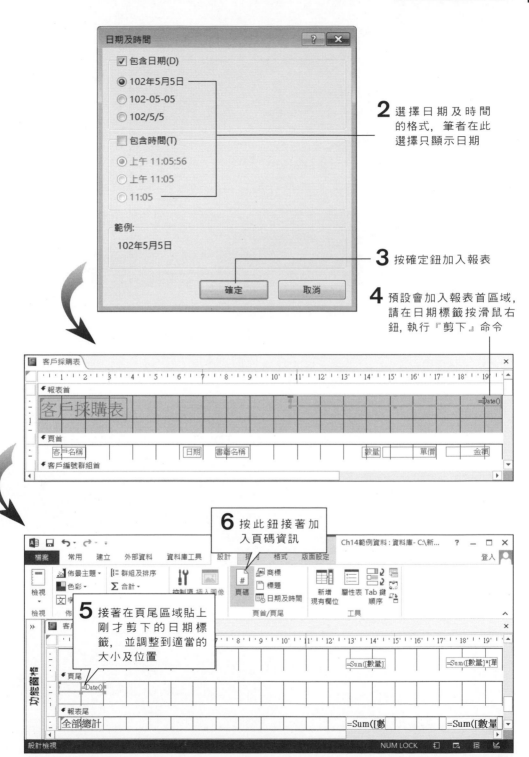

2 選擇日期及時間的格式，筆者在此選擇只顯示日期

3 按確定鈕加入報表

4 預設會加入報表首區域，請在日期標籤按滑鼠右鈕，執行『剪下』命令

6 按此鈕接著加入頁碼資訊

5 接著在頁尾區域貼上剛才剪下的日期標籤，並調整到適當的大小及位置

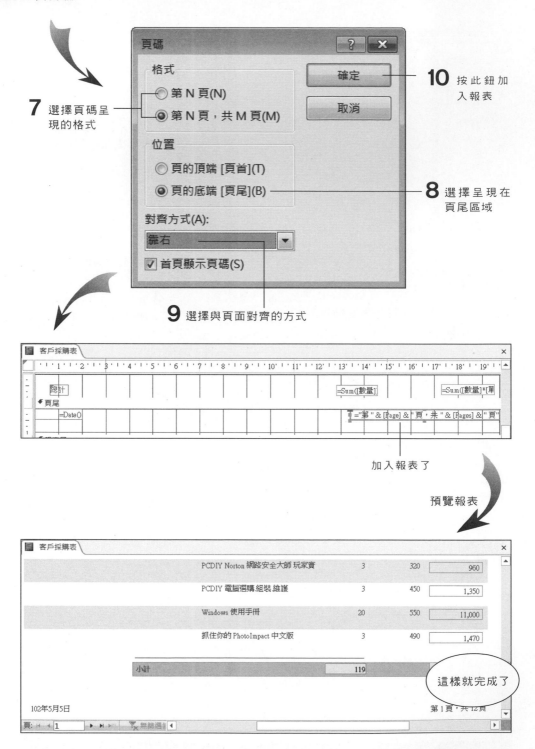

7 選擇頁碼呈現的格式

格式
- 第 N 頁(N)
- 第 N 頁，共 M 頁(M)

位置
- 頁的頂端 [頁首](T)
- 頁的底端 [頁尾](B)

對齊方式(A):
靠右
☑ 首頁顯示頁碼(S)

10 按此鈕加入報表

8 選擇呈現在頁尾區域

9 選擇與頁面對齊的方式

客戶採購表

| 總計 | =Sum([數量] | =Sum([數量]*[單 |

▶頁尾

=Date()   ="第 " & [Page] & "頁，共 " & [Pages] & "頁"

加入報表了

預覽報表

客戶採購表

	PCDIY Norton 網路安全大師 玩家實	3	320	960
	PCDIY 電腦選購 組裝 維護	3	450	1,350
	Windows 使用手冊	20	550	11,000
	抓住你的 PhotoImpact 中文版	3	490	1,470

小計 119

這樣就完成了

102年5月5日   第 1 頁，共 12 頁

頁: ◄ 1 ► 無篩選

14-6 在報表中使用查詢參數

　　在本節中, 我們要稍微修改一下**客戶採購表**報表, 以便只印出某個月份或某個期間內的資料。首先請將**客戶採購表**複製一份, 並以**客戶採購期間**為名, 然後再開啟到設計視窗做修改:

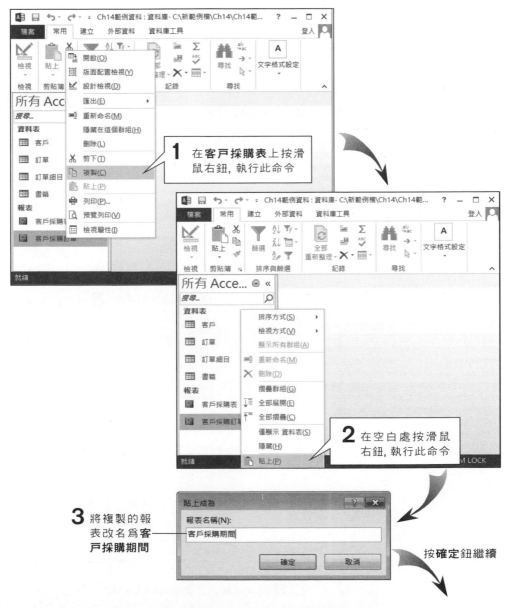

1 在**客戶採購表**上按滑鼠右鈕, 執行此命令

2 在空白處按滑鼠右鈕, 執行此命令

3 將複製的報表改名為**客戶採購期間**

按**確定**鈕繼續

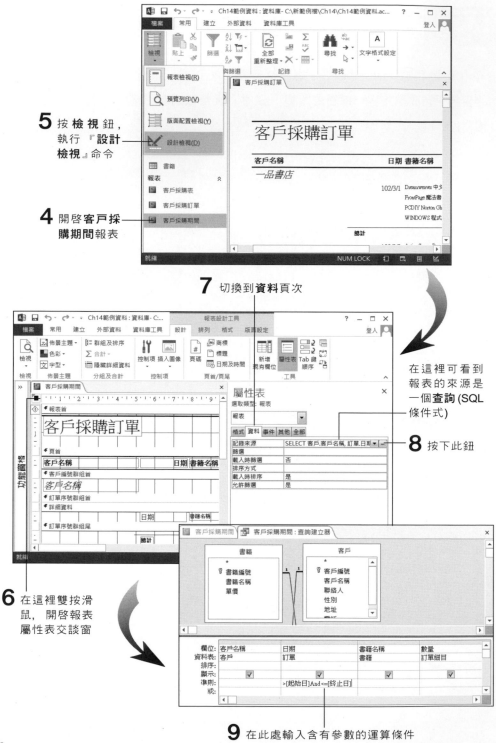

5 按 **檢視** 鈕，執行『**設計檢視**』命令

4 開啟**客戶採購期間**報表

7 切換到**資料**頁次

在這裡可看到報表的來源是一個**查詢** (SQL 條件式)

8 按下此鈕

6 在這裡雙按滑鼠，開啟報表屬性表交談窗

9 在此處輸入含有參數的運算條件

最後, 請按**關閉**鈕將**查詢建立器**視窗關閉, 會出現如下交談窗:

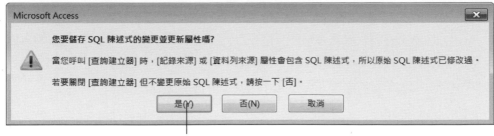

按**是**鈕將修改過的查詢存起來

完成之後, 我們可以按**設計**頁次**檢視**區的**檢視**鈕, 執行『**報表檢視**』命令來預覽
結果:

1 輸入起始日: 2013/04/01, 按下**確定**
鈕, 因為日期是轉換過的, 所以此處
需輸入 2013, 而不是102 (民國)

2 輸入終止日: 2013/04/30,
再按下**確定**鈕

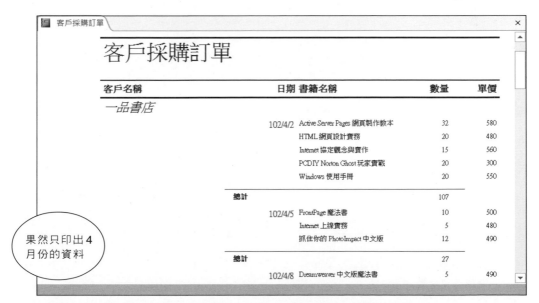

果然只印出 4
月份的資料

14-7 列印郵寄標籤

當我們有新的書籍目錄要寄給所有的客戶,只要取用資料庫中現有的通訊內容,就可將各個客戶的姓名、地址等資料印在標籤貼紙上,然後將標籤貼於信封上寄出,如此不但可以省去手寫的麻煩,也可避免抄寫錯誤的情形發生。

自訂標籤格式

如果要用 Access 列印郵寄標籤,那麼使用**標籤精靈**是最方便的了。請在功能窗格中如下操作:

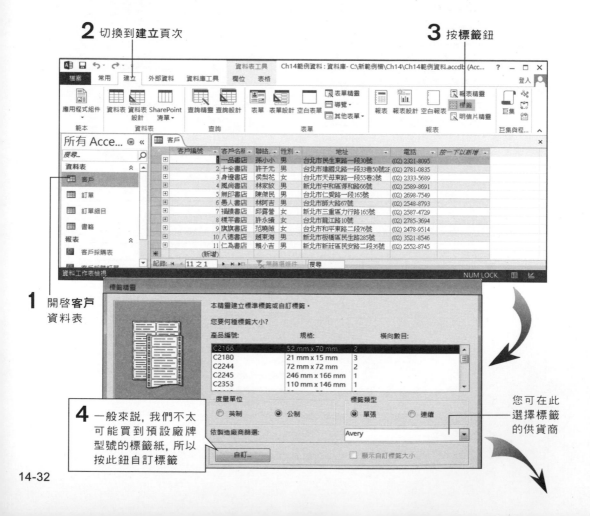

2 切換到**建立**頁次

3 按**標籤**鈕

1 開啟**客戶**資料表

4 一般來說,我們不太可能買到預設廠牌型號的標籤紙,所以按此鈕自訂標籤

您可在此選擇標籤的供貨商

5 選擇**度量單位**及**標籤類型**

6 按此鈕增加新的規格

7 給新的標籤取個名字

9 輸入下方的各項設定後, 按此鈕確定

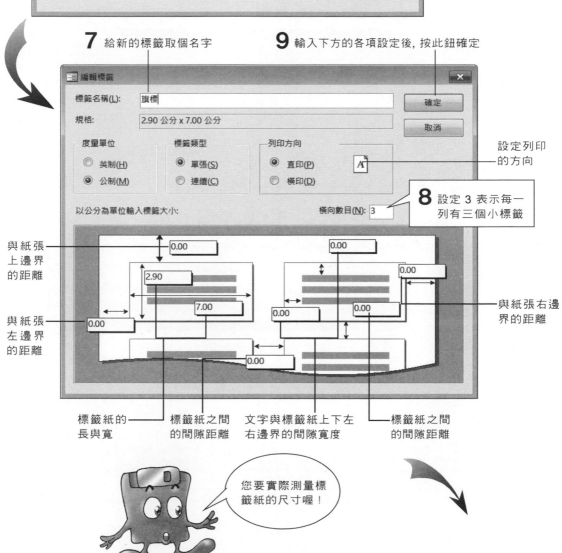

設定列印的方向

8 設定 3 表示每一列有三個小標籤

與紙張上邊界的距離

與紙張左邊界的距離

與紙張右邊界的距離

標籤紙的長與寬

標籤紙之間的間隙距離

文字與標籤紙上下左右邊界的間隙寬度

標籤紙之間的間隙距離

您要實際測量標籤紙的尺寸喔!

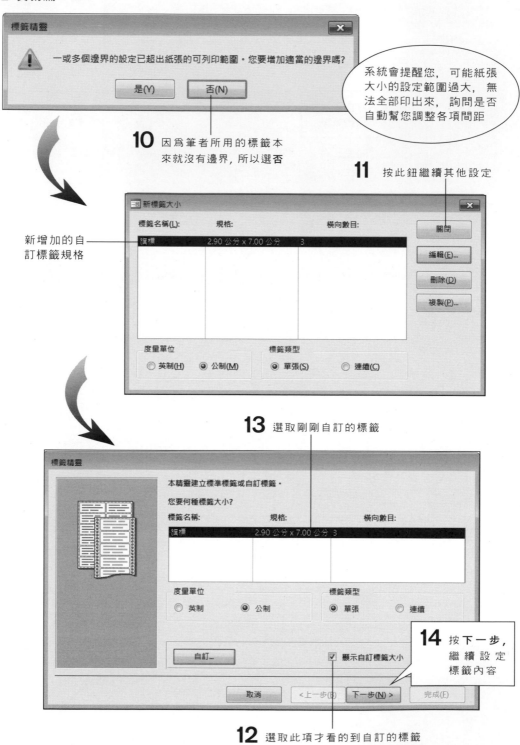

系統會提醒您，可能紙張大小的設定範圍過大，無法全部印出來，詢問是否自動幫您調整各項間距

10 因為筆者所用的標籤本來就沒有邊界，所以選**否**

11 按此鈕繼續其他設定

新增加的自訂標籤規格

13 選取剛剛自訂的標籤

14 按下一步，繼續設定標籤內容

12 選取此項才看的到自訂的標籤

設定標籤的內容

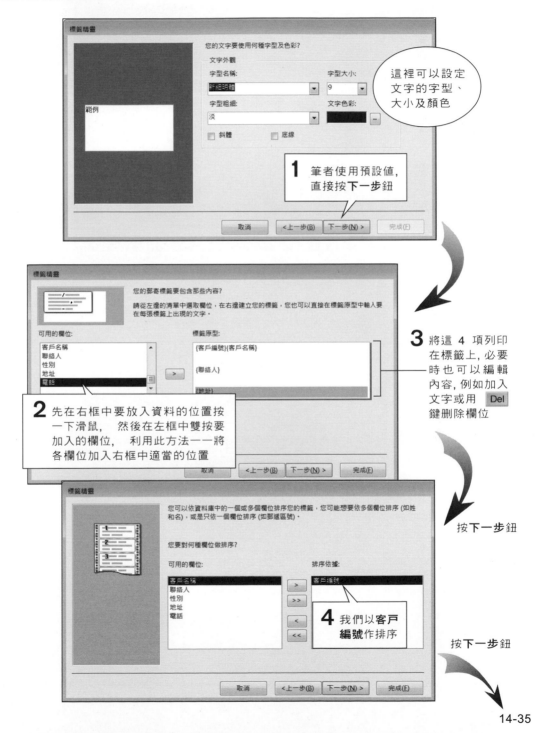

1 筆者使用預設值, 直接按**下一步**鈕

2 先在右框中要放入資料的位置按一下滑鼠, 然後在左框中雙按要加入的欄位, 利用此方法一一將各欄位加入右框中適當的位置

3 將這 4 項列印在標籤上, 必要時也可以編輯內容, 例如加入文字或用 Del 鍵刪除欄位

按**下一步**鈕

4 我們以**客戶編號**作排序

按**下一步**鈕

5 使用預設的檔名即可

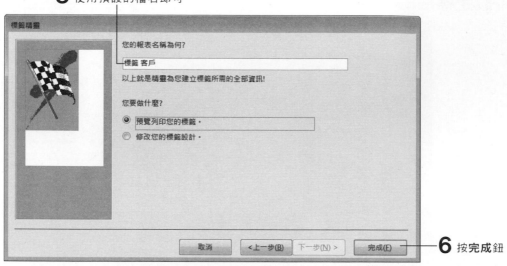

6 按**完成**鈕

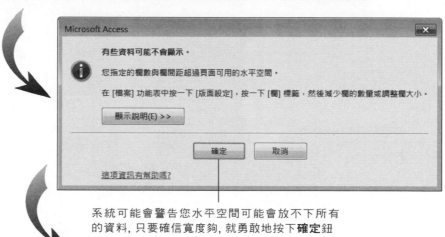

系統可能會警告您水平空間可能會放不下所有
的資料, 只要確信寬度夠, 就勇敢地按下**確定**鈕

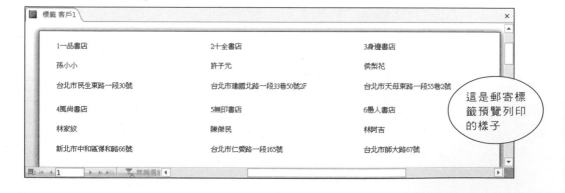

這是郵寄標
籤預覽列印
的樣子

標籤做好之後, 如果您不滿意, 還可以稍加修飾, 請按**關閉預覽區**的**關閉預覽列印**鈕並切換到設計檢視視窗中繼續修改:

Trim() 函數可以將字串兩端的空白去掉

"&" 可用來連接字串　　　請依圖修改這一行

最後, 執行『**檔案/列印/列印**』命令就可以將標籤列印出來了:

這是郵寄標籤預覽列印的樣子

水平空間不足的錯誤訊息

在標籤列印時, 通常會把報表分成 2 欄以上, 此時不管進入預覽列印或版面配置檢視模式, 系統都會警告您水平空間可能會不足, 而出現下列交談窗:

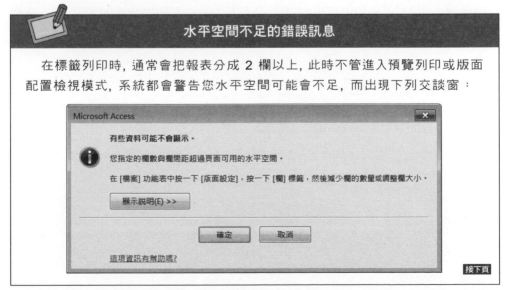

接下頁

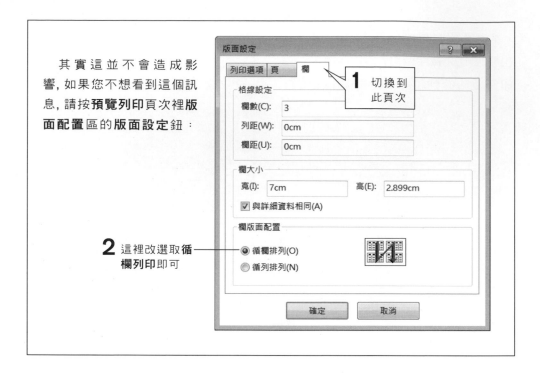

其實這並不會造成影響，如果您不想看到這個訊息，請按**預覽列印**頁次裡**版面配置**區的**版面設定**鈕：

14-8 列印關聯圖

Access 還提供了一個很實用的功能，那就是製作資料庫關聯圖的報表，現在我們來看看如何製作。

列印資料庫關聯圖

Access 可以直接將資料庫關聯圖製作成圖形化的報表，然後列印出來。此外，還可以設計成自己想要的報表樣式。首先請開啟 "Ch14範例資料.accdb"：

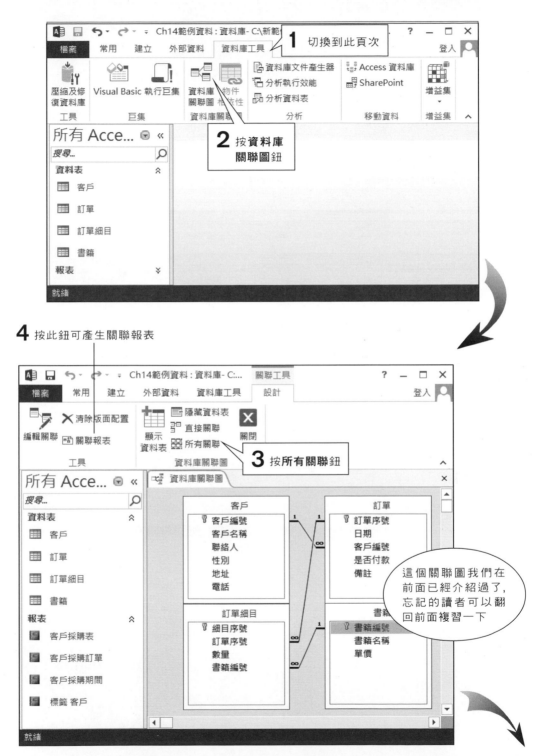

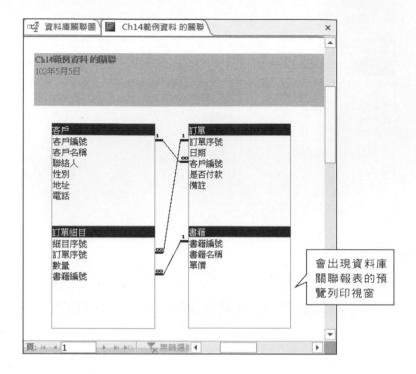

設計資料庫關聯圖報表

按上圖右上方**關閉預覽列印**鈕後即可編輯我們想要的資料庫關聯圖報表：

1 將此標題移到中間並換成 "14" 的字型

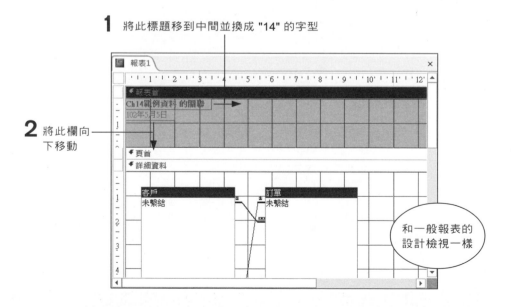

2 將此欄向下移動

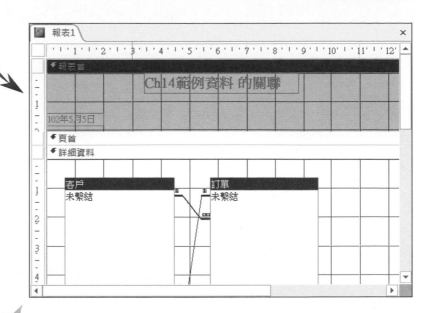

3 執行『**檔案/列印/預覽列印**』命令

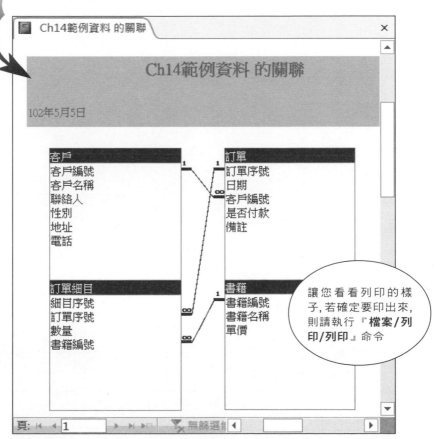

讓您看看列印的樣子,若確定要印出來,則請執行『**檔案/列印/列印**』命令

14-41

MEMO

15

利用巨集
簡化操作

- 認識巨集
- 建立第一個巨集
- 在表單中加入巨集的按鈕
- 執行一連串的巨集指令
- 巨集群組與條件式的巨集
- 巨集指令說明

巨集是 Access 所提供的一種強大功能, 他可以將一個或多個的指令設計成一個簡單的命令或是按鈕, 只要執行這個命令或按下按鈕, Access 便會替我們自動完成一些繁複的工作, 完全不用我們去費心。本章就要介紹這個方便而實用的功能, 內容包括有:

● 認識與操作 Access 的巨集

● 建立一個簡單的巨集

● 在表單中加入巨集的按鈕

● 加上條件式的巨集

15-1　認識巨集 (Macro)

所謂**巨集**是由一個或一個以上的**巨集指令**所組成。我們可以將一連串的命令做成一個巨集, 只要執行這個巨集, Access 便會自動地依照我們的設定一步一步地執行這些巨集指令。

例如, 我們可以將每個月的月報表, 製作成一個巨集, 然後再將它設計成一個簡單的按鈕, 以後只要每個月按下這個按鈕, 月報表便自動地從印表機中列印出來了。現在, 我們就來了解如何製作這個巨集吧!

請將書附光碟中的 "Ch15範例資料.accdb" 資料庫複製到硬碟中, 然後開啓此資料庫。其中包含**訂單**、**客戶**、**訂單細目**與**書籍**資料表, 以及**訂單**、**書籍**表單和**客戶採購報表**報表。

目前資料庫中並沒有任何巨集, 請如下操作:

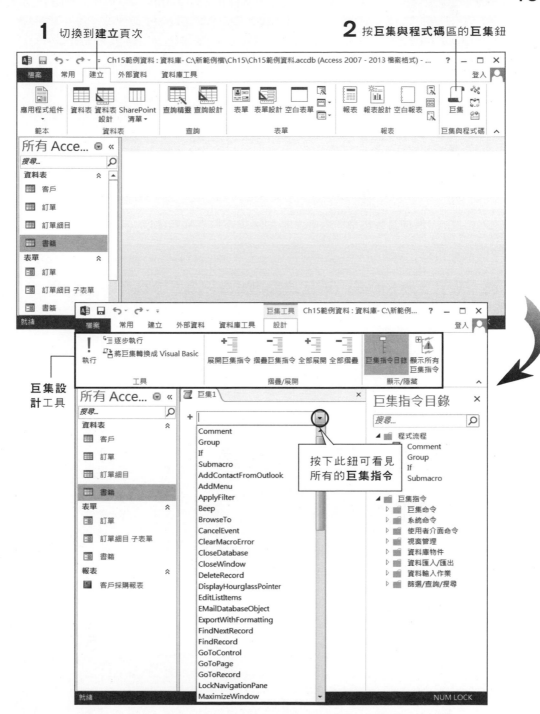

1 切換到**建立**頁次

2 按**巨集與程式碼**區的**巨集**鈕

巨集設計工具

按下此鈕可看見所有的**巨集指令**

TIP 我們將常用的 Access 巨集指令列於 15-6 節, 以方便讀者查閱。

巨集設計工具列

巨集工具列中常用的按鈕簡介如下：

- 執行 **執行**工具鈕：執行巨集。

- 逐步執行 **逐步執行**工具鈕：按下此鈕後，執行巨集時會出現**巨集逐步執行**交談窗，逐步執行每個巨集指令。

- 將巨集轉換成 Visual Basic **將巨集轉換成 Visual Basic** 工具鈕：可將巨集轉換成 Visual Basic 程式碼，讓您可以進行更多的修改。

- 展開巨集指令 **展開巨集指令**工具鈕：展開巨集指令以編輯引數 (摺疊的區塊不會展開)。

- 摺疊巨集指令 **摺疊巨集指令**工具鈕：摺疊巨集指令 (展開的區塊不會摺疊)。

- 全部展開 **全部展開**工具鈕：展開全部的巨集指令。

- 全部摺疊 **全部摺疊**工具鈕：摺疊全部的巨集指令。

15-2 建立第一個巨集

建立預覽列印視窗巨集

現在我們就來建立一個可開啟**客戶**資料表預覽列印視窗的巨集，以了解建立巨集的流程。請切換到**建立**頁次，按**巨集與程式碼**區的**巨集**鈕，開啟**巨集**視窗：

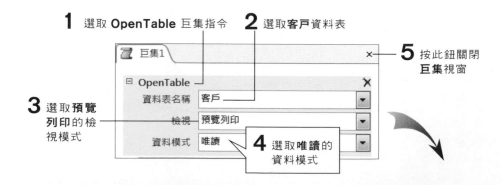

1 選取 **OpenTable** 巨集指令　**2** 選取**客戶**資料表

3 選取**預覽列印**的檢視模式

4 選取**唯讀**的資料模式

5 按此鈕關閉**巨集**視窗

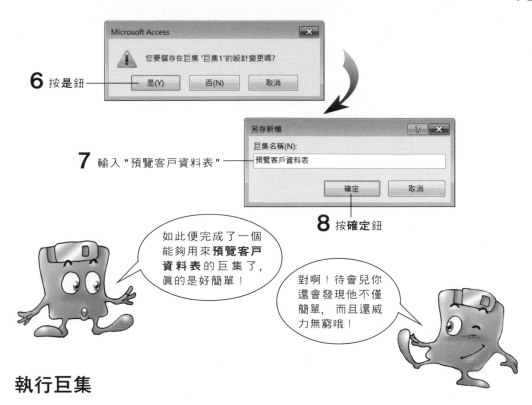

6 按是鈕

7 輸入 "預覽客戶資料表"

8 按確定鈕

如此便完成了一個能夠用來預覽客戶資料表的巨集了,真的是好簡單!

對啊!待會兒你還會發現他不僅簡單,而且還威力無窮哦!

執行巨集

接著就來看看這個巨集執行的情形:

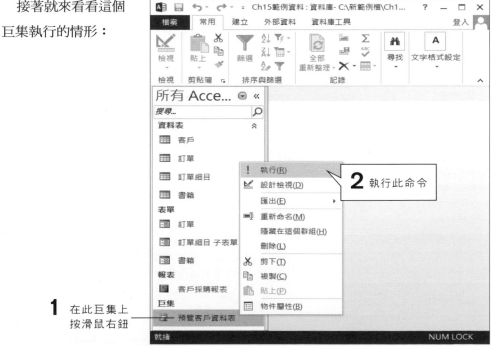

2 執行此命令

1 在此巨集上按滑鼠右鈕

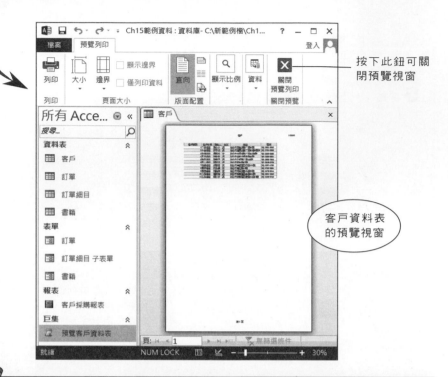

按下此鈕可關閉預覽視窗

客戶資料表的預覽視窗

用拉曳法建立巨集

我們也可以在**功能窗格**中, 直接將物件拉曳到**新增巨集指令**欄內, 來快速建立開啟資料表、查詢、表單、報表或是執行其他巨集的指令:

1 切換到**所有 Access 物件**項目

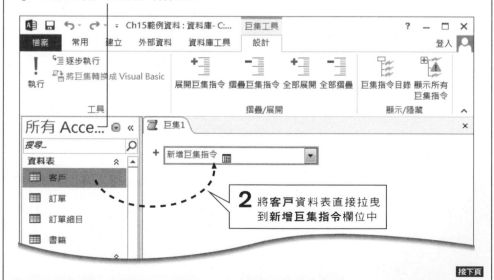

2 將**客戶**資料表直接拉曳到**新增巨集指令**欄位中

接下頁

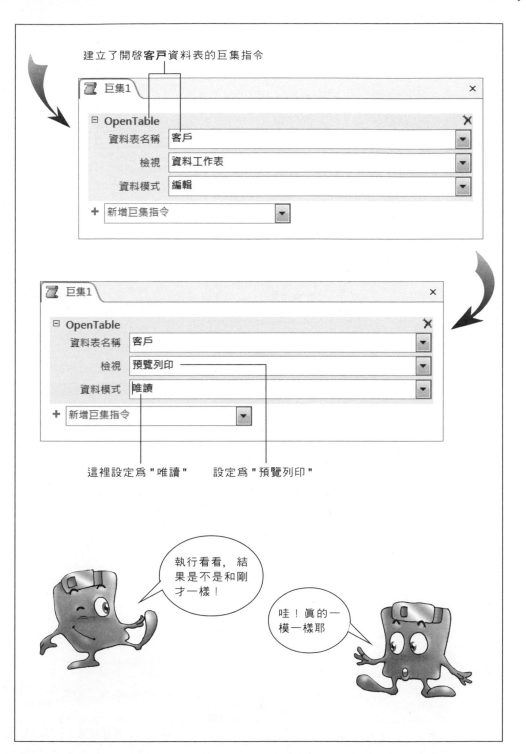

建立了開啟**客戶**資料表的巨集指令

巨集1

OpenTable
資料表名稱　客戶
檢視　資料工作表
資料模式　編輯

＋　新增巨集指令

巨集1

OpenTable
資料表名稱　客戶
檢視　預覽列印
資料模式　唯讀

＋　新增巨集指令

這裡設定爲 " 唯讀 "　　設定爲 " 預覽列印 "

執行看看，結果是不是和剛才一樣！

哇！眞的一模一樣耶

15-3 建立執行巨集的命令鈕

　　建立好巨集之後, 除了可使用前述的方法來執行巨集外, 我們也可以在表單中加入命令鈕來執行巨集。如此一來, 我們只需按一下命令鈕, 便可以在表單中執行巨集了。

　　請依下列步驟在**訂單**表單中建立一個可以預覽**客戶採購報表**的巨集按鈕:

1 在**訂單**表單上按滑鼠右鈕

2 執行此命令

4 按下此工具鈕

5 拉曳出命令按鈕的大小及位置

3 按**使用控制項精靈**

會自動開啟**命令按鈕**精靈交談窗

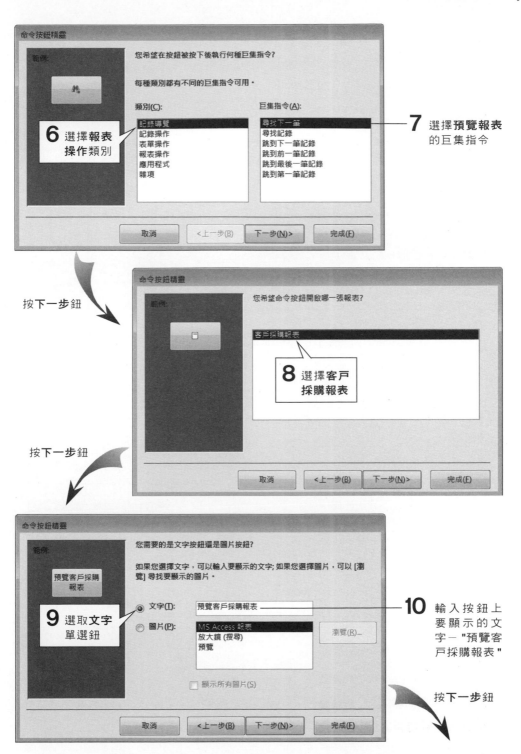

7 選擇**預覽報表**的巨集指令

按下一步鈕

8 選擇**客戶採購報表**

按下一步鈕

10 輸入按鈕上要顯示的文字－"預覽客戶採購報表"

按**下一步**鈕

11 輸入按鈕名稱 " 預覽客戶採購報表 "

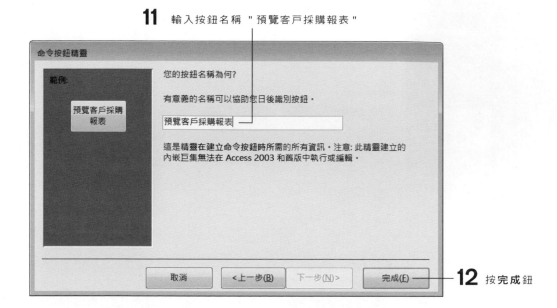

12 按完成鈕

完成後在**訂單**表單中便會多出一個**預覽客戶採購報表**的按鈕：

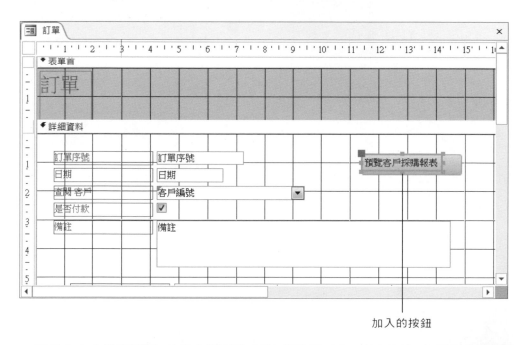

加入的按鈕

　　請按右上方的**關閉**鈕, 並儲存變更的表單, 當我們下次再執行這個表單時, 只要按下**預覽客戶採購報表**按鈕, 便會開啟如下的**預覽**視窗：

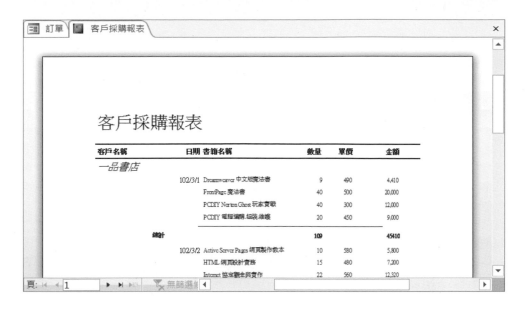

15-4 執行一連串的巨集指令

在 15-2 節中我們利用一個巨集指令就完成了一個最簡單的巨集。您可能已經發現, 要完成這樣的工作, 其實只要以滑鼠去按功能區的工具鈕, 就可以達成, 何必大費周章的利用巨集來完成呢？因此, 接著我們要來建立一個可以連續執行多個指令的巨集,以真正發揮巨集的強大功效。我們所要建立的巨集將會依序完成下列的工作：

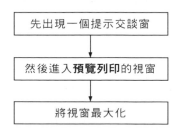

請新增一個巨集：

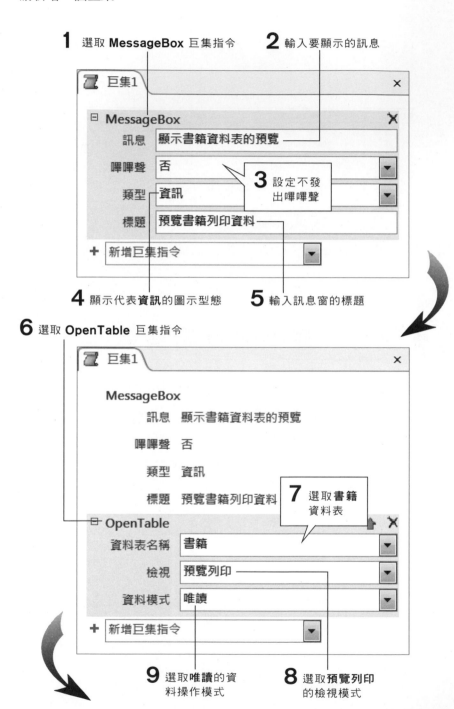

1 選取 **MessageBox** 巨集指令　　**2** 輸入要顯示的訊息

3 設定不發出嗶嗶聲

4 顯示代表**資訊**的圖示型態　　**5** 輸入訊息窗的標題

6 選取 **OpenTable** 巨集指令

7 選取**書籍**資料表

9 選取**唯讀**的資料操作模式　　**8** 選取**預覽列印**的檢視模式

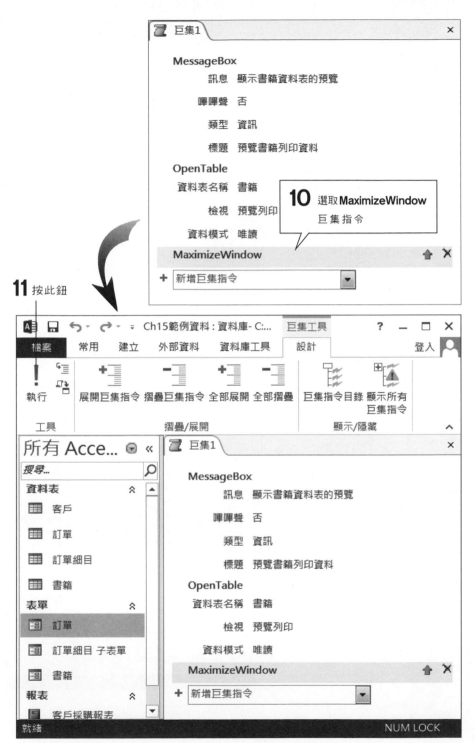

MessageBox
訊息　顯示書籍資料表的預覽
嗶嗶聲　否
類型　資訊
標題　預覽書籍列印資料

OpenTable
資料表名稱　書籍
檢視　預覽列印
資料模式　唯讀

10　選取 **MaximizeWindow**
巨集指令

MaximizeWindow

＋　新增巨集指令

11　按此鈕

Ch15範例資料：資料庫- C:...　巨集工具　？　－　□　×

檔案　常用　建立　外部資料　資料庫工具　設計　登入

執行　展開巨集指令　摺疊巨集指令　全部展開　全部摺疊　巨集指令目錄　顯示所有巨集指令

工具　摺疊/展開　顯示/隱藏

所有 Acce... 《

搜尋...

資料表
　客戶
　訂單
　訂單細目
　書籍

表單
　訂單
　訂單細目 子表單
　書籍

報表
　客戶採購報表

巨集1

MessageBox
訊息　顯示書籍資料表的預覽
嗶嗶聲　否
類型　資訊
標題　預覽書籍列印資料

OpenTable
資料表名稱　書籍
檢視　預覽列印
資料模式　唯讀

MaximizeWindow

＋　新增巨集指令

就緒　NUM LOCK

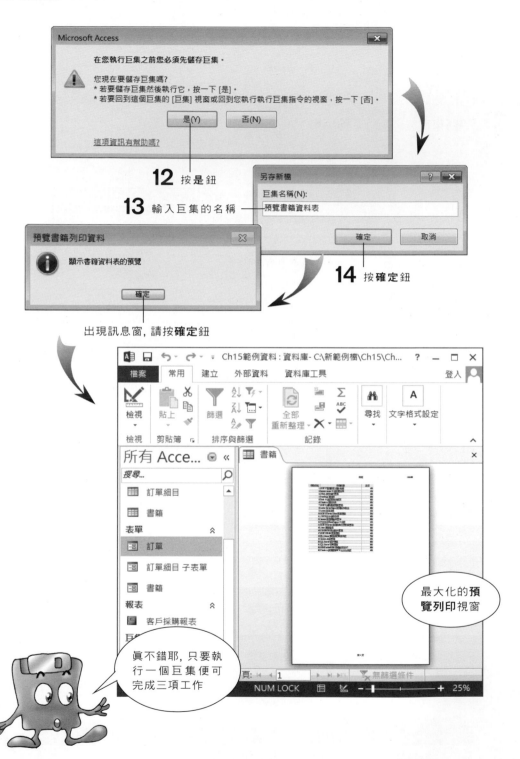

12 按是鈕

13 輸入巨集的名稱

14 按確定鈕

出現訊息窗，請按**確定**鈕

真不錯耶，只要執行一個巨集便可完成三項工作

最大化的**預覽列印**視窗

15-5 巨集群組與條件式的巨集

在前幾節中, 我們已經了解一些簡單的巨集應用, 在本節中將介紹較為進階的內容, 即**巨集群組**與**條件式的巨集**。

巨集群組

我們可以依照不同的需要建立不同的巨集, 但是巨集的數量一多, 會造成管理及維護上的不便。其實, 將相關的巨集集合起來, 組成巨集群組, 也是不錯的方式。我們將前幾節所建立的**預覽客戶資料表**、**預覽書籍資料表**等巨集集合在一起, 組成名為**預覽巨集群組**的巨集群組。

請先新增一個巨集, 然後按照下列步驟進行:

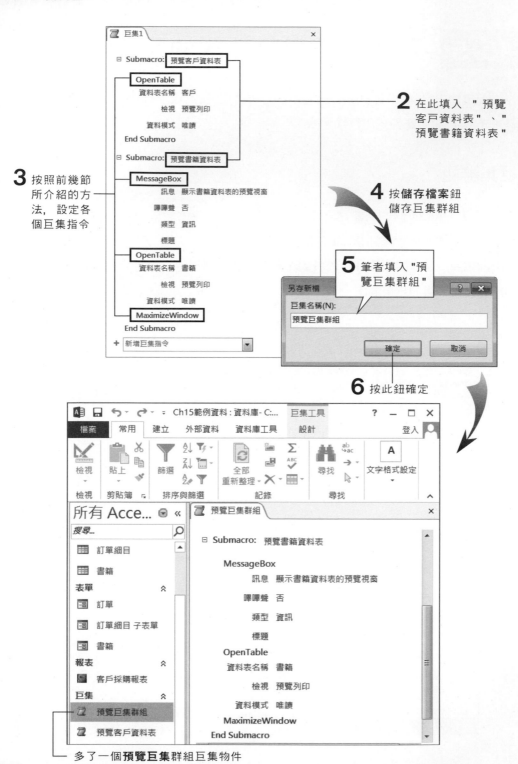

2 在此填入 " 預覽客戶資料表 " 、 " 預覽書籍資料表 "

3 按照前幾節所介紹的方法，設定各個巨集指令

4 按**儲存檔案**鈕儲存巨集群組

5 筆者填入 "預覽巨集群組"

6 按此鈕確定

多了一個**預覽巨集**群組巨集物件

接著,我們可以利用 **RunMacro** 巨集指令來執行巨集群組中的巨集。首先請新增一個巨集,然後按照下列步驟進行:

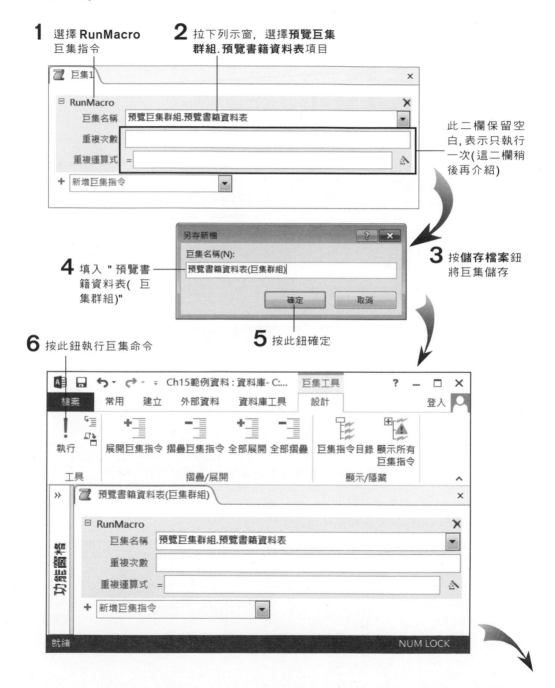

1 選擇 **RunMacro** 巨集指令

2 拉下列示窗,選擇**預覽巨集群組.預覽書籍資料表**項目

此二欄保留空白,表示只執行一次(這二欄稍後再介紹)

3 按**儲存檔案**鈕將巨集儲存

4 填入 " 預覽書籍資料表(巨集群組)"

5 按此鈕確定

6 按此鈕執行巨集命令

這是**預覽巨集群組**.**預覽書籍資料表**群組的第一個指令

巨集是巨集指令的集合, 而巨集群組則是巨集的集合

TIP 當巨集群組執行時, 會從該群組中的第一個指令開始執行, 一直到該群組的最後一個指令為止, 而該群組以外的指令則不會被執行。

RunMacro 巨集指令

RunMacro 巨集指令是用來執行巨集或巨集群組, 有以下的引數:

引數	說明
巨集名稱	輸入要執行的巨集名稱
重複次數	設定巨集執行的次數
重複運算式	輸入巨集執行的條件, 當運算式為 " 真 " 時, 會重複執行巨集; 為 " 假 " 時即停止執行

所以我們可利用**重複次數**及**重複運算式**來設定巨集執行的次數:

● 如果這兩個引數都保留空白, 則巨集只會執行一次。

重複次數	重複運算式	巨集執行次數
空白	空白	只執行一次

接下頁

● 如果在**重複次數**輸入要執行的次數, 但在**重複運算式**中保留空白, 則巨集會執行指定的次數。

重複次數	重複運算式	巨集執行次數
10	空白	執行 10 次

● 如果**重複次數**保留空白, 但在**重複運算式**輸入運算式, 則巨集會一直執行, 直到運算式的運算結果為 False 為止。

重複次數	重複運算式	巨集執行次數
空白	a=5	會一直執行, 直到 a 不等於 5

● 如果這二個引數都有設定時, 則巨集會一直執行, 直到**重複次數**或**重複運算式**其中一者的條件先達成。

重複次數	重複運算式	巨集執行次數
10	a=5	最多會執行 10 次, 當 a 不等於 5 時也會停止

建立包含條件式的巨集

巨集除了可以執行一連串的巨集外, 我們也可以設定某些條件, 使巨集在執行時, 會根據這些條件式決定是否執行下一個巨集指令。

例如為了避免我們在**書籍**表單中輸入資料時忘了輸入書籍的單價, 可以在輸入書籍資料後先做檢查, 如果沒有輸入**單價**欄位, 就出現警告訊息並要求重新輸入資料。

請新增一個巨集：

1 選擇 **If** 巨集指令

2 輸入此條件，表示如果**單價**欄是空的時候，會進行處理

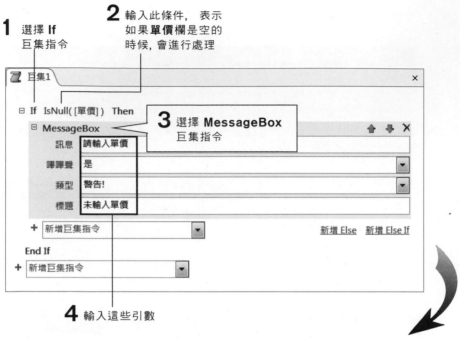

3 選擇 **MessageBox** 巨集指令

4 輸入這些引數

5 選擇 **CancelEvent** 巨集指令，表示要取消執行該事件及該事件所引發的後續事件

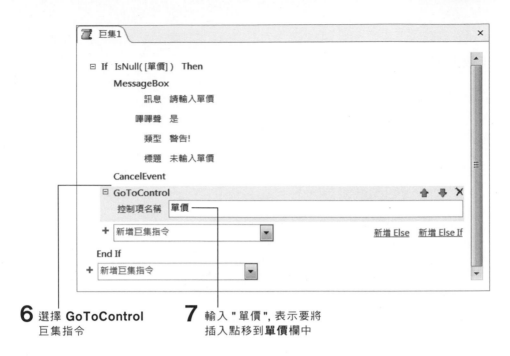

6 選擇 **GoToControl**
巨集指令

7 輸入 " 單價 ", 表示要將
插入點移到**單價**欄中

　　最後請將這個巨集儲存爲**檢查書籍單價**。接下來我們還要在**書籍**表單中設定這個
巨集的執行時機, 請在**書籍**表單上按滑鼠右鈕, 執行『**設計檢視**』命令, 進入**書籍**表
單的設計檢視視窗, 然後按**設計**頁次中**工具**區的**屬性表**鈕 開啓**屬性表**窗格, 在
事件頁次中如下設定:

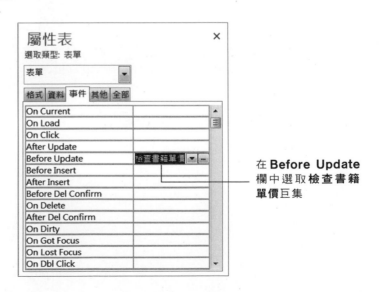

在 **Before Update**
欄中選取**檢查書籍
單價**巨集

最後將**書籍**表單存檔。現在我們就來看看這個巨集的執行狀況,請開啟**書籍**表單,
然後新增一筆資料如下:

2 **單價**欄位不填入任何資料

1 按此鈕可新增一筆資料

最後當我們離開這筆資料的輸入時,會出現如下的交談窗:

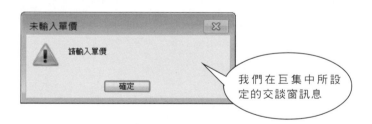

我們在巨集中所設
定的交談窗訊息

按下**確定**鈕後,游標會自動移到**單價**欄上,這就是我們在**檢查書籍單價**巨集中
GoToControl巨集指令中設定的結果。

15-6 | 巨集指令説明

以下將 Access 常用的巨集指令依其功能分別簡述如下。

有關開啓/關閉資料庫物件的巨集指令

巨集名稱	説明
OpenForm	用來開啓表單, 可設定將表單開啓在檢視、設計、預覽列印、資料工作表、樞紐分析圖及樞紐分析表等模式。此外, 還可設定篩選的條件、資料模式及表單視窗顯示的方式。
OpenQuery	用來開啓查詢。還可設定將查詢開啓在何種資料模式。
OpenReport	這個指令可在設計模式或預覽列印模式中開啓報表, 也可以立刻列印出這份報表; 同時, 也可以設定篩選條件, 指定要將哪些記錄列印在報表上。
OpenTable	用來開啓資料表, 開啓的方式有資料工作表檢視、設計與預覽列印等三種模式。我們還可以將開啓的資料表設定爲新增、編輯及唯讀的資料模式。
CloseDatabase	這個巨集指令可以將指定的資料庫物件關閉, 並可設定在關閉前是否要存檔。
QuitAccess	用來關閉 Access 應用程式。可設定在離開之前, 是否要儲存資料庫物件。

有關執行資料庫物件的巨集指令

巨集名稱	説明
RunApplication	執行這個指令, 可開啓 Windows 或 MS-DOS 的應用程式, 例如 Excel、Word 或 PowerPoint 等。在**指令列**引數中必須輸入應用程式的完整路徑及檔名。
RunCode	這個巨集指令可以用來執行函數 (Function) 程序。
RunMenu Command	這個巨集指令可以執行 Access 內建的指令。
RunMacro	使用 RunMacro 這個巨集指令來執行另一個巨集或巨集群組, 並可根據條件運算式來執行巨集, 或是設定巨集執行的次數。
RunSQL	輸入 SQL 語法後, 我們在執行查詢時, 可利用這個指令來執行 SQL 查詢, 並可設定當查詢失敗時, 資料會回復到未查詢前的狀態。

巨集名稱	說明
Requery	使用 Requery 巨集指令, 可以重新查詢指定控制項的資料來源, 以確保執行中的物件或控制項顯示的是最新資料。
StopMacro	停止正在執行中的巨集, 在條件式的巨集中常利用這個指令來中止巨集的執行。
StopAllMacros	停止所有正在執行的巨集。
SaveObject	儲存指定或使用中的資料庫物件。

操作資料庫物件的巨集指令

巨集名稱	說明
SelectObject	用來選擇指定的資料庫物件, 並將輸入焦點移到該物件上。
CopyObject	用來將指定的資料庫物件複製到其他資料庫中, 或以不同的名稱複製到同一個資料庫中。
DeleteObject	刪除指定或選取的資料庫物件。
RepaintObject	對指定或使用中的物件作重繪的動作 (重新顯示), 也包括重新計算物件中各控制項的值。但不會重新查詢物件的資料來源, 所以如果重繪前物件的資料來源被新增或修改, 並不會顯示出來。
EMailDatabaseObject	這個指令可以用來發送電子郵件, 而且可以將資料庫物件以附件的方式寄出。
RenameObject	將選定的資料庫物件重新命名。
CancelEvent	取消執行該事件及該事件所引發的後續事件。請參閱 15-5 節。
SetValueObject	用來設定表單或報表上的欄位、控制項及屬性的值。

尋找資料的巨集指令

巨集名稱	說明
FindRecord	在表單或是資料表中尋找符合指定條件的第一筆記錄。
FindNextRecord	尋找符合 FindRecord 指定條件的下一筆記錄。
GoToPage	將插入點或焦點移至指定的頁次的第一個控制項, 這個指令只用在表單的檢視模式, 而且已用分頁控制項設定分頁的表單。
GoToRecord	將插入點移到指定的記錄上, 只適用於資料表、查詢及表單物件。

巨集名稱	説明
GoToControl	在開啓的表單、資料工作表、資料表或查詢中,將插入點移到指定的欄位或控制項。
ApplyFilter	設定篩選條件,對目前使用中的資料表、表單或報表作過濾的工作。如果篩選的是報表,那麼就只能在報表 OnOpen 事件所引發的巨集中使用這個指令。
ShowAllRecords	忽略所有的篩選條件,將所有的記錄顯示出來。

視窗大小與訊息控制的巨集指令

巨集名稱	説明
MoveAndSize Window	移動作用中視窗或調整其大小。
MaximizeWindow	將目前使用中的視窗最大化。
MinimizeWindow	將目前使用中的視窗最小化。
RestoreWindow	將最大化或最小化的視窗還原成原來的大小。
MessageBox	用來顯示含有警告或提醒訊息的交談窗。
SetWarnings	用來設定是否要顯示系統的警告訊息,例如要求確認刪除記錄的交談窗。
Echo	用來設定是否要讓 Access 暫時停止更新螢幕。通常用來顯示或隱藏其他巨集指令執行的結果。
Beep	讓電腦內部的喇叭發出嗶嗶聲。
SendKeys	傳送按鍵訊號至 Access 或是其他使用中的應用程式,這些程式收到這個訊號後,會當成按鍵來處理。

功能表與工具列的巨集指令

巨集名稱	説明
AddMenu	可以建立自訂的功能表列或是快顯功能表,自訂的功能表列 (或快顯功能表) 中的每個功能都必須包含 AddMenu 這個巨集指令。
SetMenuItem	用來設定使用中視窗的功能表命令狀態,例如:已啓動或未啓動、已選取或未選取等。
ShowToolbar	顯示或隱藏 Access 內建的工具列或是自訂的工具列。

資料輸出與轉換的巨集指令

巨集名稱	說明
CopyDatabaseFile	複製 Access 專案,您必須是來源或目的端的 SQL Server 系統管理員,才可執行此巨集。在執行前必須中斷所有的使用者連線,及關閉所有的物件。
PrintOut	列印已開啓的資料表、報表、表單及模組等資料內容。和 **Office 按鈕**的『**列印**』類似,可以設定列印的範圍、品質、份數,及是否要自動分頁。
ExportWithFormatting	可以將 Access 資料庫物件 (如資料工作表、表單、報表或模組) 輸出成 Microsoft Excel(*.xlxs)、rich-text(*.rtf) 或一般的文字 (*.txt) 格式。
ImportExportData	讓目前使用中的 Access 資料庫與其他資料庫之間進行匯入、轉出、或連結資料的操作。和**外部資料**頁次**匯入**與**匯出**區相似。
ImportExport Spreadsheet	讓目前使用中的 Access 資料庫與試算表進行匯入、轉出或連結資料的操作。另外也可以將 Excel 的資料連結到使用中的 Access 資料庫中,並可在 Access 中檢視及編輯。
ImportExport	讓目前使用中的 Access 資料庫與文字檔之間進行匯入、轉出或連結資料的操作。

16

Access 與其他軟體交換資料

- 匯出資料表及匯入資料
- 套用 Word 的郵件合併列印功能
- 連結外部的資料表
- 將報表輸出成 Word 或 Excel 文件
- Office 剪貼簿

Access 是一個相當開放的資料庫系統, 不僅可以存取其他程式建立的各種資料, 也可將資料庫中的資料輸出成各類型的檔案。本章要教您：

● 資料表的匯出及匯入

● 套用 Word 的郵件合併列印功能

● 連結外部資料表

● 將報表輸出成 Word 文件

● Office 剪貼簿

16-1　匯出資料表及匯入資料

我們知道所有的資料都是儲存在資料庫的資料表中, 而建立資料表中的記錄時, 除了一筆一筆地輸入外, 還可以從 Excel、HTML...中匯入。另一方面, 如果想要將 Access 的資料用在其他地方, 還可以匯出成 Excel 試算表、HTML 網頁...等不同的格式, 以方便應用。

可匯入/匯出的資料格式

在 Access 中, 我們可將許多種格式的檔案匯入資料表, 也可以將資料表匯出成各種不同的檔案, 以下一一列出供您參考：

● 匯入：

Access 資料表 ←
- Access 資料庫
- 文字檔(*.txt;*.csv;*.tab;*.asc)
- Microsoft Excel(*.xls;*.xlsb;xlsm;*.xlsx)
- Outlook
- HTML 文件 (*.htm;*.html)
- ODBC 資料庫
- XML 文件(*.xml;*.xsd)
- SharePoint 清單

● 匯出：

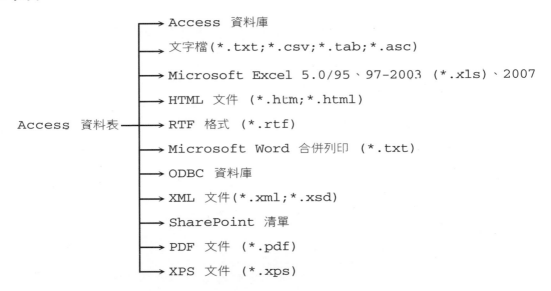

Access 資料表 →
- Access 資料庫
- 文字檔(*.txt;*.csv;*.tab;*.asc)
- Microsoft Excel 5.0/95、97-2003 (*.xls)、2007
- HTML 文件 (*.htm;*.html)
- RTF 格式 (*.rtf)
- Microsoft Word 合併列印 (*.txt)
- ODBC 資料庫
- XML 文件(*.xml;*.xsd)
- SharePoint 清單
- PDF 文件 (*.pdf)
- XPS 文件 (*.xps)

TIP 由於各種資料庫的資料表格式不盡相同 (例如許多資料表都不能使用中文的欄位名稱)，所以在匯出 / 匯入前後，您可能需要對資料表做一些調整。

　　有了『匯出、匯入』的功能, Access 就成為一個開放式的資料庫了。例如您目前正在使用一套『人事薪資』系統, 但覺得功能不夠多又不好操作, 於是想用 Access 重新設計一個, 這時便可用『匯入』的功能, 將原來已輸入的資料匯入到 Access 的資料庫中, 如此便省去重新設計資料表結構、重新輸入資料的麻煩了。同理, 您也可將在 Access 中設計好的資料表匯出, 供其他資料庫系統使用。

　　此外, 如果只是要在不同的 Access 資料庫間轉移, 則除了資料表之外, 其他的資料庫物件 (如查詢、表單、報表等) 也都可以相互轉移。

匯出資料表

　　要將 Access 資料庫中的資料表匯出, 必須先選取要匯出的資料表, 請開啟 "Ch16 範例資料 .accdb", 會出現下圖的資料表：

2 切換到**外部資料**頁次, 按**匯出**區的**匯出至 Excel 試算表**鈕

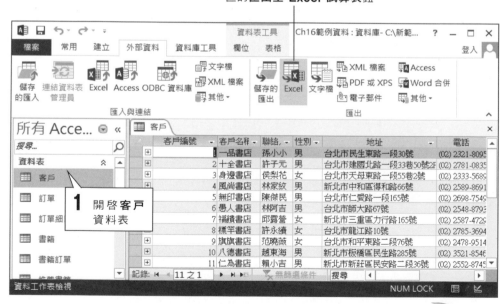

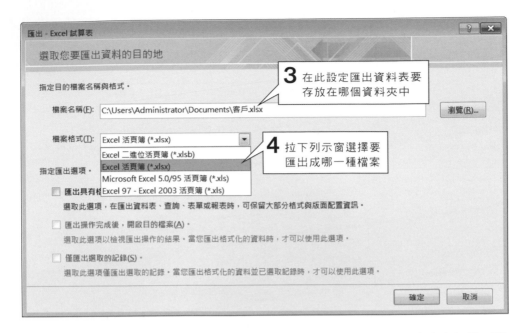

假設我們要轉成 Excel 試算表, 並以預設的 "客戶.xlsx" 為檔名, 按**確定**鈕後再按**關閉**鈕便完成了。我們可以在 Excel 中開啟此檔來觀看結果:

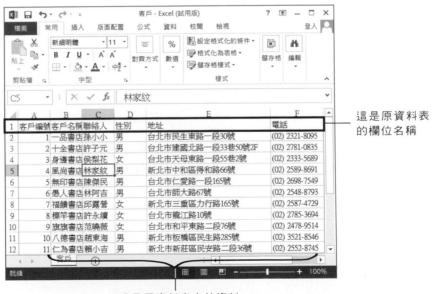

這是原資料表的欄位名稱

這是原資料表中的資料

TIP 由於 " 查詢 " 在使用上是和資料表相同的, 所以我們也可將查詢物件輸出為其他種類的檔案。

上述方法可匯出成各種不同格式的檔案,若要匯出成為 Excel 試算表或是 Word 文件則有更快的方法:

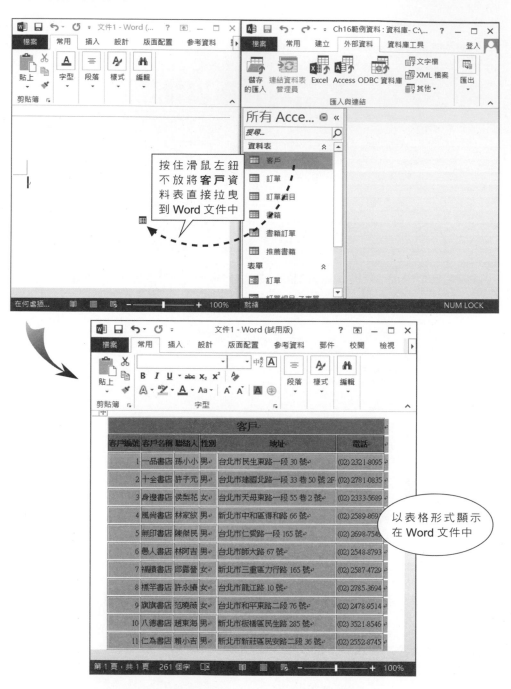

按住滑鼠左鈕不放將**客戶**資料表直接拉曳到 Excel 工作表中

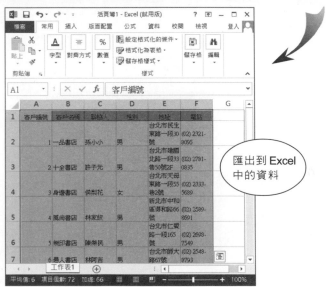

匯出到 Excel 中的資料

匯入 Excel 資料表

我們在第 4 章, 就已介紹過如何將其他 Access 資料庫中的資料表匯入了, 這裡我們再舉一個匯入 Excel 試算表的例子。首先, 切換到**外部資料**頁次, 按**匯入與連結**區的**匯入 Excel 試算表**鈕, 然後依下列步驟操作:

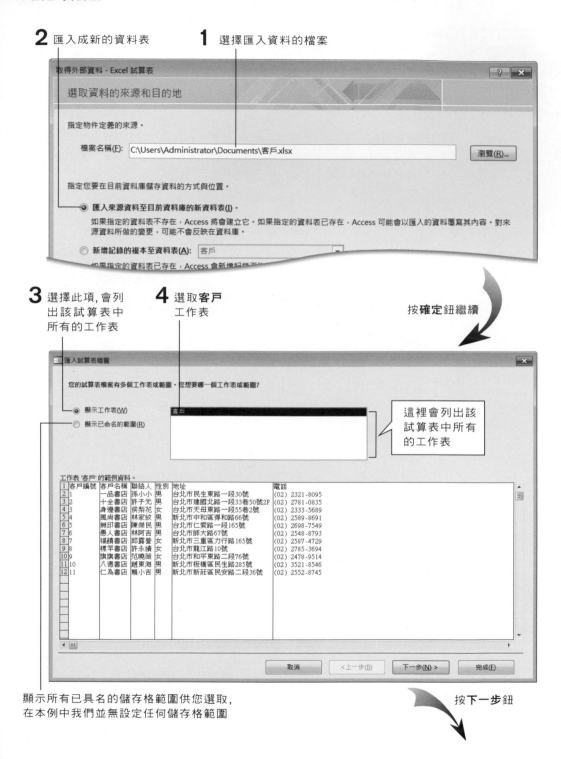

2 匯入成新的資料表　　**1** 選擇匯入資料的檔案

3 選擇此項,會列
出該試算表中
所有的工作表

4 選取**客戶**
工作表

按**確定**鈕繼續

這裡會列出該
試算表中所有
的工作表

顯示所有已具名的儲存格範圍供您選取,
在本例中我們並無設定任何儲存格範圍

按**下一步**鈕

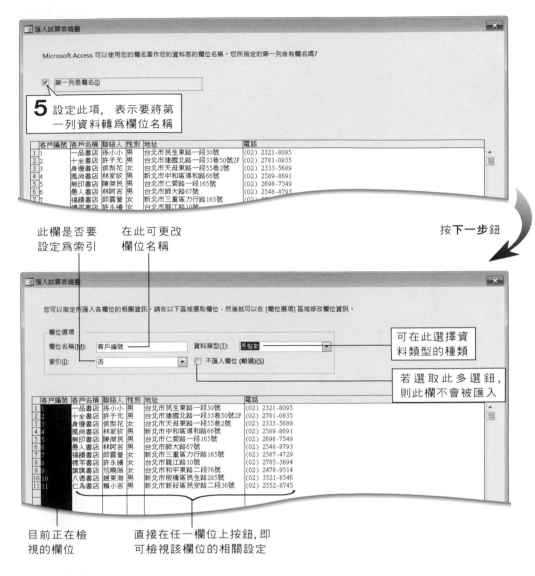

此欄是否要
設定爲索引

在此可更改
欄位名稱

按下一步鈕

目前正在檢
視的欄位

直接在任一欄位上按鈕, 即
可檢視該欄位的相關設定

按下一步鈕後, 我們可以指定資料表的主索引:

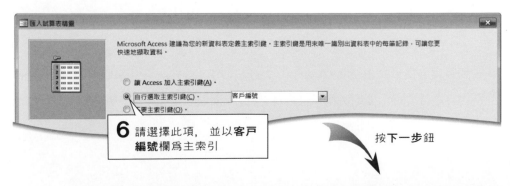

按下一步鈕

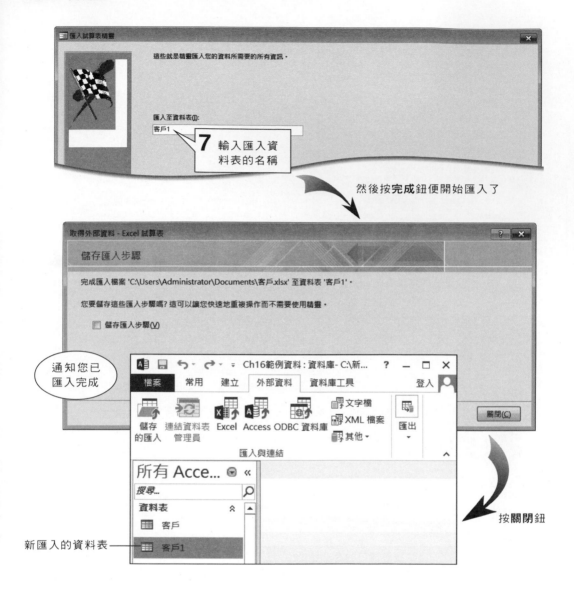

匯入文字檔

我們也可將文字檔 (*.txt、*.csv、*.tab、*.asc) 匯入到 Access 中, 並建立一個新的資料表或者覆蓋舊資料表的資料。讀者可以自行決定文字檔案中, 每一欄的資料內容是否要加上雙引號標示, 各資料欄位間則需以定位點或標點符號 (如分號、逗點、空格...等) 做區隔。

匯入以分號區隔的文字檔

我們以書附光碟中的**客戶.txt**檔案為例, 我們在資料內容上加上雙引號並以分號區隔欄位。檔案內容如下:

```
" 客戶編號 ";" 客戶名稱 ";" 聯絡人 ";" 性別 ";" 地址 ";" 電話 "
"1";" 可愛書店 ";" 麥小新 ";" 男 ";" 台北市四維路 33 號 ";"02-32323232"
"2";" 大方書店 ";" 戴嘓紫 ";" 男 ";" 台北市民生南路 587 號 ";"02-79797979"
"3";" 快樂書店 ";" 陳阿娟 ";" 女 ";" 台北市敦化西路 596 號 ";"02-12332122"
...
```

TIP 您可以用逗點、空格或其他符號來區隔欄位, 只要在下頁步驟 5 指定您所使用的符號即可。

此格式關係到轉換過程中的選項。請先切換到**外部資料**頁次, 按**匯入與連結**區的**匯入文字檔**鈕, 依下列步驟操作:

2 匯入至新的資料表　　**1** 選取此檔案

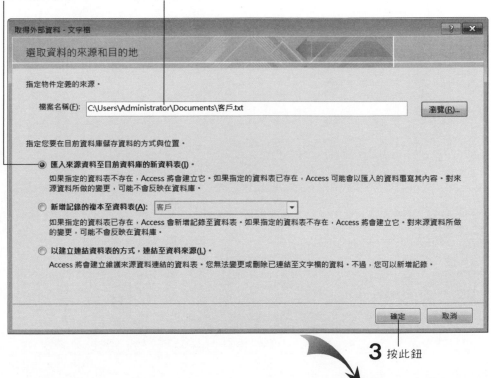

3 按此鈕

4 選此項, 利用資料中的分號來劃分欄位

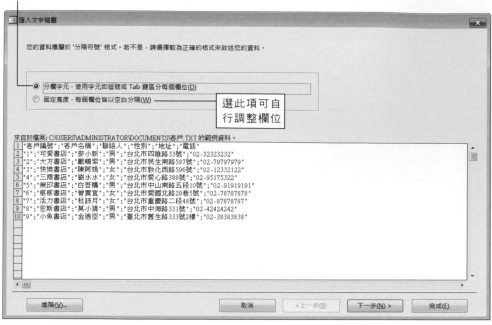

按下一步鈕

5 選擇在文字檔案中是以何種符號來做欄位的間隔 (本範例使用的文字檔用分號, 所以選此項)

6 選此項將欄位資料旁的雙引號去除

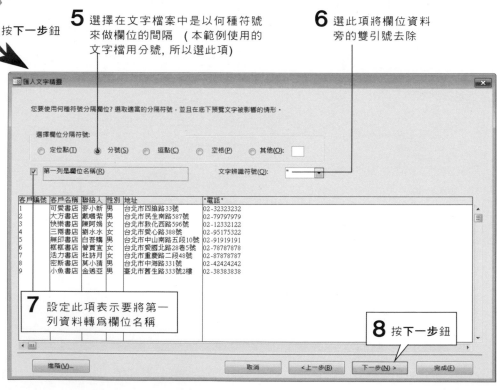

7 設定此項表示要將第一列資料轉為欄位名稱

8 按下一步鈕

接下來的設定方式與匯入試算表同, 請參閱第 16-12~16-13 頁。最後請將資料表名稱改存為"客戶2", 完成後之資料表如下圖:

客戶編號 ▾	客戶名稱 ▾	聯絡人 ▾	性別 ▾	地址 ▾	"電話" ▾
1	可愛書店	麥小新	男	台北市四維路33號	02-323232.
2	大方書店	戴嗯紫	男	台北市民生南路587號	02-797979'
3	快樂書店	陳阿娟	女	台北市敦化西路596號	02-123321:
4	三兩書店	劉水水	女	台北市愛心路388號	02-951753:
5	無印書店	白吾購	男	台北市中山南路五段10號	02-919191!
6	框框書店	曾賈宣	女	台北市愛國北路28巷5號	02-787878'
7	活力書店	杜詩月	女	台北市重慶路二段48號	02-878787:
8	密斯書店	莫小猜	男	台北市中海路331號	02-424242
9	小魚書店	金逍亞	男	臺北市舊生路333號2樓	02-383838.

記錄: ◄ ◄ 9 之 1 ► ►► ◄ 無篩選條件　搜尋　◄ ◄ ►

匯入 Windows Mail 的通訊錄

匯入文字檔的方法也可以應用在匯入 Windows Live Mail (Windows 7 系統) 的 Windows Live 連絡人, 或 Outlook Express (Windows XP 系統) 的通訊錄上。由於匯入這 2 套軟體資料的方法大致相同, 因此以下示範如何匯入 Windows Live Mail 的 Windows Live 連絡人資料。請先執行 Windows Live Mail 軟體, 然後依照下列步驟匯出通訊錄:

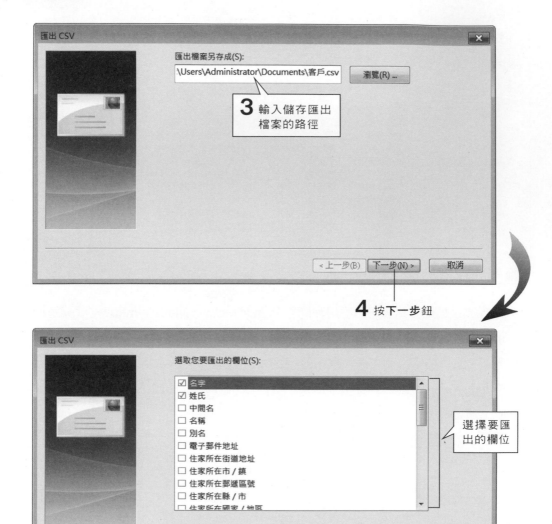

因為 **Windows Live Mail** 匯出的資料是 UTF-8 的編碼, Access 預設無法正常讀取。因此請按**開始**鈕, 執行『**所有程式／附屬應用程式／記事本**』命令, 然後開啟剛剛匯出的文字檔 (CSV), 如下操作:

TIP 若不依下列步驟轉換檔案的編碼, 也可在**匯入文字精靈**交談窗按**進階**鈕, 再選擇正確的檔案編碼 (例如 UTF-8)。

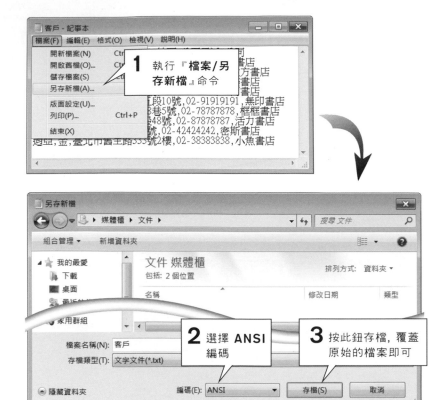

接下來, 請依照匯入文字檔的方式, 將由 Windows Live Mail 匯出的檔案匯入 Access 中。但是請記得, Windows Live Mail 匯出的文字檔, 是以逗號來區隔欄位, 而且資料內容沒有加上雙引號, 所以請在 16-13 頁步驟 5、6 中, 如下改選即可:

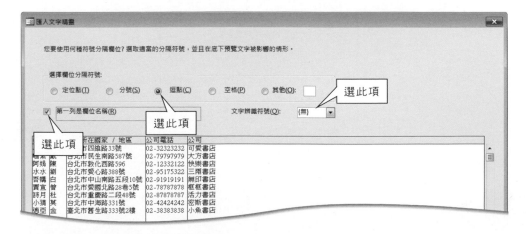

16-2 套用 Word 的郵件合併列印功能

公司年度旅遊到了,老板想邀請客戶們一齊參加。由於資料庫中已經有現成的客戶資料,所以我們可將之套用到 Word 的『郵件合併列印』功能,來分別將每一個客戶的資料(如聯絡人姓名)套印到內容固定的 Word 文件中:

預先寫好要套用的 Word 文件　　　　　客戶資料表

姓　　名	地址
孫小小	. . .
許子元	. . .
林家紋	. . .

親愛的　**＜姓名＞**　先生:
感謝貴公司多您來的合作與
協助,　我們竭誠邀請您...

親愛的**孫小小**先生:
感謝貴公司多您來的合作與
協助,我們竭誠邀請您...

親愛的**許子元**先生:
感謝貴公司多您來的合作與
協助,我們竭誠邀請您...

親愛的**林家紋**先生:
感謝貴公司多您來的合作與
協助,我們竭誠邀請您...

要使用 Word 的郵件合併列印功能, 您可先寫好要合併的 Word 文件, 或是在合併時來篇即興的文章。底下我們以第二種方法來示範:

2 切換到**外部資料**頁次, 按**匯出**區的 **Word 合併**鈕

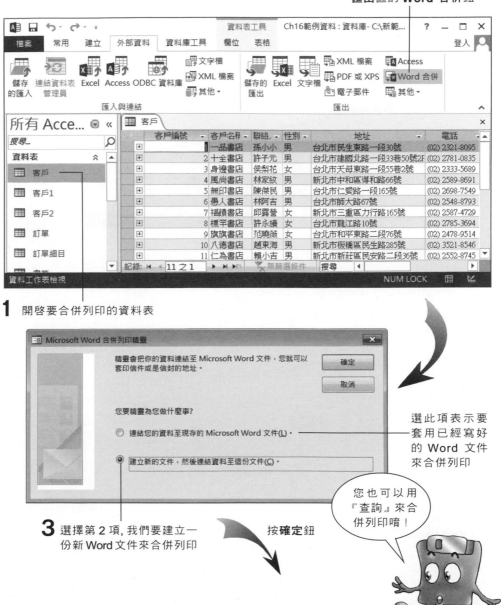

1 開啓要合併列印的資料表

選此項表示要套用已經寫好的 Word 文件來合併列印

3 選擇第 2 項, 我們要建立一份新 Word 文件來合併列印

按**確定**鈕

您也可以用『查詢』來合併列印唷!

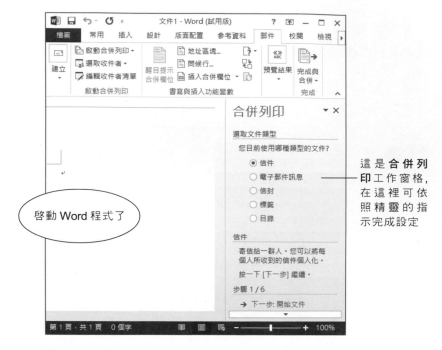

啓動 Word 程式了

這是**合併列印**工作窗格，在這裡可依照精靈的指示完成設定

一頁套用一個聯絡人

您可以依照精靈的指引完成合併列印：

1 選擇**信件**單選鈕

5 按**啓動合併列印**區的**編輯收件者清單**鈕

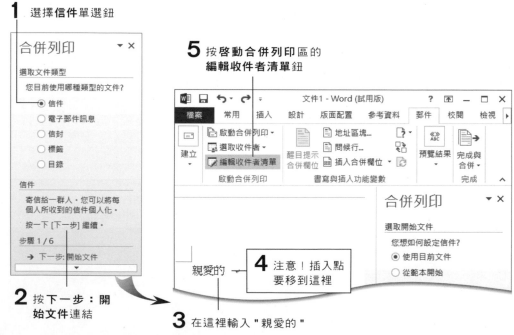

4 注意！插入點要移到這裡

親愛的

2 按**下一步：開始文件**連結

3 在這裡輸入 " 親愛的 "

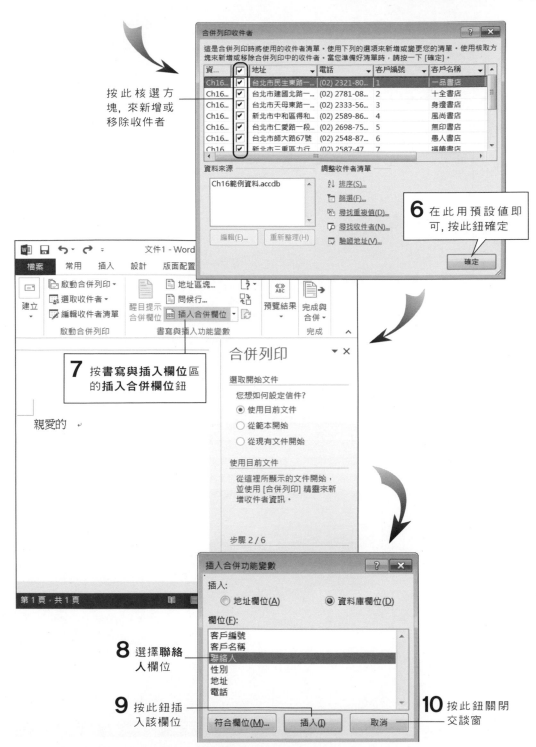

按此核選方塊，來新增或移除收件者

6 在此用預設值即可，按此鈕確定

7 按**書寫與插入欄位**區的**插入合併欄位**鈕

親愛的

8 選擇**聯絡人**欄位

9 按此鈕插入該欄位

10 按此鈕關閉交談窗

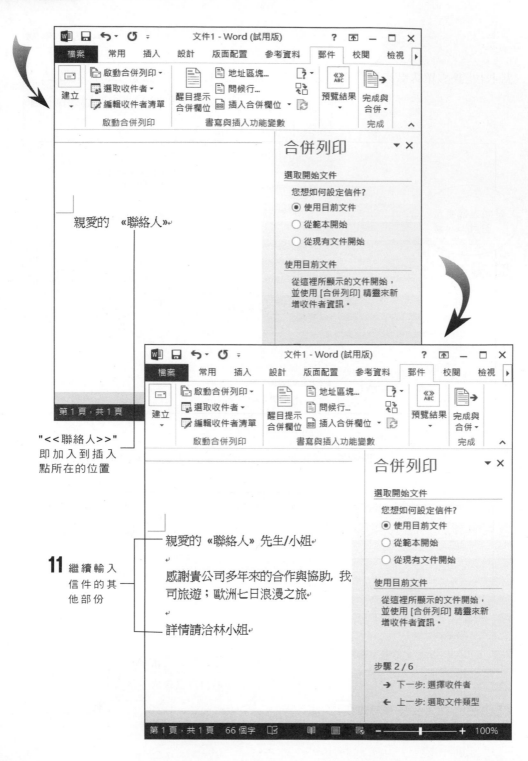

"<<聯絡人>>"
即加入到插入
點所在的位置

11 繼續輸入
信件的其
他部份

寫好信之後, 我們可按**預覽結果**區的**預覽結果**鈕來預覽資料合併的情形:

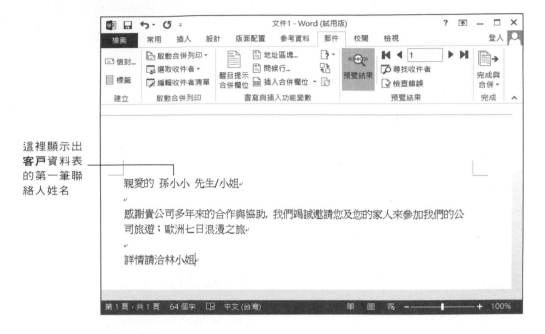

這裡顯示出
客戶資料表
的第一筆聯
絡人姓名

此時, 您可利用**預覽結果**區的記錄移動鈕來移動套入的記錄:

目前的筆數　　　　到最後一筆記錄

到第一筆記錄

到前一筆記錄　　　到下一筆記錄

最後, 按下**完成**區的**完成與合併**鈕即可產生合併列印的文件:

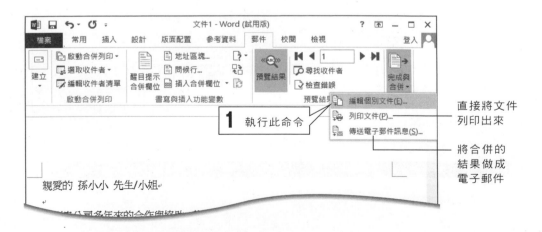

1 執行此命令

直接將文件
列印出來

將合併的
結果做成
電子郵件

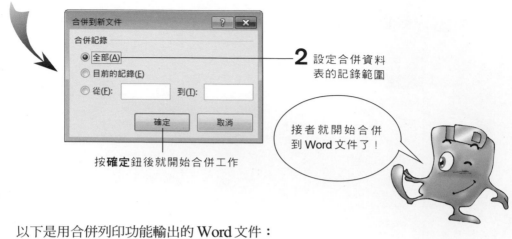

2 設定合併資料表的記錄範圍

按**確定**鈕後就開始合併工作

接者就開始合併到 Word 文件了！

以下是用合併列印功能輸出的 Word 文件：

切換成**草稿**模式

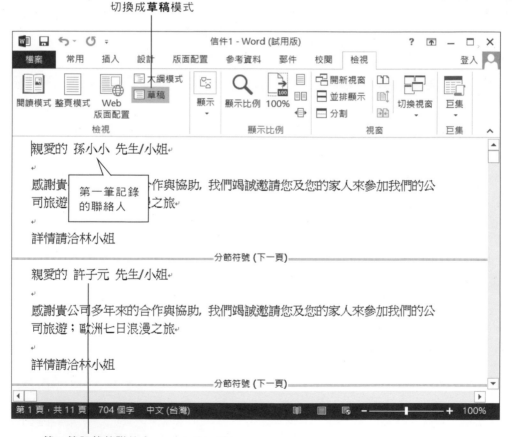

第一筆記錄的聯絡人

第二筆記錄的聯絡人

一頁套用多個聯絡人

在 Word 的合併列印頁面中, 我們可以利用**插入功能變數**的功能。在同一頁中同時套入多個聯絡人:

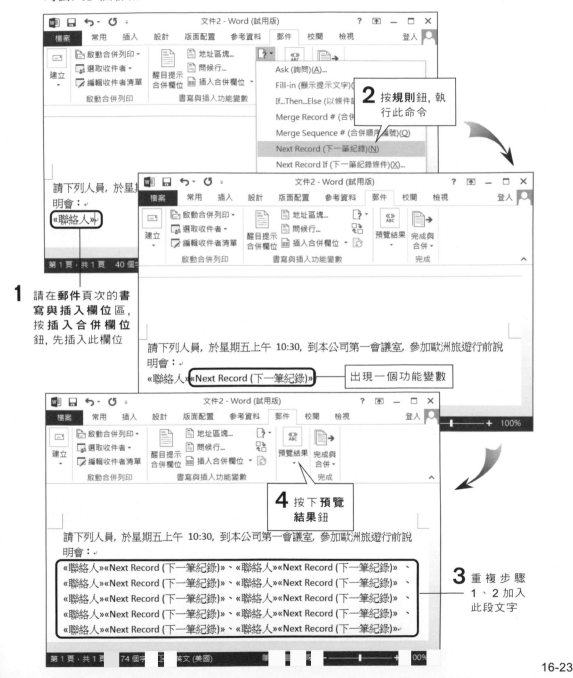

2 按**規則**鈕, 執行此命令

1 請在**郵件**頁次的**書寫與插入欄位**區, 按**插入合併欄位**鈕, 先插入此欄位

出現一個功能變數

4 按下**預覽結果**鈕

3 重複步驟 1、2 加入此段文字

請下列人員, 於星期五上午 10:30, 到本公司第一會議室, 參加歐洲旅遊行前說明會:
«聯絡人»«Next Record (下一筆紀錄)»、«聯絡人»«Next Record (下一筆紀錄)» 、
«聯絡人»«Next Record (下一筆紀錄)»、«聯絡人»«Next Record (下一筆紀錄)» 、
«聯絡人»«Next Record (下一筆紀錄)»、«聯絡人»«Next Record (下一筆紀錄)» 、
«聯絡人»«Next Record (下一筆紀錄)»、«聯絡人»«Next Record (下一筆紀錄)» 、
«聯絡人»«Next Record (下一筆紀錄)»、«聯絡人»«Next Record (下一筆紀錄)»

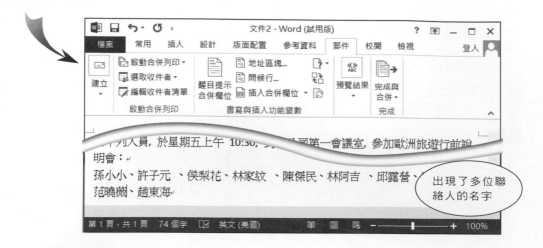

...列人員, 於星期五上午 10:30, 到...公司第一會議室, 參加歐洲旅遊行前說明會：

孫小小、許子元 、侯梨花、林家紋 、陳傑民、林阿吉 、邱露營、范曉薇、趙東海

出現了多位聯絡人的名字

第1頁，共1頁　74 個字　　英文 (美國)　　　　　　　　　　　100%

16-3　連結外部的資料表

　　經由連結功能, 可讓兩個不同的資料庫共用一個資料表。例如我們想利用**書籍訂單**資料庫發展一個**書籍庫存管理**資料庫, 那麼就可利用連結設定, 直接存取**書籍訂單**資料庫中的**書籍**資料表, 達到共用的目的：

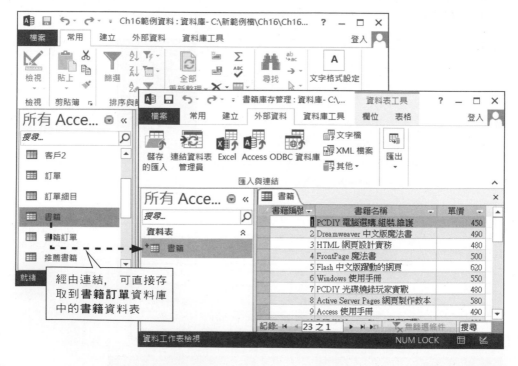

經由連結, 可直接存取到**書籍訂單**資料庫中的**書籍**資料表

　　共用資料表的好處, 除了可節省儲存空間外, 也免去了維護兩份資料表內容要一致的麻煩。接著, 我們就示範如何建立資料表的連結。

新建一個資料庫

　　請執行『**檔案/新增**』命令, 新增一個**書籍庫存管理**資料庫:

連結資料表

　　現在, 我們要在**書籍庫存管理**資料庫中, 連結**書籍訂單**資料庫內的**書籍**資料表。請切換到**外部資料**頁次, 按**匯入與連結**區的**匯入 Access 資料庫**鈕, 然後依下面步驟操作:

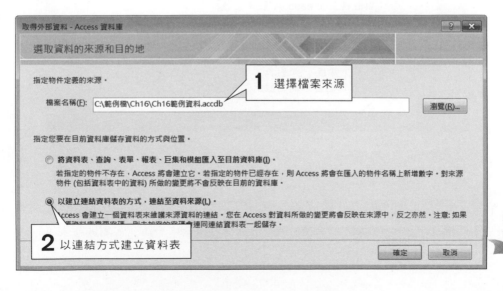

按**確定**鈕繼續

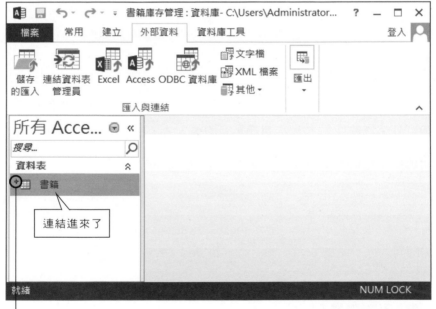

這個符號表示是連結自外部資料表

　　您可用操作內部資料表一樣地方式,來操作從外部連結進來的資料表,例如瀏覽內容,新增、更改、刪除其中的資料,或建立永久性關聯、查詢、表單與報表等等。

16-4 將報表輸出成 Word 文件

在報表的**預覽列印**視窗中, 我們也可以按**資料**區的**其他/Word**鈕, 將報表輸出成 Word 文件 (請依說明操作即可)：

輸出成 Word 文件

底下我們以**客戶採購報表**為例, 來看看輸出成 Word 文件的樣子：

輸出為可以在 Word 中顯示的 rtf 格式檔

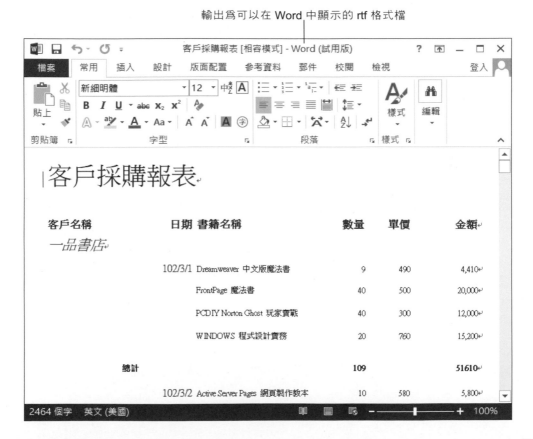

16-5 Office 剪貼簿

前面我們所介紹的都是一整筆的資料交換,其實我們常將文字或是圖片從甲軟體中剪下或複製,再到乙軟體中貼上,這也是一種資料交換。下面我們就來介紹 Office 中資料交換的中繼站--**Office 剪貼簿**:

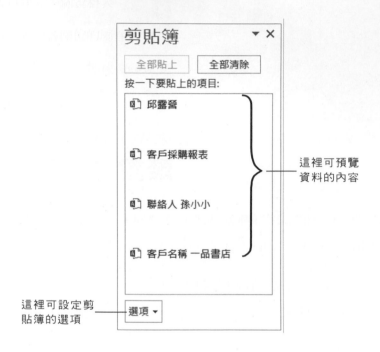

上圖中的各個資料,分別是來自 Office 成員中的 Excel、 Access 及 Word。

Office 剪貼簿是一個很方便的資料交換中繼站,被我們剪下或複製的資料項目,都會先存放在這裡,一共可以容納 24 筆來自各個 Office 軟體或其他軟體的文字或圖形資料。

不過,只有在開啟任何一個 Office 軟體時,複製或剪下其他非 Office 軟體的資料項目才會儲存到 **Office 剪貼簿**中,否則都會存放在系統的**系統剪貼簿**。

開啓 Office 剪貼簿

請按**常用**頁次**剪貼簿**區的**剪貼簿**鈕,如右操作:

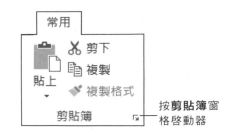

按**剪貼簿**窗格啓動器

或是當您執行下列步驟時,也會自動開啓 **Office 剪貼簿**:

● 連續複製同一項資料兩次。

● 在同一軟體中,先複製一個項目並貼上,然後再複製另一個項目。

● 連續複製或剪下同一軟體(如 Word)中的兩個不同的資料。

若上述三種方法都無法自動顯示**剪貼簿**工作窗格,表示自動顯示的功能被取消了。若想設定自動顯示功能,請如上開啓**剪貼簿**窗格,按**選項**鈕,勾選**自動顯示 Office 剪貼簿**命令:

選取此項,下次執行以上三種方式的任何一種,即可自動顯示**剪貼簿**工作窗格

收集資料項目

當開啓**剪貼簿**工作窗格後,便可收集資料。首先請開啓**客戶**資料表,假設我們要收集第一筆記錄的所有資料和第二筆記錄的 "十全書店" 字串,可如下操作:

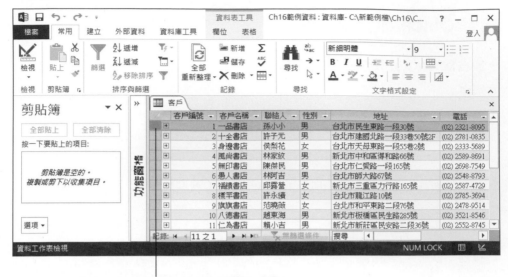

請先選取第一筆記錄, 然後按下 Ctrl + C 鍵
即可將此筆記錄收集到**剪貼簿**中

接著我們要收集第二筆資料項
目, 選取 "十全書店" 字串, 同樣按
Ctrl + C 鍵, 將資料收集到**剪貼
簿**裡 :

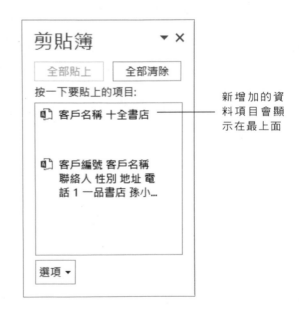

新增加的資
料項目會顯
示在最上面

若**剪貼簿**中已記錄了 24 筆資料, 此時我們又收集了第 25 筆資料項目時, **Office
剪貼簿**就自動將第 1 筆資料刪除, 補上第 25 筆 (也就是將**剪貼簿**中的最下層的資料
刪除, 然後在最上層補上新資料), 如此循環不已。

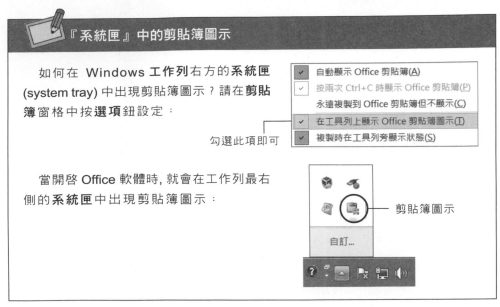

『系統匣』中的剪貼簿圖示

如何在 Windows 工作列右方的**系統匣** (system tray) 中出現剪貼簿圖示？請在**剪貼簿**窗格中按**選項**鈕設定：

勾選此項即可

當開啟 Office 軟體時, 就會在工作列最右側的**系統匣**中出現剪貼簿圖示：

剪貼簿圖示

貼上剪貼簿中的資料項目

當資料收集齊全以後, 就可以進行貼上的工作了。假設我們想要將**剪貼簿**中的 "十全書店" 貼到**客戶1**資料表的**客戶名稱**欄位中, 可如下操作：

2 按下**剪貼簿**的 "十全書店" 資料項目

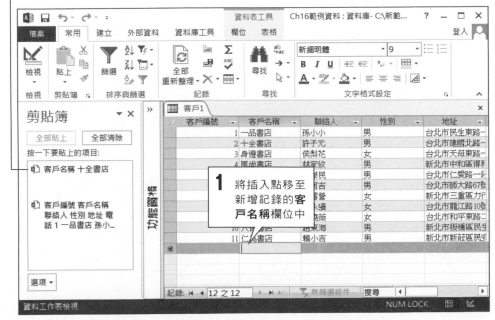

即將該字串複
製到插入點所
在的位置

有一點要請您注意, 當您收集了一些資料項目後, 若按下 Ctrl + V 鍵, 此時會貼上**系統剪貼簿**的資料, 而不是 **Office 剪貼簿**內的資料。

清除剪貼簿資料

若想要清除**剪貼簿**中的某個資料項目, 請如下操作:

1 按下資料項目
右方的下拉鈕

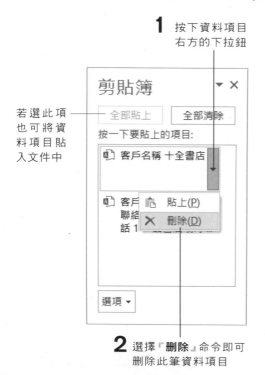

若選此項
也可將資
料項目貼
入文件中

2 選擇『**刪除**』命令即可
刪除此筆資料項目

若想一次將剪貼簿中的資料項目
都刪除, 只要按下**全部清除**鈕即可:

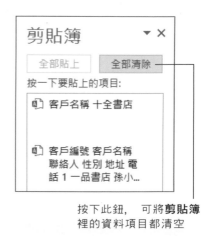

按下此鈕, 可將**剪貼簿**
裡的資料項目都清空

17

Access 在 WWW 上的應用

- 使用『超連結』資料類型
- 將 Access 的資料輸出成 HTML 文件
- 從 HTML 文件中匯入或連結資料
- 建立 Web App

WWW 興起之後, 資料庫的應用也進入了另一個新里程, 例如我們可使用網頁伺服器上的資料庫, 然後透過網頁瀏覽器來即時取得各項有用的資訊(例如股市行情、資料搜尋及網路書店等)。

因此, Access 提供了**超連結**資料類型, 讓您可以在資料庫中紀錄 WWW、FTP…等網站位址、電子郵件地址、區域網路中其他電腦或本機電腦中的檔案位置。此外, 還具備將 Access 資料輸出成網頁格式的功能, 方便使用者透過瀏覽器直接在網頁上瀏覽資料。

本章介紹 Access 在 WWW 上的應用包括:

- 超連結的應用
- 從 HTML 文件中匯入或連結資料
- 將資料庫物件儲存成 HTML 格式
- 建立 Web App

為了方便練習, 請先新增一個資料庫 "WWW 應用.accdb", 並從 "Ch17範例資料.accdb" 資料庫中匯入**客戶**資料表。

17-1 使用『超連結』資料類型

您一定希望能將網站資訊、電子郵件地址, 甚至檔案位置等資訊記錄下來, 成為資料庫中的一筆資料, 往後只需用滑鼠點選, 就能直接連至想上的網站、發信或是開啟檔案。這項工作對 Access 來說一點都不難, 只需利用**超連結**資料類型, 即可達成。以下, 我們以輸入網站位址為例說明如何使用**超連結**資料類型, 若想加入其他位址, 操作方式也完全相同。

 在網際網路上表示文件、檔案位址的方法

在網際網路上, 我們使用 URL (Uniform resource Locator) 來表示文件、檔案的所在位置, 其語法規則為:

通訊協定://主機的 IP 位址或 Domain Name/ 路徑 / 檔名

http://www.flag.com.tw/product_info/award.htm

以上就是一個網頁伺服器的 URL 例子。

在資料表中建立『超連結』欄位

現在我們要為**客戶**資料表加上一個 "WWW 網站位置" 的**超連結**欄位, 操作就和增加一個普通的欄位相同, 只是在**資料類型**選擇**超連結**, 請開啟**客戶**資料表, 按**常用**頁次**檢視**區的**檢視**鈕, 執行『**設計檢視**』命令, 依照下圖輸入新欄位:

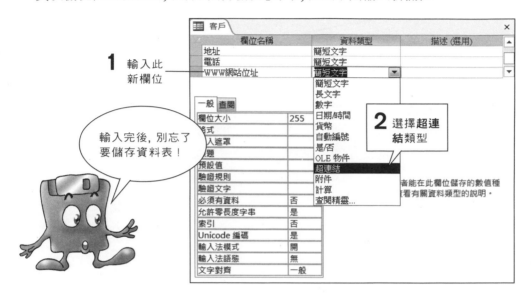

在『超連結』欄位中輸入位址資料

加入了**超連結**資料類型的新欄位後, 我們要把資料輸入這個新欄位。請開啟**客戶**資料表:

	客戶編號	客戶名稱	聯絡人	性別	地址	電話	WWW網站位址
⊞	1	一品書店	孫小小	男	台北市民生東路一段30號	(02) 2321-8095	
⊞	2	十全書店	許子元	男	台北市建國北路一段33巷50號2F	(02) 2781-0835	
⊞	3	身邊書店	侯梨拈	女	台北市天母東路一段55巷2號	(02) 2333-5689	
⊞	4	風尚書店	林家紋	男	新北市中和市得和路66號	(02) 2589-8691	
⊞	5	無印書店	陳傑民	男	台北市仁愛路一段165號	(02) 2698-7549	
⊞	6	愚人書店	林阿吉	男	台北市師大路67號	(02) 2548-8793	
⊞	7	福鎮書店	邱露營	女	新北市三重區力行路165號	(02) 2587-4729	
⊞	8	標竿書店	許永續	女	台北市龍江路10號	(02) 2785-3694	
⊞	9	旗旗書店	范曉薇	女	台北市和平東路二段76號	(02) 2478-9514	
⊞	10	八德書店	趙東海	男	新北市板橋區民生路285號	(02) 3521-8546	
⊞	11	仁為書店	賴小吉	男	新北市新莊區民安路二段36號	(02) 2552-8745	
⊞	12	旗標出版公司	楊大雄	男	台北市杭州南路一段15-1號19樓	(02)23963257	http://www.flag.com.tw
*	(新增)						

記錄: ◄ ◄ 12 之 12 ► ►► ►▪ 　無篩選條件　搜尋 ◄

請輸入此筆新資料

在此輸入 "http://www.flag.com.tw", 按 Enter 鍵

以後只要在資料工作表中,用滑鼠移到記錄**超連結**位址的地方,按下滑鼠左鈕,就會開啟網頁瀏覽器了:

按下滑鼠左鈕

開啟網頁瀏覽器觀看網站內容

TIP 請記得先安裝好網頁瀏覽器, 如:IE, 而且也確定已經連上 Internet, 才能直接開啟網站。

使用快顯功能表的超連結命令

除了直接在**超連結**欄位輸入位址外, 我們還可執行快顯功能表命令來輸入:

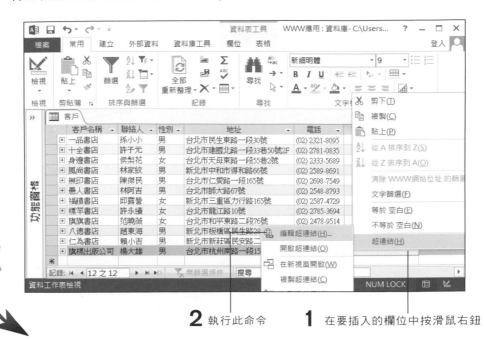

2 執行此命令　　　　　**1** 在要插入的欄位中按滑鼠右鈕

3 選擇此項

按此鈕可列出曾瀏覽過的網頁 (存在 IE 快取中的網頁)

4 輸入該超連結的名稱

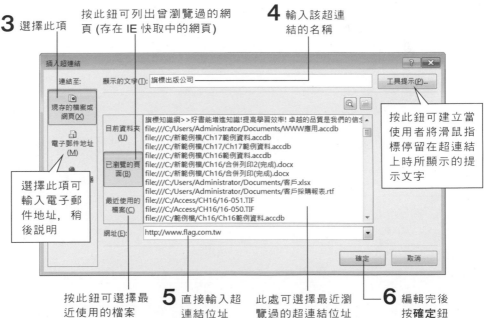

選擇此項可輸入電子郵件地址, 稍後說明

按此鈕可建立當使用者將滑鼠指標停留在超連結上時所顯示的提示文字

按此鈕可選擇最近使用的檔案　　**5** 直接輸入超連結位址　　此處可選擇最近瀏覽過的超連結位址　　**6** 編輯完後按**確定**鈕

輸入電子郵件地址

　　剛剛在**插入超連結**交談窗中，選擇的是第一個選項，還有**電子郵件地址**選項可設定若選擇此項，則可如下操作在使用超連結資料類型的欄位中新增電子郵件連結：

此處填入收件者電子郵件地址

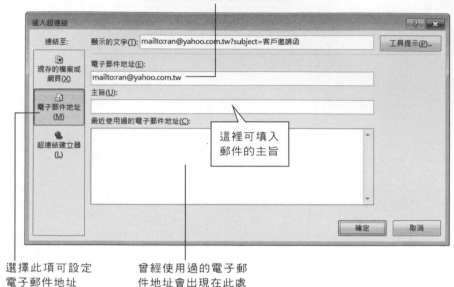

選擇此項可設定　　　　　曾經使用過的電子郵
電子郵件地址　　　　　件地址會出現在此處

　　如此輸入後，往後瀏覽資料時，只要點選擇資料表中的電子郵件連結，便會開啟預設的電子郵件軟體，讓使用者寄信了。

編輯超連結欄位

　　WWW 網站或是其他超連結的位址很可能經常會變動，所以我們也得隨之更新資料。瞧瞧如何編輯已經存在的超連結位址：

1 將滑鼠移動到超連結欄位的
左上方角落，滑鼠指標成為 ✛

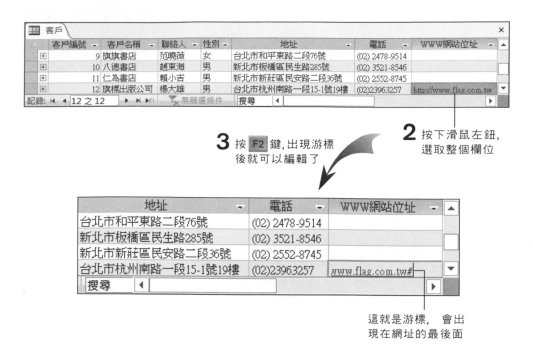

3 按 F2 鍵, 出現游標 後就可以編輯了

2 按下滑鼠左鈕, 選取整個欄位

這就是游標, 會出 現在網址的最後面

連結區域網路內其他電腦中的資料

　　在區域網路中, 若是要使用**超連結**資料類型, 通常會在該類型的欄位中輸入 UNC 路徑 (Universal Naming Convention)。UNC 和 URL 的格式有點類似, 它一樣可以在**超連結**欄位中, 利用一種路徑格式來表示區域網路內資料所在的位置, 其格式如下:

　　使用**超連結**資料類型儲存區域網路內其他電腦或本機中的檔案位置時, 請特別注意。若因資料庫主機搬移或其他原因, 導致無法連結原先的區域網路, 或是搬移了本機中的檔案位置, 便無法透過資料庫所記錄的檔案連結開啟該檔了!

在表單中使用超連結

既然我們可在資料工作表中使用超連結,那表單當然也可以。以下是表單使用**超連結**欄位的樣子:

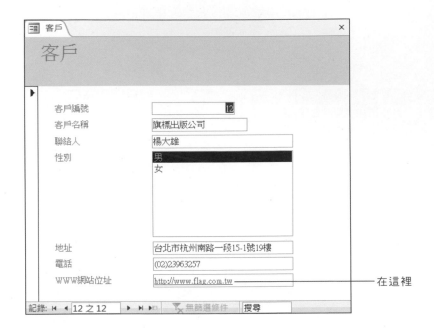

在表單中,超連結的操作就像在資料工作表一樣,差別只在表單的超連結欄位無法用滑鼠選取(滑鼠指標不會變成 ✛),需要以鍵盤移至該欄位才能選取。

17-2 將 Access 的資料輸出成 HTML 文件

若想把 Access 資料庫的內容公佈在網站供大眾查閱,就需要將 Access 的資料儲存成網頁文件, Access 提供了將資料轉成 HTML 文件的能力,或使用 17-4 節的 Web App 功能。

我們以**客戶**資料表為例,說明如何輸出為一個 HTML 文件:

1 選取要匯出成 HTML 文件的資料表

2 切換到**外部資料**頁次, 在**匯出**區按**其他**鈕, 執行『**HTML 文件**』命令

3 使用預設的名稱及儲存路徑

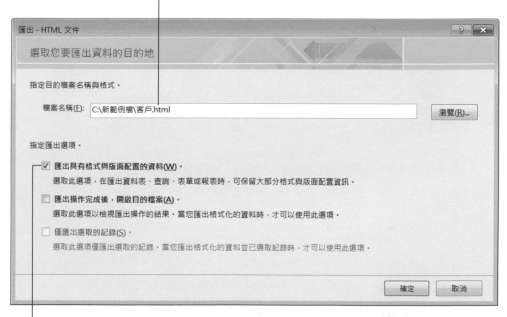

4 勾選此項, 保留格式

5 按**確定**鈕

6 保留預設的編碼

按**確定**鈕繼續

7 按**關閉**鈕結束

接著，我們用網頁瀏覽器觀看結果：

資料庫內容變成了一個HTML文件

以下列出資料庫中其他物件輸出成 HTML 文件的樣子：

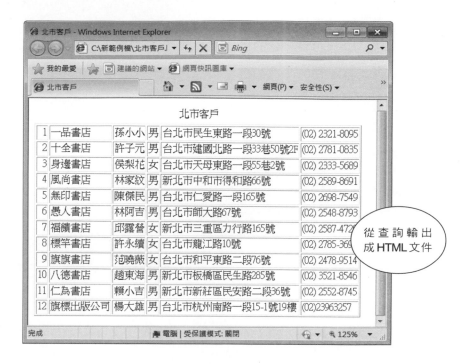

從查詢輸出成 HTML 文件

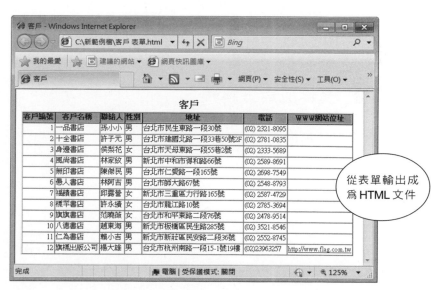

從表單輸出成為 HTML 文件

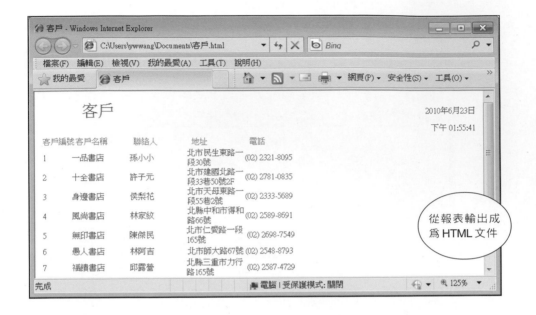

17-3 從 HTML 文件中匯入或連結資料

　　既然我們可將 Access 的資料存入 HTML 文件, 當然也可從 HTML 匯入資料, 這樣就可將網站上的資料轉換成資料庫了, 我們來看看要如何操作。

匯入 HTML 文件成為資料表

　　首先, 開啟 WWW 應用資料庫:

1 切換到**外部資料**頁次

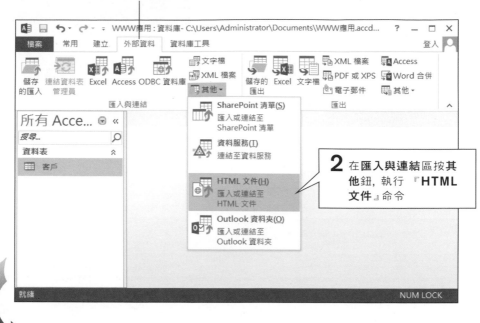

2 在**匯入與連結**區按**其他**鈕，執行 『**HTML 文件**』命令

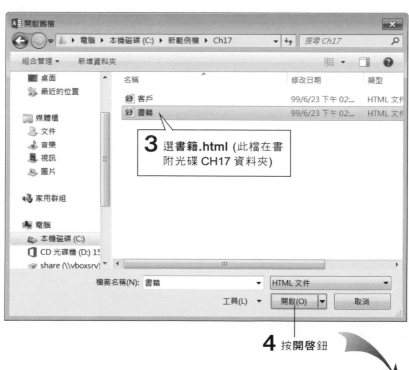

3 選**書籍.html** (此檔在書附光碟 CH17 資料夾)

4 按**開啟**鈕

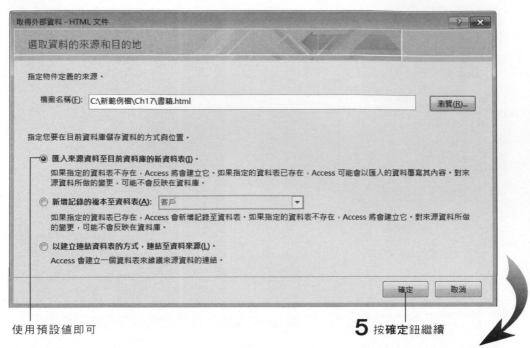

使用預設值即可

5 按**確定**鈕繼續

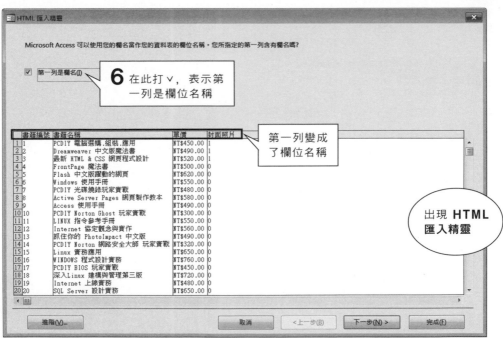

6 在此打∨，表示第一列是欄位名稱

第一列變成了欄位名稱

出現 HTML 匯入精靈

按下一步鈕

目前正在檢視的欄位

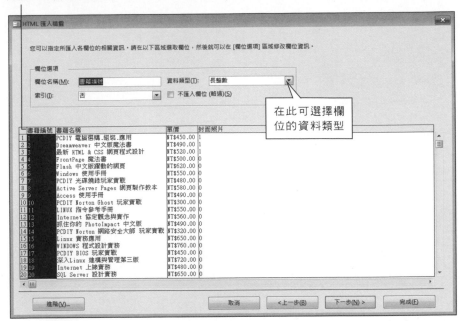

7 選取此項, 在欄位右邊拉下列示窗選**書籍編號**

按下一步鈕

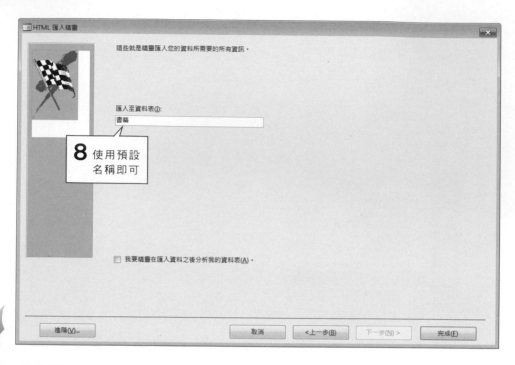

按**完成**鈕

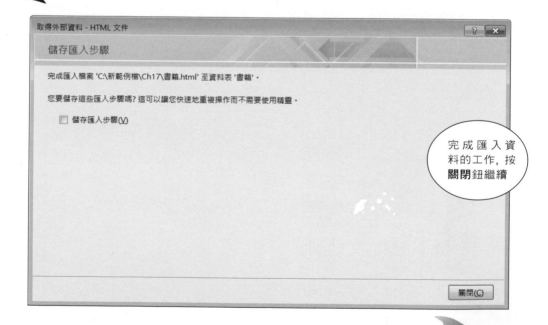

剛才匯入的
書籍資料表

接著我們開啟**書籍**資料表：

和前面章節的**書籍**資料表長的一模一樣吧！

連結本機 HTML 文件到資料庫內

Access 除了可以匯入 HTML 文件到資料庫中之外,還可以直接連接 HTML 文件到資料庫中。此項功能的好處在於當 HTML 內容有所變動時,可直接在資料庫中反映最新資料,並節省資料庫的儲存空間。接著,就來看看如何操作。

請切換到**外部資料**頁次, 在**匯入與連結**區按**其他**鈕, 執行『**HTML 文件**』命令,
然後依照下列步驟進行 :

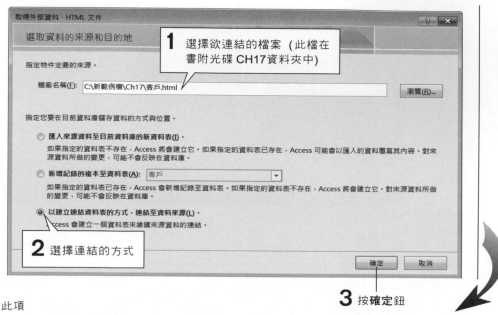

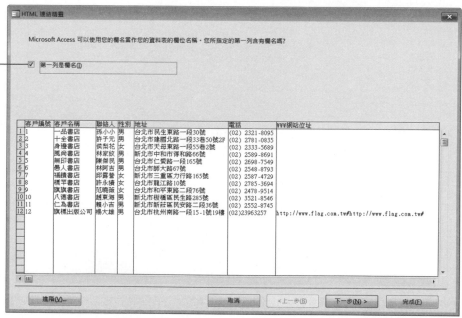

5 在此可以指定
欄位的名稱

6 在**資料類型**拉下列示窗
指定各欄位的資料類型

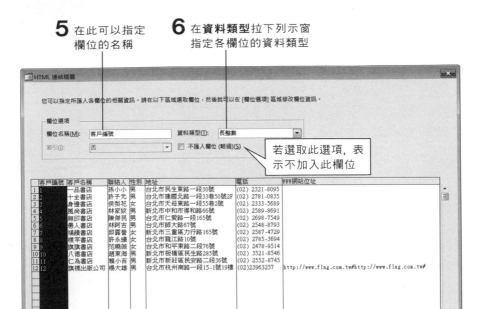

按**下一步**鈕

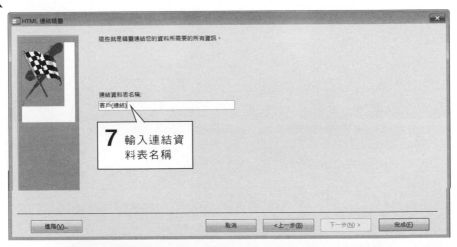

7 輸入連結資
料表名稱

完成連結

按**完成**鈕

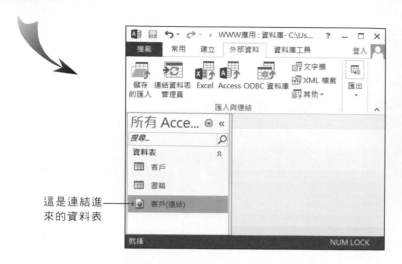

這是連結進來的資料表

這樣就可以把資料直接連結到 Access 的資料庫中了。下次我們想要看到連結的客戶資料,只要如下操作即可:

雙按此資料表

這就是連結 HTML 所得到的資料表

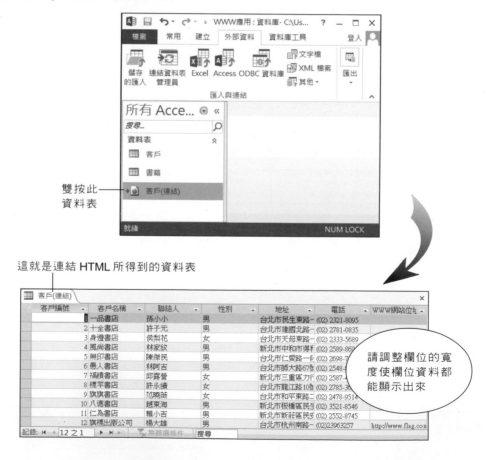

客戶編號	客戶名稱	聯絡人	性別	地址	電話	WWW網站位址
1	一品書店	孫小小	男	台北市民生東路一	(02) 2321-8095	
2	十全書店	許子元	男	台北市建國北路	(02) 2781-0835	
3	身邊書店	侯梨花	女	台北市天母東路	(02) 2333-5689	
4	鳳尚書店	林家敏	男	新北市中和市得和	(02) 2589-869	
5	無印書店	陳傑民	男	台北市仁愛路一段	(02) 2698-7	
6	愚人書店	林阿吉	男	台北市師大路67號	(02) 2548-	
7	福讀書店	邱露營	女	新北市三重區力行	(02) 2587-	
8	標竿書店	許永續	女	台北市龍江路10號	(02) 2785-3	
9	旗旗書店	范曉薇	女	台北市和平東路二	(02) 2478-9514	
10	八德書店	趙東海	男	新北市板橋區民生	(02) 3521-8546	
11	仁為書店	賴小吉	男	新北市新莊區民安	(02) 2552-8745	
12	旗標出版公司	楊大雄	男	台北市杭州南路一	(02)23963257	http://www.flag.com

記錄: 12 之 1　無篩選條件　搜尋

請調整欄位的寬度使欄位資料都能顯示出來

17-20

17-4 建立 Web App 應用程式

Access 的功能相當多樣化, 除了基本的資料庫管理功能外, 也可以透過建立表單, 讓資料庫變得更簡單易用；或是建立美觀而實用的報表, 讓資料庫的實用性更上層樓。然而, 這類表單功能往往只能在本機上使用, 而使得便利性大打折扣。新版的 Access 支援了雲端辦公室的功能, 我們可以透過 Web App 應用程式, 直接發佈到網路上供多人使用。

其實 Web App 說穿了就是動態網頁。以往要實現這樣的功能必須撰寫網頁程式, 再連結資料庫進行存取。但現在透過 Access 的來建立 Web App 應用程式, 我們可以很快速的建立並發佈至網路上。

申請 Office 365 網站

建立 Web App 的功能, 目前僅支援發佈至 SharePoint Server 上, 或是 Office 365 雲端辦公室。SharePoint Server 大多應用在企業、組織的內部網站中, 一般使用者不易接觸到。因此, 發佈至 Office 365 雲端辦公室對一般使用者更爲合適。

Office 365 是一項付費的服務, 如果只是想嘗鮮, 或是想藉此機會對這項服務進行評估, 則可以申請免費試用。請以瀏覽器開啓網址『http://www.microsoft.com/taiwan/office 365/』：

1 按此連結進入申請免費試用的頁面

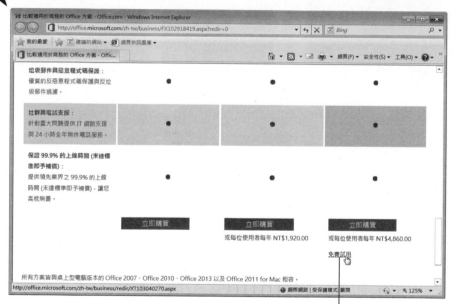

2 將網頁捲動到頁面底部,
再按**免費試用**連結

隨後,請您依網頁的指示填寫申請資料,並完成申請步驟,筆者不再贅述。

建立 Web App 應用程式

取得 Office 365 的試用帳號後, 我們就可以開始建立 Web App 應用程式, 請在 Access 如下操作:

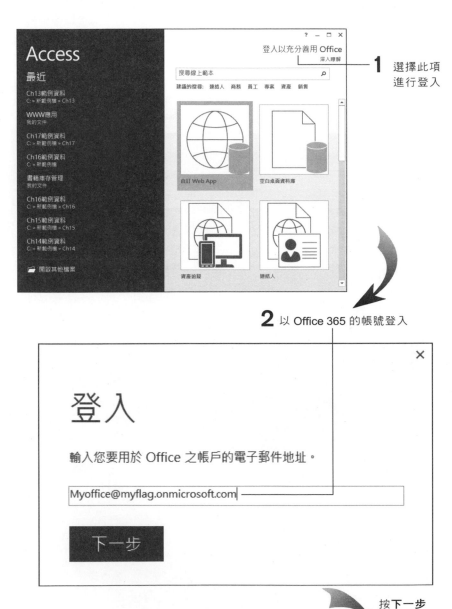

1 選擇此項 進行登入

2 以 Office 365 的帳號登入

按下一步

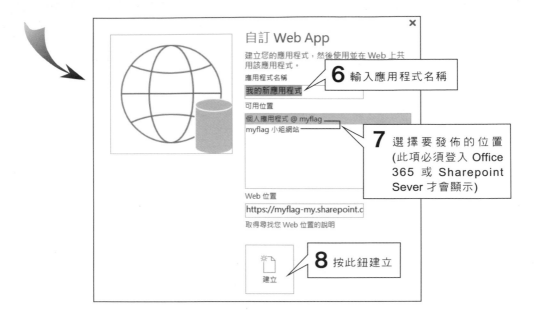

此處以匯入現有的資料表來做示範,請如下操作:

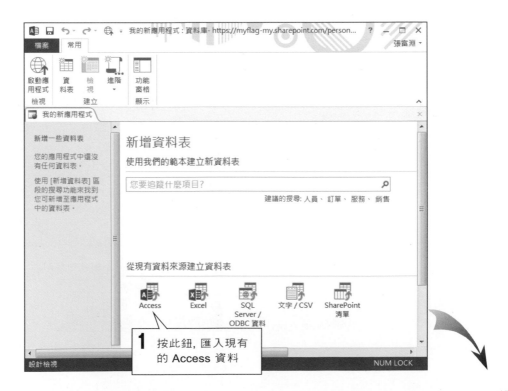

2 選擇本章的範例檔

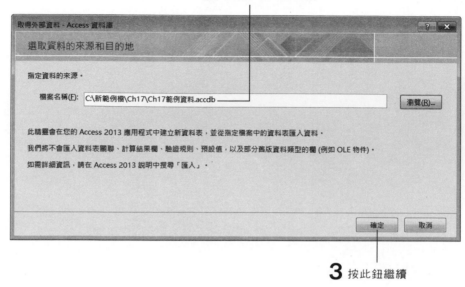

3 按此鈕繼續

若出現警告畫面, 則是因為資料庫內有部份資料格式 Web App 尚不支援。

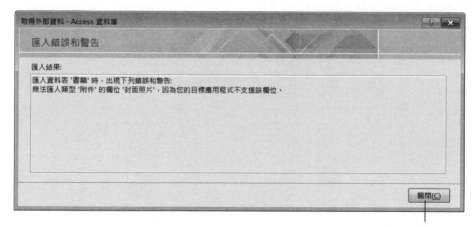

按此鈕關閉即可

匯入資料後, 就可以看到 Web App 所呈現出來的樣貌了。接著, 我們就可以將程式發佈至網路上。

按此鈕發布應用程式

利用此工具可以篩選資料

以瀏覽器開啟的 Web App

此欄為資料表選單

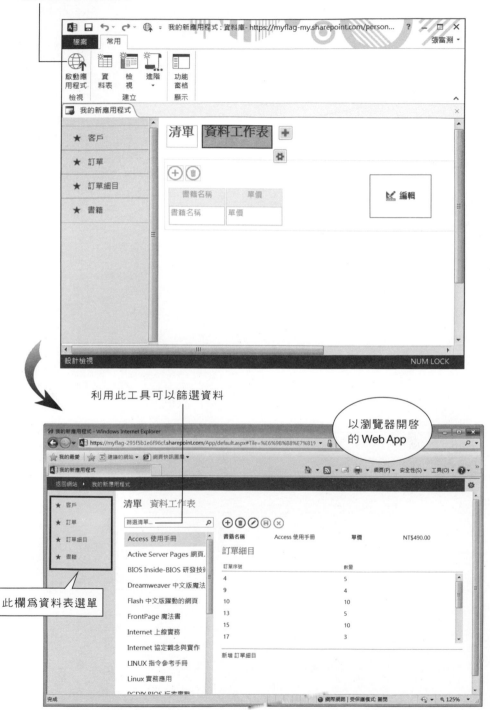

MEMO

Flag Publishing

http://www.flag.com.tw